KB192907

기초통계학

2판

| 김석우 저 |

Fundamentals of Statistics

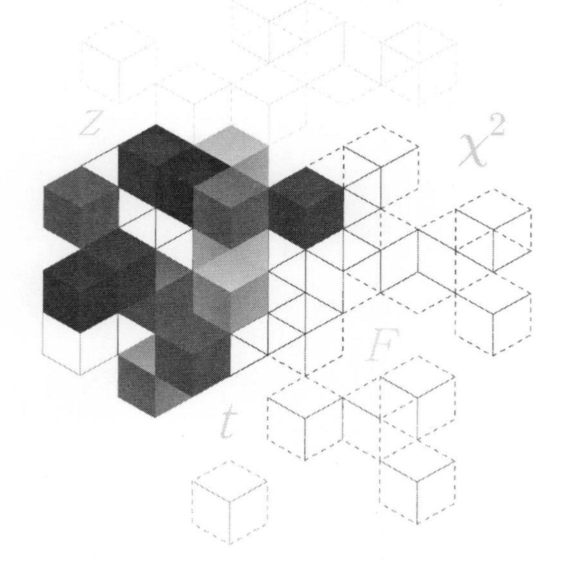

학지사

2판 머리말

2007년에 이 책의 초판을 낸 후에 부족한 내용을 수정하고 새로운 내용을 추가하여 개정판을 내게 되었다. 그동안 많은 독자에게 분에 넘치는 사랑을 받아서 기쁘기도 하지만 개정 이전의 책 속에 설명이 미진하거나 잘못 기술된 내용이 없었나 하는 두려움도 함께 갖고 있다.

초판은 총 3부 16장으로 구성되었으나 이번 개정판은 17장 비모수검정을 추가하여 3부 17장으로 구성되어 있다. 1장부터 16장까지는 초판의 내용과 유사하며, 이번 개정판에 추가된 17장 비모수검정에서는 모수적 검정방법의 상관분석, t검정, 일원변량분석에 해당하는 비모수적 검정방법인 Spearman의 등위상관계수, Kolmogorov-Smirnov검정, Kruskal-Wallis검정에 대하여 설명하였다.

초판과 마찬가지로 각 장과 절에서는 정의와 기본개념을 설명하고 실제 자료를 이용한 예를 제시하여 계산하는 과정을 덧붙였다. 추가로 이론적 계산과정과 통계패키지 활용과의 연계성을 위하여 간단히 실습할 수 있는 과정을 추가하였다. 그러므로 우선 통계학의 기본개념을 이해하도록 노력하면서 교재를 읽고, 만약 이해가 쉽지 않은 부분이 있다면 여러 번 읽어 보기를 바란다. 교재의 내용을 이해하였으면 연습문제를 풀어 보고 해답과 대조하여 어느 부분을 잘못 이해하고 있는지 스스로 바로잡는 과정을 거치기 바란다. 또한 간단한 실습자료를 활용하여 통계패키지 사용이 어려울 것이라는 두려움을 없애길 바란다. 그리고 통계패키지를 사용하여 자료를 분석할 경우에는 『사회과학 연구를 위한 SPSS/AMOS 활용의 실제』(2판, 김석우, 학지사, 2015)를 참조하면 도움이 될 것이다.

이 책을 집필하며 최대한 오류를 줄이고 독자들에게 도움이 되는 책을 만들고자 나름대로 노력하였지만 여전히 부족함이 남아 있다. 그러한 부분은 전적으로 저자의 책임이자 능력 부족이라고 생각하며, 독자들의 격려와 조언을 통해 앞으로도 계속 수정 · 보완하여 더 좋은 책으로 만들어 나갈 것을 약속한다.

이 책의 개정판을 출간하는 데 2015년 1학기 '유아교육기초통계' 대학원 수강생들의 도움이 컸다. 이들은 초판을 수업 교재로 사용하면서 부적절한 부분을 바로잡고 다듬는 데 많은 도움을 주었다. 또한 부산대학교 교육학과 박사과정의 이승배 학생, 장재혁 선생님, 석사과정의 안진환, 박수진 학생의 노고에도 깊은 감사를 드린다. 끝으로 이 책의 출판을 흔쾌히 수락해 주신 학지사의 김진환 사장님과 어려운 편집을 맡아 수고해 준 편집부 여러분께 감사를 표한다.

2016년 2월
금정산 연구실에서
저자 김석우

1판 머리말

지난 20여 년 동안 대학 및 대학원의 통계학 강의를 하면서 느낀 점은 대부분의 학생이 통계학을 복잡하고 어려운 것으로 인식하고 있다는 것이다. 그런 면에서 이 책은 사회과학 분야에서 과학적 탐구에 관심을 가진 연구자를 위한 통계적 방법의 기초를 좀 더 알기 쉽게 소개하고자 쓰였다. 특히 이 책은 어떤 연구문제에 대한 해결수단으로서 사용되는 통계적 방법의 수리적 유도과정보다는 그것을 어떻게 쓸 수 있는가의 적용에 관심을 두고 있다.

이 책은 총 3부 16장으로, 제1부 통계의 기초개념, 제2부 기술통계학, 제3부 추리통계로 나누어 설명하였다. 제1부에서는 1장과 2장에 걸쳐 통계에 대한 기초개념을 소개하고, 제2부에서는 3장부터 5장까지는 기술통계 방법을, 6장부터 8장까지는 정규분포와 표준점수, 상관분석, 단순회귀분석을 설명하였다. 제3부에서는 9장부터 11장까지는 확률 및 이항분포, 표집분포, 가설검정을 설명하였고, 12장부터 16장까지는 Z검정, t검정, χ^2검정, F검정인 일원변량분석과 이원변량분석을 설명하였다.

각 장과 절에서는 정의와 기본개념을 설명하고 실제 자료를 이용한 예를 제시하여 계산하는 과정을 덧붙였다. 그러므로 우선 통계학의 기본개념을 이해하도록 노력하면서 교재를 읽기 바라며, 만약 이해가 쉽지 않은 부분이 있다면 여러 번 읽어 보도록 한다. 교재의 내용을 이해하였으면 연습문제를 풀어 보고 해답과 대조하여 어느 부분을 잘못 이해하고 있는지 스스로 바로잡는 과정을 거치기 바란다. 그리고 SPSS for Windows 프로그램을 사용하여 자료를 분석할 경우에는 『사회과학 연구를 위한 SPSSWIN 12.0 활용의 실제』(김석우 공저, 교육과학사, 2007)를 참조하면 도움이 될 것이다.

이 책의 출판에는 2007년 1학기 '교육통계실습' 수강생의 도움이 컸다. 이들은 불완전한 원고를 수업 교재로 사용하면서 부족한 부분을 채우고 다듬는 데 많은 도움을 주었다. 또한 부산대학교 교육학과 박사과정의 전화춘, 김윤용, 정홍식, 한홍련 선생

님의 노고에도 깊은 감사를 드린다. 끝으로 이 책의 출판을 흔쾌히 수락해 주신 학지사의 김진환 사장님과 어려운 편집을 맡아 수고해 준 김경민 씨 외 편집부 여러분께 감사를 표한다.

2007년 8월
금정산 연구실에서
저자 김석우

차 례

제2부 기술통계학

제3장 빈도분포와 그래프 ■ 35

제4장 집중경향치 ■ 63

제5장 분산도 ■ 75

제6장 정규분포와 표준점수 ■ 85

제7장 상관분석 ▪ 95

제8장 단순회귀분석 ▪ 115

제3부 추리통계학

제9장 확률 및 이항분포 ▪ 131

부 록

통계의 기초개념

제1장
통계와 통계방법

이 장에서는 과학과 통계의 정의 및 통계의 역할에 대하여 설명한다. 또한 통계의 오용과 통계적 오류 및 통계에서의 컴퓨터 활용 등에 대하여 알아본다.

1. 과 학

과학에 대한 정의는 다양하지만 크게 내용에 의한 정의와 과정에 의한 정의로 분류할 수 있다. 내용에 의한 정의는 "과학은 통합된 지식의 축적이다."라는 것인 반면, 과정에 의한 정의는 "과학은 자연의 중요한 변인을 발견하고 변인 간의 관계를 밝히며, 변인의 관계를 설명하는 활동이다."라고 할 수 있다. 이때 과학의 과정은 경험적인 것이다. 곧 과학적 연구란 관찰에 근거를 두어야 한다.

과학의 목적 중 하나는 복잡한 현상을 간단하게 하고 어떤 특성에 따라 분류하고 조직하는 데 있다. 우리는 일상생활에서 수없이 많은 수치의 혼돈 속에서 삶을 영위하고 있다. 이와 같은 수치를 어떻게 다스리고 정리하느냐의 문제는 그 혼돈 속에 숨어 있는 질서와 법칙을 어떻게 찾느냐 하는 것이다.

우리는 어떠한 수치를 다룰 때 주먹구구나 어림짐작이 아니라 사실에 대한 정확한 추정을 기초로 한 과학적 계획을 시도한다. 특히 행동과학에서 다루는 경험적인 자료는 그 의미를 과학적인 준거 위에서 찾아야 한다. 이를 위해 통계적 방법의 이해와 소양을 갖추어야 한다.

2. 통 계

사회과학은 사회현상을 체계적으로 설명하기 위하여 이론을 정립하는 경험적 방법을 사용한다. 새로운 이론을 도출하거나 기존에 존재하는 이론을 지지, 거부 혹은 수정하기 위하여 경험적 연구방법을 사용할 때에는 자료 수집을 거쳐 모은 자료를 검정함으로써 결론에 도달하는 절차를 거치게 된다. 통계(statistics)란 이론을 도출, 지지, 거부, 수정하기 위하여 수집한 자료를 가지고 가설을 검정하는, 즉 확률적으로 판정하는 수리적 논리라고 정의할 수 있다.

예를 들어, 성별에 따라 청소년이 선호하는 의상 디자인에 차이가 있는가를 알고자 한다. 이러한 현상의 가상적인 설명을 위하여 연구자는 우선 남녀 청소년이 선호하는 의상 디자인을 조사할 것이다. 이렇듯 남학생과 여학생에게서 측정된 의상 디자인의 종류를 가지고 남녀 청소년이 선호하는 디자인에 차이가 있는지 혹은 없는지의 잠정적 가설을 증명할 수 있다.

3. 통계의 역할

인간이 과학을 사용하는 목적은 무엇보다도 인간생활에서 발생하는 사건이나 현상을 이해하고 설명하며, 나아가서 예측하고 통제하려는 데 있다. 이는 인간을 둘러싼 복잡한 현상을 간단하게 정리 · 분류 · 조직하여 이를 기술(description)하거나 설명(explanation) 또는 예측(prediction)하는 것을 의미한다. 통계는 이러한 과학의 목적을 달성하기 위한 수단으로서 어떤 사건이나 현상을 요약하고 조직화하여 과학적인 연구를 수행하게끔 하는 역할을 하는 것이다. 통계학은 크게 두 가지 목적이 있다. 얻어진 자료를 단순히 설명 · 묘사하려는 것과 더 나아가 얻어진 자료의 결과를 일반화(generalization)하려는 것이다.

예를 들어, 청소년이 선호하는 의상 디자인에 남녀 성별에 따른 차이가 있는지를 비교하고자 할 때, 남녀 차이를 비교하여 얻은 결과를 그 얻어진 자료에 국한하는 경우와, 그 결과를 어느 특정 국가, 특정 지역에 살고 있는 남녀에게 적용해 일반화하는 경우가 있을 것이다. 이때 전자를 기술통계라 하고 후자를 추리통계라고 한다.

기술통계(descriptive statistics)는 수집된 자료의 특성을 요약 · 정리해 주는 것이고, 추리통계(inferential statistics)는 분석된 자료를 근거로 모집단의 특성을 추론해 주는 역할을 하는 통계방법이다.

4. 통계의 오용과 통계적 오류

통계의 오용이란 무의식적이건 의식적이건 간에 사실을 왜곡하거나 오해하게 하는 통계의 사용을 뜻한다(김병수, 안윤기, 윤기중, 1987). 따라서 오용된 통계는 사실을 오해하게 한다는 점에서 허위성이 내포된 것이고, 무의미하게 사용되는 것도 이에 포함될 수 있다. 그러므로 통계의 오용은 두 가지, 즉 엉터리 통계(pony statistics)와 무의미한 통계(meaningless statistics)로 나누어 설명할 수 있다(최종후, 이재창, 1990). 엉터리 통계란 말 그대로 허위성이 내포된 통계방법을 의미하며, 무의미한 통계는 통계방법을 적용하는 것이 자료를 이해하고 적용하는 데 전혀 도움이 되지 않는 경우를 말한다.

또한 통계적 오류는 통계분석에서 통계적 방법을 잘못 적용하거나 통계해석을 잘못하여 유발되는 사실의 왜곡을 말하며, 통계적 기법을 잘못 적용한 경우와 분석결과를 잘못 해석한 경우로 나눌 수 있다.

궁극적으로 통계의 오용과 통계적 오류는 연구자의 윤리관과 지식으로 막을 수 있다. 통계 이용자나 통계적 기법을 활용한 연구자 모두 자신의 그릇된 편견이나 주관에 의해 통계를 자기 방어수단으로 사용할 때 그것이 사회에 미치는 문제가 심각해질 수 있다는 것을 알아야 한다.

5. 통계에서의 컴퓨터 활용

통계에서 컴퓨터의 사용은 과거 수십 년을 거치면서 크게 증가하였다. 실제로 오늘날 사회과학 연구에서 거의 모든 연구 자료를 통계 컴퓨터 프로그램을 사용하여 분석하고 있다. 컴퓨터를 사용하면 시간과 노력을 아낄 수 있고 계산상의 오류를 줄일 수 있으며 자료를 표로 쉽게 나타낼 수 있다. 또한 많은 자료를 관리할 수 있다.

여러 컴퓨터 프로그램을 통계분석에 이용할 수 있는데, 많이 사용하는 프로그램으로는 SPSS(Statistical Package for the Social Sciences), SAS(Statistical Analysis System) 등이 있다.

연습문제

1. 통계의 역할을 설명하라.

2. 통계의 오용과 통계적 오류를 설명하라.

제2장
통계학의 기본용어

이 장에서는 통계를 이해하기 위한 기본개념과 용어, 그리고 기본법칙을 설명한다. 중요한 개념으로 변인, 모집단과 표본, 모수치와 통계치, 기술통계와 추리통계, 표집방법, 측정과 척도, 타당도와 신뢰도 등을 설명한다.

1. 변 인

우주에 존재하는 만물은 다양하다. 같은 종류의 물건이라도 엄밀히 말하면 똑같은 것이 있을 수 없다. 특히 인간의 사회현상을 다루는 사회과학에는 다양한 변인들이 있으며 변인들 사이의 차이 또한 다양하다. 따라서 교육에서 개인차 문제가 중요하게 고려되어야 하며 개인을 이해하는 데 허용되어야 한다.

변인(variable)은 변하는 값을 가지는 개인이나 사물의 특성을 말하며 변수라고도 한다. 변인이란 측정에 의해서 상이한 여러 가지 수치를 부여한 연구 대상의 특성을 말하는 것으로(한국교육평가학회, 1995), 수학적으로 변인이란 일정하지 않은 특성에 값을 부여하는 함수라고 할 수 있다. 변인의 예로는 지능검사 점수, 기말고사 점수, 사람의 키, 체중 등이 있다. 변인과 상반되는 개념으로 상수(constant)가 있는데 이는 어느 현상, 집단 또는 개인의 특성이 일정하여 변하지 않는 고정된 값을 갖는 경우를 말한다.

변인은 인과관계에 의하여 독립변인과 종속변인으로, 속성에 따라 질적변인과 양적변인으로 구분하며, 양적변인은 연속성에 의하여 연속변인과 비연속변인으로 구분한다.

1) 독립변인, 종속변인, 가외변인

독립변인(independent variable)이란 연구자에 의하여 조작된 변인을 말하며, 변인 간의 관계에 영향을 미치거나 예언해 주는 변인을 말한다. 반면에 종속변인(dependent variable)이란 조작된 처치에 대한 효과를 평가하기 위해 관찰되는 변인으로서 영향을 받거나 예언되는 변인이다.

예를 들어, 피로가 운전수행에 미치는 효과를 연구하는 경우라면 피로도가 독립변인이고 운전수행이 종속변인이다. 또한 학습기술의 활용이 초등학생의 학업성취도에 미치는 효과를 연구한다면 학습기술의 활용 정도가 독립변인이고 학업성취도는 종속변인이다.

그런데 연구를 수행하다 보면 연구자가 관심을 갖지 않은 변인으로서 독립변인과 함께 변화하도록 허용된 통제 밖에 있는 제3의 변인이 있을 수 있다. 이를 가외변인(confounding variable, extraneous variable)이라 한다. 가외변인이란 종속변인에 영향을 주는 독립변인 이외의 변인으로서 연구에서 통제되어야 할 변인을 말한다. 예를 들어, 교수법에 따른 읽기 능력의 차이를 연구할 때 전통적 학습법과 웹을 이용한 학습법을 실시하였다고 하자. 두 교수법의 효과를 비교 연구하기 위하여 한 집단에는 전통적 학습법을 실시하고 다른 집단에는 웹을 이용한 학습법을 실시하여 일정 기간이 지난 후 학습효과를 비교하였을 때, 웹을 이용한 학습법을 실시한 집단의 아동이 전통적 학습법을 실시한 다른 집단에 비해 학업성적이 높은 것으로 나타났다고 가정하자. 그런데 우연히도 전통적 집단에는 지능이 낮은 아동이, 그리고 웹을 이용한 집단에는 지능이 높은 아동이 할당되었다면, 그 결과 읽기 능력에 차이가 있었다 하더라도 그것을 교수법에 의한 효과라고 주장하기는 어렵다. 이는 학습법 외에 읽기 능력에 영향을 주는 지능이 통제되지 않았기 때문이다.

또는 두 가지 교수법을 한 명의 교사가 아닌 두 명의 다른 교사가 진행하였다고 가정한다면, 이 경우 학습효과의 차이가 교수법에 의한 것인지, 아니면 교사에 의한 것인지를 판단하기 어렵다. 즉, 웹을 이용한 교수법이 전통적 교수법보다 읽기 능력에 효과를 보인 것이 교수법의 차이에 의한 것인지, 아니면 웹을 이용해 교수법을 실시한 교사가 다른 집단의 교사보다 아동과의 관계나 교사의 인성 면에서 더 호의적이었기 때문인지를 판단하기 어렵다. 따라서 가외변인을 통제하지 않고 연구의 효과를 분석하였다면 연구결과의 타당성이 떨어진다. 가외변인 통제를 위하여 실험이 시작되기 전에 동일한 단계를 이룬 후 실험을 실시하는 방법을 무선구획설계(randomized block design)라고 하는데 이는 실험설계의 한 방법이다. 이후에 통계적인 방법으로 매개변인의 영향을 제거할 수 있는데 이를 공변량분석(analysis of covariance: ANCOVA)이라 한다.

2) 양적변인과 질적변인, 연속변인과 비연속변인

변인의 속성에 따라 양적변인과 질적변인으로 구분한다. 양적변인(quantitative variable)이란 양의 크기를 나타내기 위하여 수량으로 표시되는 변인을 말한다. 그 예로, 지능지수, 키, 체중, 성적 등이 있다. 양적변인은 변인의 연속성에 따라 연속변인과 비연속변인으로 나눈다. 연속변인(continuous variable)이란 주어진 범위에서는 어떤 값도 가질 수 있는 변인이다. 즉, 소수점으로 표시될 수 있는 변인을 말한다. 예를 들어, 길이, 무게, 시간 등이다. 비연속변인(uncontinuous variable)이란 특정 수치만을 가지는 변인을 말한다. 즉, 가족 수, 자동차 수, 지능지수, 휴가 일수 등이다.

질적변인(qualitative variable)이란 변인의 속성을 수량화할 수 없는 것을 말한다. 질적변인의 예로 성별, 직업, 종교 등을 들 수 있다.

2. 모집단과 표본

사회과학 분야를 연구할 때에는 대부분 연구 대상의 전체 사례를 모두 다루는 것이 아니라 다만 그 전체 사례 중 일부분만을 다루게 된다. 예를 들어, 어떤 교사가 새로운 교수법을 개발하여 그 효과성을 검정하려고 할 때 전국의 모든 학습자를 대상으로 새로운 교수방법을 실험하기는 거의 불가능하다. 따라서 몇몇 학교 혹은 학급을 선택하여 실험 대상의 일부분만을 조사하게 된다. 그러나 실제로 연구의 목적은 몇몇 학교나 학급에 있는 것이 아니라 '새로운 교수방법이 전체 학습자에게 효과가 있는가?'에 있다.

이때 연구의 주된 대상이 되는 전국의 모든 학습자 집단을 모집단(population) 혹은 전집이라 부르고, 실제 연구 대상이 된 부분적인 집단을 표본(sample)이라 하며 표본의 대상 수를 표본 크기(sample size)라 한다. 그리고 전체로서의 모집단에서 부분으로서의 표본을 추출하는 과정을 표집(sampling)이라 한다. 표집을 통해 모집단에서 선택된 표본을 가지고 모집단을 추론하는 것이므로 표집과정에서는 모집단의 특성을 제대로 대표할 수 있는 표본을 선정해야 한다.

모집단의 특성을 나타내는 값을 모수치(parameter)라 하고, 표본의 특성을 나타내는 값을 추정치(estimate)라 한다. 이를 통계치(statistic) 혹은 통계량이라고도 한다. 이 통계치를 사용하여 알기가 쉽지 않은 모집단의 모수치를 추정한다.

3. 합

통계에서 행해지는 가장 빈번한 연산의 하나는 분포에 있는 점수의 전체 혹은 부분 합(summation)이다. 이 연산을 할 때 매번 '모든 점수의 합'이라고 쓰는 것이 번거롭기 때문에 상징적 약어가 사용된다. 그리스 대문자 시그마(Σ)는 합의 연산을 나타낸다. 합에 대한 수학적 표기방식은 공식 (1)과 같다.

$$\sum_{i=1}^{N} X_i \quad \cdots\cdots (1)$$

이것을 '변인 X의 1부터 N까지의 합'이라고 읽는다. 시그마의 위와 아래에 있는 표기는 합에 어느 점수가 포함되어야 하는지를 표시한다. 시그마 아래의 표기는 합에서의 첫 점수를 나타내고 시그마 위의 표기는 마지막 점수를 나타낸다. 그래서 공식 (1)은 첫 점수에서 시작해서 N번째 점수까지 변인 X의 점수를 더하는 것을 나타낸다.

그래서 이것을 등식으로 나타내면 공식 (2)와 같다.

$$\sum_{i=1}^{N} X_i = X_1 + X_2 + X_3 + \cdots + X_n \quad \cdots\cdots (2)$$

그런데 합이 모든 점수(1부터 N까지)를 포함할 때 합의 표기 방식은 종종 시그마의 위와 아래의 표기를 생략하고 아래쪽에 쓰는 기호 i도 생략한다. 그래서 공식 (3)과 같이 표기한다.

$$\sum_{i=1}^{N} X_i \text{를 } \sum X \text{로 쓴다.} \quad \cdots\cdots (3)$$

4. 기술통계와 추리통계

통계는 크게 기술통계와 추리통계로 구분된다. 기술통계(descriptive statistics)는 수집된 자료를 쉽게 이해할 수 있도록 요약 · 서술하고 현상을 설명하려는 목적이 있다. 즉, 어떤 자료에서 얻은 결과를 그 대상 이외의 다른 대상에게 적용하지 않고 해석의 의미를 국한하는 통계다. 예를 들어, 교사가 자기 반 학생의 기말고사 성적을 알고자 하여 이 집단의 평균, 표준편차를 구해서 자기 반 학생의 기말고사 점수의 특성을 설명하였다면 이는 기술통계라 할 수 있다. 이는 얻어진 자료의 속성을 설명하여 주는 것에 그치고 통계로 모집단의 속성을 예견하여 주지는 않기 때문이다.

추리통계(inferential statistics)는 모집단에서 추출된 표본을 분석하여 이를 기초로 모집단의 특성을 추정한다. 추리통계의 목적은 표본의 특성인 통계치(statistic)에서 모집단의 특성을 나타내는 모수치(parameter)를 확률적으로 추정하는 데 있다.

추리통계에서는 사례 수가 아주 많은 모집단 전체를 분석하는 것은 거의 불가능하거나 실용적이지 못하기 때문에 추출이 가능한 표본의 사례만을 이용한다. 예를 들어, 초등학교 5학년 학생의 몸무게 평균을 알고자 할 때, 현실적으로 모든 학생의 몸무게를 조사하기는 어렵다. 이런 경우에 5학년 학생을 대표할 수 있는 표본을 추출하여 그 표본을 대상으로 초등학교 5학년 학생의 몸무게 평균을 추정하는 것이 바람직하다.

특히 추리통계는 모집단 분포에 따른 가정 여부에 따라 모수통계와 비모수통계로 구분된다. 모수통계(parametric statistics)는 모집단의 분포에 관한 어떤 가정에 입각한 통계적 방법인 반면에, 비모수통계(nonparametric statistics)는 모집단 분포에 관한 특정한 가정이 필요하지 않다.

5. 표집방법

표집방법 중에는 모집단에서 표본으로 포함될 확률을 사전에 알 수 있는 확률적 표집방법과 미리 알 수 없는 비확률적 표집방법이 있다.

확률적 표집방법은 무작위 표집이라고도 하는데 단순히 확률적인 절차로 표본을 추출하는 것을 말한다. 즉, 집단의 각 요소가 표본으로 추출될 기회를 동일하게 주는 것이다. 확률적 표집에는 단순무선표집, 유층표집, 군집표집, 다단계 표집, 체계적 표집 등이 있다. 단순무선표집(simple random sampling)은 확률적 표집 가운데 가장 기본이 되는 것으로 아무런 조작 없이 표본을 추출하는 것이다. 즉, 모집단의 각 요소에 숫자를 매기고 〈수표 1〉의 난수표를 써서 표본을 추출하는 방법을 사용한다. 유층표집(stratified sampling)은 모집단을 구성하고 있는 하위집단의 요소 중 일정 수를 처음부터 골고루 선택함으로써 표본과 모집단의 동질성을 확보하므로 표본의 대표성을 높이는 표집방법이다. 유층표집 방법은 비례유층표집(proportional stratified sampling)과 비비례유층표집(nonproportional stratified sampling)으로 나눌 수 있다. 비례유층표집에서는 표본에서의 각 하위집단의 비율이 모집단에서의 비율과 같도록 한다. 반면에, 비비례유층표집은 하위집단의 크기에 비례하여 표집을 하는 것이 아니라 필요한 수만큼 각 집단에서 뽑는 방법이다. 군집표집(cluster sampling)은 모집단을 군집이라는 많은 수의 집단으로 분류하여 그 군집 가운데 표집의 대상이 될 군집을 먼저 뽑아내고 뽑힌 군집 내에서의 모든 사례를 표집하는 방법이다. 다단계 표집(multistage sampling)은 전집에서 1차 표집단위를 뽑은 다음, 여기서 다시 2차 표집단위를 뽑는 등 최종단위의 표집을 위하여 몇 단계를 거쳐서 표집하는 방법을 말한다.

체계적 표집(systematic sampling)은 단순무선표집과 유사하나 원리가 약간 다르다. 우선 모집단의 전체 사례에 번호를 붙여 놓고 일정한 표집간격에 따라 표집한다.

비확률적 표집이란 실제 조사연구의 상황에서 종종 확률적 표집이 불가능하거나 비현실적인 경우가 있는데 이런 문제를 극복하기 위한 대안으로 많이 사용된다. 예를 들어, 전국의 비행 청소년이나 정신적 스트레스 때문에 정신장애를 앓고 있는 고등학교 3학년 학생의 경우는 모집단의 범위와 한계가 어느 정도는 분명하지만 모집단의 목록이나 명부는 구할 수 없거나 작성할 수 없는 경우가 많다. 비확률적 표집에는 의도적 표집, 할당표집, 우연적 표집 등이 있다. 의도적 표집(purposive sampling)은 연구자의 주관적 판단으로 사례를 의도적으로 표집하는 방법이다. 할당표집(quota sampling)은 전집의 여러 특성을 대표할 수 있는 여러 개의 하위집단을 구성하고 각 집단에 알맞은 표집 수를 할당하여 그 범위에서 임의로 표집하는 방법이다. 우연적 표집(accidental sampling)은 특별한 표집계획 없이 연구자가 임의로 가장 손쉽게 구할 수 있는 대상 중에서 표집하는 방법이다.

6. 측정과 척도

측정(measurement)은 어떤 사물이나 대상의 속성을 재기 위하여 수치를 부여하는 절차다. 그리고 검사를 실시한 후 채점을 하고 그 결과를 숫자로 표시한 것을 측정치라고 한다. 수치를 부여하기 위하여 이를 부여하는 규칙이 필요하며 이는 척도(scale)로 해결된다. 즉, 척도란 사물의 속성을 구체화하기 위한 측정의 단위다. 교육현장에서 학생들의 학업성취를 측정할 때 가장 중요한 점은 어떤 종류의 척도를 사용할지 결정하는 것이다. 또한 어떤 척도로 측정하느냐에 따라 그 측정치에 적용할 수 있는 통계적 방법이 달라진다. Stevens(1951)는 척도의 종류를 다음과 같이 명명척도, 서열척도, 등간척도, 비율척도의 네 가지로 구분하였다.

1) 명명척도

명명척도(nominal scale)는 사물을 구분 혹은 분류하기 위하여 이름을 부여하는 척도다. 여기서의 구분 또는 분류란 어떤 요소를 쉽게 식별할 수 있도록 이 요소들에 숫자를 부여하는 것이다. 명명척도의 예로는 성별, 색깔, 인종 등이 있으며 좀 더 구체적으로는 성별을 표시할 때 남자나 여자 대신 각각 1과 2로 표시하는 것이 이에 해당한다.

명명척도의 특징은 방향성이 없다는 점이다. 즉, 명명척도로 특성을 구분할 수는 있으나 이때의 특성이 크기나 순서를 의미하는 것은 아니다.

2) 서열척도

서열척도(ordinal scale)는 사물의 상대적 서열을 표시하기 위하여 쓰이는 척도로, 부여된 숫자 간에 순위나 대소를 결정하기 위해 사용된다. 서열척도의 예로는 성적의 등위, 키 순서 등을 들 수 있다. 다시 말해서, 학업성적에 따라 석차를 매기거나 한 학급의 학생들에게 키 순서대로 일련번호를 주는 것이 이에 해당한다.

서열척도의 특징은 각 수치 사이에 양적인 대소나 서열 관계는 성립되지만 서열 간의 간격이 같지 않으므로 측정단위의 간격 간에 등간성이 유지되지 않는다는 점이다. 예를 들면, 1등과 2등 간의 점수 차이와 7등과 8등 간의 점수 차이를 비교할 때 등위의 차이는 각각 1등급으로 같지만 점수 차이는 같지 않다.

3) 등간척도

등간척도(interval scale)는 동일한 측정단위 간격마다 동일한 차이를 부여하는 척도다. 등간이란 척도상의 모든 단위의 간격이 일정하다는 뜻인데, 이런 면에서 등간척도는 서열척도에서와 마찬가지로 수치 사이에 대소, 서열 관계가 유지될 뿐만 아니라 수치 사이의 간격이 같다. 등간척도의 예로, 온도를 나타내는 섭씨나 학업성취 점수를 들 수 있다.

등간척도의 특징은 상대적인 의미를 지니는 임의영점(arbitrary zero)은 존재하지만 절대영점(absolute zero)은 존재하지 않는다는 점이다. 임의영점이란 온도의 0℃나 검사의 0점이 아무것도 없는 것이 아니라 무엇이 있음에도 임의로 어떤 수준을 정하여 0이라고 합의하였다는 것이다. 즉, 0℃는 온도가 전혀 없다는 것이 아니라 물이 어는점이며, 0점을 받은 학생이라고 해서 학습능력이 전혀 없는 것은 아니라는 뜻이다.

등간척도에서는 더하기, 빼기의 계산만 가능할 뿐 곱하기, 나누기의 법칙은 성립되지 않는다. 예를 들어, 20℃는 10℃보다 10℃ 높은 온도라는 사실은 성립되나 20℃가 10℃의 2배만큼 더운 것을 의미하지는 않으며, 학력고사에서 80점을 받은 학생이 40점을 받은 학생보다 학습능력이 2배라고 할 수 없다.

4) 비율척도

비율척도(ratio scale)는 서열성, 등간성을 지니는 동시에 절대영점이 존재하는 척도를 의미하며, 무게 혹은 길이 등이 그 예다. 그러므로 비율척도에서 어떤 특성이 영(零)이라는 것은 특성이 전혀 없는, 아무것도 존재하지 않는 절대영점을 의미한다. 따라서 비율척도는 사물의 분류, 서열, 등간성 및 비율을 나타낼 수 있는 절대영점을 지니고 있다는 점에서 가장 완전하다고 볼 수 있다.

비율척도에서는 더하기, 빼기, 곱하기, 나누기의 모든 수학적 계산이 가능하기 때문에 어떤 특성에서 한 사물이 다른 사물의 몇 배라는 비율적 비교가 가능해진다. 예를 들어, 무게 40kg은 20kg의 2배이며, 길이 20cm와 10cm의 비율은 2:1로 나타낼 수 있다.

7. 타당도와 신뢰도

타당도(validity)는 검사 또는 측정 도구가 본래 측정하고자 한 것을 충실히 측정했는가라는 문제와 관련된다. 즉, 타당도에 관한 질문은 '이 검사가 무엇을 측정하는가?'로 표현될 수 있다. 검사도구의 타당도를 알아보기 위해서는 반드시 준거(criterion)가 필요하다. 준거란 '무엇에 비추어 타당한가?'라는 질문 중 '무엇'에 해당하는 것으로 평가에서 틀 역할을 한다. 예를 들어, 인간의 지능을 측정하기 위하여 지능검사를, 적성을 측정하기 위하여 적성검사를, 인성을 측정하기 위하여 인성검사를 사용할 때, 이를 타당한 검사라 한다.

Gronlund와 Linn(1990)은 타당도를 이해하기 위해 주의할 점으로 다음의 세 가지를 제시하였다. 첫째, 타당도는 피험자 집단에 사용된 측정 도구나 검사를 통해 얻은 검사 결과의 해석에 대한 적합성이지 검사 자체와 관련된 것은 아니다. 둘째, 타당도는 정도의 문제다. 타당도가 있다 혹은 없다고 말하는 것이 아니라 낮다, 적절하다, 높다 등으로 표현해야 한다. 셋째, 타당도는 특별한 목적이나 해석에 제한된다. 즉, 한 검사가 모든 목적에 부합될 수 없으므로 '이 검사는 무엇을 측정하는 데 타당하다.' 라고 표현해야만 한다.

또한 신뢰도(reliability)는 측정하고자 하는 것을 정확하게 측정하는 정도, 즉 검사의 정확성 또는 정밀성을 의미한다. 신뢰도는 측정하고자 하는 것을 안정적이고 일관성 있고 또한 오차 없이 측정하는 것과 관련되므로, 동일한 검사를 동일한 피험자에게 여러 번 실시하였을 경우 검사 점수 간의 일치 정도가 높으면 그 검사의 신뢰도는 높다고 할 수 있다.

따라서 타당도가 '무엇을 측정하는가?'의 문제라면 신뢰도는 '어떻게 측정하는가?'의 문제라고 할 수 있다.

연습문제

1. 다음 용어를 설명하라.

(1) 독립변인, 종속변인, 매개변인
(2) 양적변인, 질적변인
(3) 연속변인, 비연속변인
(4) 모집단, 표본, 모수치, 추정치
(5) 기술통계, 추리통계

2. 다음을 명명척도, 서열척도, 등간척도, 비율척도로 구분하라.

(1) 성별
(2) 성적등위
(3) 군대계급
(4) 온도
(5) 시험점수
(6) 체중
(7) 길이

3. 다음을 계산하라.

$X_1=8$, $X_2=10$, $X_3=7$, $X_4=6$, $X_5=10$, $X_6=12$일 때

$\sum_{i=1}^{6} X_i$의 값을 구하라.

4. 다음의 논문제목을 보고 독립변인과 종속변인을 구분하라.

(1) 모의시험 성적이 대학입학시험 성적에 미치는 영향
(2) 지능이 학업성취도에 미치는 영향
(3) 대학수학능력시험 성적과 학교생활기록부 성적이 대학 입학 후 학생의 학업성적에 미치는 영향
(4) 초등학교 학생의 학습기술 활용과 학업성취도의 관계

5. 확률적 표집방법과 비확률적 표집방법의 차이점을 설명하라.

6. 어느 교육청에서 초등학교 교사 중 50명을 무선 추출하여 학교운영위원회의 효과에 대해 물어보았다.

(1) 모집단을 설명하라.

(2) 표집방법을 설명하라.

7. 다음 문제를 읽고 물음에 답하라.

> A초등학교 5학년 6개 반 중 임의로 3개 반에서는 전통적 교수법을, 다른 3개 반에서는 새로운 교수법을 실시하였다. 연말에 새로운 교수법의 학습효과를 평가하기 위하여 전통적 교수법을 실시한 반과 비교연구를 하였다.

(1) 모집단을 설명하라.

(2) 표본을 설명하라.

(3) 기술 · 추리 통계 중 어떤 목적의 통계를 사용하는 연구인지 설명하라.

제2부

기술통계학

제3장 빈도분포와 그래프

어떤 준거에 의해 분할된 범주에서 각각의 범주에 속한 관측치의 수를 대응시켜 얻는 표를 빈도분포표(frequency distribution table), 범주에 속한 관측치의 수를 범주의 빈도 또는 도수라 부른다. 실제 현상이 어떤 확률모델에 해당하는가를 확인하는 과정에서는 먼저 조사 자료에서 빈도분포를 작성해야 한다.

모든 현상과 사실을 좀 더 시각적이고 효과적으로 설명하기 위해 그래프를 사용한다. 그래프는 수집된 자료를 구성하는 수들이 어떤 특정 값을 중심으로 모이는 경향과 흩어진 정도를 쉽게 분석하고, 자료 속에 존재하는 집단 간의 차이와 변수 간의 연관성 등을 쉽게 파악할 수 있게 한다.

1. 빈도분포

수집한 자료를 분류하거나 요약하기 위해서 특성이나 크기가 유사한 자료를 순서대로 정리하여 표로 나타낸 것을 빈도분포(frequency distribution) 혹은 도수분포라 한다.

예를 들어, 100명의 학부모에게 방과후학교 교육활동이 학생의 학력신장에 도움을 주는지 그 영향에 대해 조사한다고 가정하자.

방과후학교 교육활동이 학생의 학력신장에 얼마나 영향을 준다고 생각합니까?

① 아주 긍정적인 영향을 준다.
② 약간 긍정적인 영향을 준다.
③ 영향을 주지 않는다.
④ 약간 부정적인 영향을 준다.
⑤ 아주 부정적인 영향을 준다.

범주별로 체크한 학부모의 수를 조사해서 자료를 정리하였다. 이를 표로 만들어 보면 다음의 〈표 3-1〉과 같다.

〈표 3-1〉 방과후학교 교육활동이 학력신장에 도움을 주는지에 대한 학부모 의견

범 주	반응 수
아주 긍정적인 영향	25
약간 긍정적인 영향	35
영향을 주지 않음	20
약간 부정적인 영향	15
아주 부정적인 영향	5

〈표 3-1〉을 살펴보면 100명 중 60명의 학부모가 방과후학교 교육활동이 학력신장에 긍정적인 영향을 준다고 생각하고 있음을 알 수 있다. 이 자료는 비교적 쉽게 요약할 수 있는 경우이고, 실제에서는 이보다 복잡한 경우가 훨씬 많다. 다음의 〈표 3-2〉는 100명의 학생에게 창의성검사를 실시한 후 얻은 점수분포의 예다.

〈표 3-2〉 창의성검사 점수

166	167	65	196	148	87	130	118	128	92
182	135	140	146	153	156	69	100	90	195
75	154	148	156	144	176	127	190	134	88
143	161	60	145	146	166	112	81	132	143
92	166	162	173	73	165	182	102	175	129
170	77	155	146	151	156	185	86	114	102

134	144	159	138	163	143	90	124	132	130
160	138	74	61	161	63	124	119	123	114
61	145	186	149	146	150	110	85	119	180
146	67	148	177	154	74	170	122	72	75

이 창의성검사에서는 0에서 200까지의 점수를 받을 수 있으며, 점수가 높을수록 창의성이 높은 것을 의미한다. 그러나 〈표 3-2〉로는 다음과 같은 질문에 대답하기가 어렵다.

① 가장 빈번하게 나타나는 점수는 몇 점인가?
② 점수가 어느 정도 퍼져 있는가?
③ 가장 높은 점수는 몇 점인가?
④ 점수가 어느 점수대에 많이 분포해 있는가?

이와 같은 질문에 대답하기 위하여 〈표 3-2〉를 다음의 〈표 3-3〉과 같이 가장 높은 점수에서 가장 낮은 점수의 순서대로 열거하여 보았다. 이때 X는 창의성검사 점수를, f는 빈도를 나타낸다.

〈표 3-3〉 창의성검사 점수(묶지 않은 점수)의 단순빈도분포표

X	f	X	f	X	f	X	f	X	f	X	f	X	f
196	1	176	1	156	3	136		116		96		76	
195	1	175	1	155	1	135	1	115		95		75	2
194		174		154	2	134	1	114	2	94		74	2
193		173	1	153	1	133	1	113		93		73	1
192		172		152		132	2	112	1	92	2	72	1
191		171		151	1	131		111		91		71	
190		170	2	150	1	130	2	110	1	90	2	70	
189		169		149	1	129	1	109		89		69	1
188		168		148	3	128	1	108		88	1	68	
187		167	1	147		127	1	107		87	1	67	1
186	1	166	3	146	5	126		106		86	1	69	1

185	1	165	1	145	1	125		105		85	1	66	
184		164		144	3	124	2	104		84		65	
183		163	1	143	3	123	1	103		83		64	
182	2	162	1	142		122	1	102	2	82		63	1
181		161	2	141		121		101		81	1	62	1
180	1	160	1	140	1	120		100	1	80		61	2
179		159	1	139		119	2	99		79		60	1
178		158		138	2	118	1	98		78			
177	1	157		137		117		97		77	1		

〈표 3-3〉은 앞의 〈표 3-2〉보다 점수의 분포를 더 알아보기 쉽게 만들어졌다. 〈표 3-3〉을 통해 가장 빈번하게 나타난 점수는 146이며, 점수의 최대치는 196, 최소치는 60임을 알 수 있다. 그리고 단순히 빈도를 합하면 전체 사례 수를 쉽게 계산해 낼 수 있다. 하지만 〈표 3-3〉의 경우 표 자체가 자리를 많이 차지하고 여전히 요약된 정보를 제공하지 못하므로, 다음의 〈표 3-4〉와 같이 일정한 급간을 설정하여 각 급간에 포함되는 사례의 수를 세어 표로 작성해 보았다. 급간이란 빈도분포에서 자료를 일정한 간격으로 나눈 구간을 말하며, 각 급간에 속하는 자료의 개수를 빈도라고 한다.

〈표 3-4〉 급간의 크기가 서로 다른 묶음빈도분포표

(a) 급간크기 5인 빈도분포표

X	f
195~199	2
190~194	1
185~189	2
180~184	3
175~179	3
170~174	3
165~169	5
160~164	5
155~159	5
150~154	5
145~149	10
140~144	7
135~139	3
130~134	6
125~129	3
120~124	4
115~119	3
110~114	4
105~109	0
100~104	3
95~99	0
90~94	4
85~89	4
80~84	1
75~79	3
70~74	4
65~69	2
60~64	5

(b) 급간크기 10인 빈도분포표

X	f
190~199	3
180~189	5
170~179	6
160~169	10
150~159	10
140~149	17
130~139	9
120~129	7
110~119	7
100~109	3
90~99	4
80~89	5
70~79	7
60~69	7

(c) 급간크기 20인 빈도분포표

X	f
180~199	8
160~179	16
140~159	27
120~139	16
100~119	10
80~99	9
60~79	14

(d) 급간크기 50인 빈도분포표

X	f
150~199	34
100~149	43
50~99	23

〈표 3-4〉의 (a) (b) (c) (d)에서 보듯이 다양한 크기의 급간을 설정하여 표를 만들면, 개별점수의 정확한 빈도는 알 수 없지만 〈표 3-3〉에 비해 좀 더 쉽고 편리하게

점수분포에 대한 정보를 알 수 있다.

〈표 3-4〉를 좀 더 자세히 살펴보면 (a)는 급간의 수가 여전히 많아 부담스럽고, 대조적으로 (d)는 급간의 수가 너무 적어, 즉 한 개 급간의 폭이 너무 커서 그 사이의 점수분포에 대한 자세한 정보를 알기 어려운 단점이 있다. 그러므로 앞의 네 개 표 중에서 비교적 (b)가 나머지에 비해 급간의 크기가 적당하게 나누어져 있어 필요한 정보를 얻는 데 가장 유용하다는 것을 알 수 있다.

이처럼 빈도분포표를 만들 때 급간의 수는 임의적으로 결정할 수 있다. 사용하는 자료의 특성과 이 자료에서 어떤 해석을 끌어내고 싶은지에 따라 급간의 수를 결정할 수 있는데, 만약 높은 수준의 정확도를 요구하고 좁은 범위에서의 점수분포 양상을 연구하고자 한다면 급간의 크기는 3 또는 5, 심지어는 1이 사용될 수도 있다. 반면에, 점수분포에 대한 대략의 정보가 필요할 때는 급간의 크기가 20, 50, 100 또는 그 이상일 경우에도 만족스러울 수 있다. 물론 양적변인에서 점수분포 폭이 작을 때나 〈표 3-1〉과 같이 질적변인인 경우에는 급간을 설정할 필요가 없다.

빈도분포의 급간을 설정하는 일반적인 원칙을 설명하면 다음과 같다.

- 점수의 범위를 구한다. 범위＝최대치－최소치＋1
- 전체 급간의 수는 10개 전후가 적당하다. 20개 이상이 되면 빈도분포표의 목적을 상실하게 되고, 또 급간의 수가 너무 적으면 값의 분포에 대한 정도를 알기 어렵게 된다.
- 급간의 폭은 3, 5, 10, 20 등과 같이 편리한 수로 시작하는 것이 좋다.
- 모든 급간의 크기가 동일해야 한다.
- 급간의 시작점은 0, 5 등의 익숙한 숫자로 시작하는 것이 좋다.
  예 50～54가 47～51보다 낫다.
- 모든 급간은 중복되어서는 안 되며, 어떤 특정 값은 반드시 한 급간에만 속해야 한다.

앞의 창의성검사 점수도 위에서 열거한 일반적인 원칙에 의해 판단한다면 〈표 3-4〉의 (b)가 분포를 파악하기에 가장 적합한 것으로 보인다. 급간의 수가 14개이고, 급간 60～69, 70～79에서 보듯이 급간의 폭이 10이며, 급간의 시작점도 60, 70과 같이 익숙한 숫자로 되어 있기 때문이다. 또한 표에서 알 수 있듯이 모든 급간이 중복되지 않게 만들어졌다.

2. 정확한계, 중간점

연속변수는 가능한 값이 무한대인 경우를 말한다. 지능검사에서 110점을 받은 학생의 진점수(exact score)는 정확하게 110점이라고 말할 수 없다. 다시 말하면, 여러 가지 요인에 의해 109.5에서 110.5 사이에 존재한다고 말할 수 있다. 이와 같이 연속변수의 개별치를 측정할 때 단위의 1/2만큼 반올림한 값으로 표현할 수 있는데, 이를 정확한계(real limit)라 하며, 이는 연속변수의 급간을 나누는 경계치가 된다.

연속변수를 빈도분포표로 만들 경우 급간의 시작치는 최저치의 하한계이고, 급간의 최종치는 최고치의 상한계가 된다. 자료를 급간으로 묶었을 때, 예를 들어 60~64의 급간은 60점과 64점을 경계로 하여 이루어졌지만 실제로는 59.5~64.5라고 할 수 있다. 이때 59.5는 정확하한계라 하고, 64.5는 정확상한계라 한다. 또한 59.5와 64.5의 중간이 되는 점, 즉 (59.5+64.5)÷2=62를 중간점이라 한다.

3. 막대그래프, 히스토그램, 절선그래프

그래프는 수집한 자료를 시각적으로 좀 더 잘 이해시키기 위하여 일목요연하게 표시된 그림이라 할 수 있다. 이러한 그래프의 기능은 다음의 세 가지로 요약될 수 있다. 첫째, 수집된 자료를 구성하는 수들이 어떤 값을 중심으로 모이는 경향과 흩어진 정도를 쉽게 분석할 수 있다. 둘째, 자료 속에 존재하는 집단 간의 차이 여부를 비교해 볼 수 있다. 셋째, 어떤 변인 간에 연관성이 존재하는지를 쉽게 파악할 수 있다. 그래프는 사용되는 변인의 종류나 사용목적에 따라 다양한 형태로 표현될 수 있다.

사용되는 변인이 질적변인일 때나 양적변인 중에서 비연속변인일 경우 빈도를 표시하기 위해 막대그래프를 사용한다(〈표 3-5〉와 [그림 3-1] 참조).

〈표 3-5〉 100명의 직장인을 대상으로 한 결혼 여부 조사(유형)

유 형	기혼	미혼	사별	이혼	합계
빈 도	48	34	10	8	100

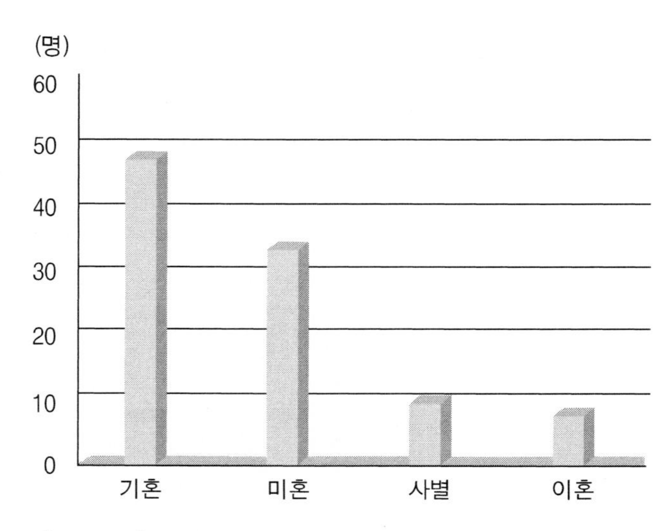

[그림 3-1] 100명의 직장인을 대상으로 한 결혼 여부 조사(유형)

막대그래프를 그리는 절차는 다음과 같다.

- 첫째, 일반적으로 X축은 유목(범주)을 나타내고, Y축은 빈도(또는 백분율)를 나타낸다.
- 둘째, Y축은 X축의 2/3~3/4 정도의 크기가 되도록 한다.
- 셋째, X축, Y축에 단위와 이름을 표시하고, 각 막대에 유목의 이름을 기록하고, 막대그래프의 제목을 붙인다.

SPSS 실행

〈표 3-5〉의 자료를 데이터 편집기에서 직접 입력 또는 [파일-열기-데이터]를 통해 불러온 후, 메뉴에서 [그래프-레거시 대화 상자-막대도표]를 선택하면 막대도표 대화상자가 열린다.

막대도표 대화상자에서 '단순-케이스 집단들의 요약값'을 선택하고 [정의]를 누른 후, 막대 표시는 '케이스 수'를, 범주축 부분의 변수에는 '기혼여부(변수명)'를 지정한 후 [확인]을 누른다.

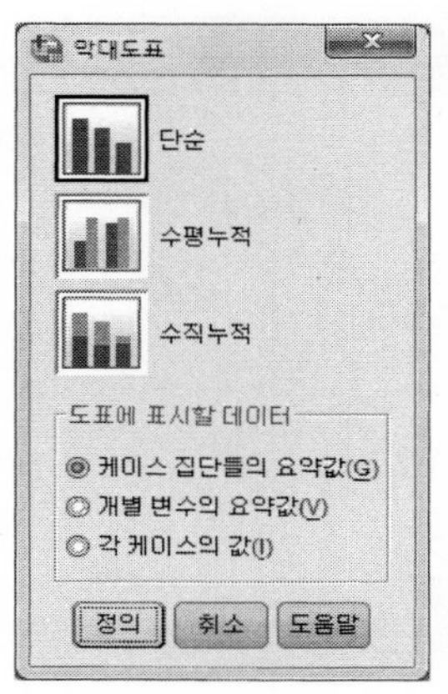

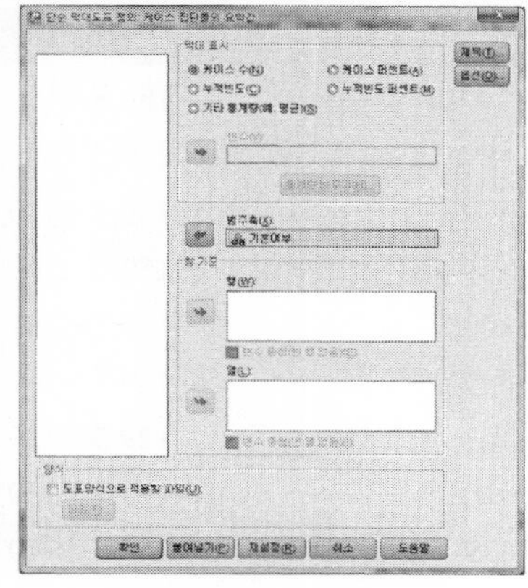

분석결과

SPSS 뷰어에 다음과 같은 100명의 직장인을 대상으로 한 결혼 여부 조사(유형) 결과 막대도표가 나타나며, 이는 [그림 3-1]과 같다.

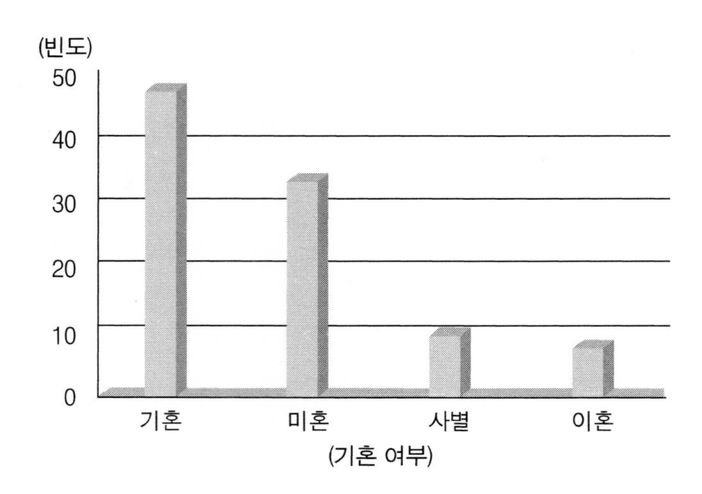

질적변인의 경우에는 막대그래프를 사용하지만, 연속변인일 경우에는 히스토그램을 사용한다. 이를 〈표 3-4〉의 예를 다시 들어 설명하면 다음과 같다(〈표 3-6〉과 [그림 3-2] 참조).

〈표 3-6〉 100명의 학생을 대상으로 한 창의성검사 점수 분포

점 수	정확한계	빈 도
190~199	189.5~199.5	3
180~189	179.5~189.5	5
170~179	169.5~179.5	6
160~169	159.5~169.5	10
150~159	149.5~159.5	10
140~149	139.5~149.5	17
130~139	129.5~139.5	9
120~129	119.5~129.5	7
110~119	109.5~119.5	7
100~109	99.5~109.5	3
90~99	89.5~99.5	4
80~89	79.5~89.5	5
70~79	69.5~79.5	7
60~69	59.5~69.5	7

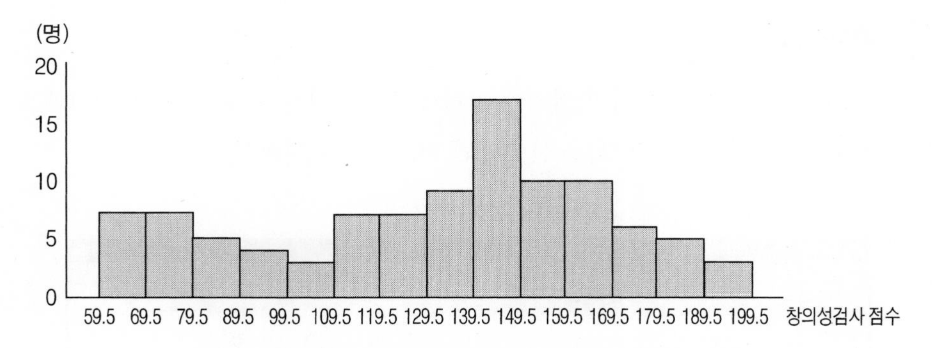

[그림 3-2] 100명의 학생을 대상으로 한 창의성검사 점수 분포

히스토그램은 선그래프보다 압축하여 개괄적으로 수집된 자료의 속성을 나타내 줄 수 있다. 그러므로 히스토그램은 선그래프가 드러내는 번잡성을 체계화한 그래프라 할 수 있다.

히스토그램을 그리는 절차는 다음과 같다.

- 첫째, 범위(최대치−최소치+1)를 정한다.

  예 196−60+1=137

- 둘째, 범위를 급간의 수로 나누어 적당한 급간의 폭을 결정한다. 이때 급간의 수는 10개 내외가 적절하다.

  예 범위가 137이므로, 급간의 폭을 10으로 하여 14개의 급간으로 구성된 빈도분포로 결정한다. 이때 급간의 폭이 14이고, 급간의 수가 10개인 빈도분포를 만들 수 있지만, 그것보다는 급간의 폭이 10이고 급간의 수가 14개인 경우가 읽기에 더 적합하다.

- 셋째, 빈도분포를 만든다. 이때 최소치를 맨 아래에 위치하도록 하며, 각 급간에 해당하는 빈도를 헤아린다.
- 넷째, 정확한계를 설정한다.
- 다섯째, X축을 변인의 정확한계를 경계로 하여 나누고, Y축에는 빈도를 표시한다. X축과 Y축의 단위와 이름을, 그리고 히스토그램의 제목을 붙인다.

SPSS 실행

〈표 3-6〉의 자료를 데이터 편집기에 입력하거나 불러온 다음, 메뉴에서 [그래프-레거시 대화 상자-히스토그램]을 선택하면 히스토그램 대화상자가 열린다.

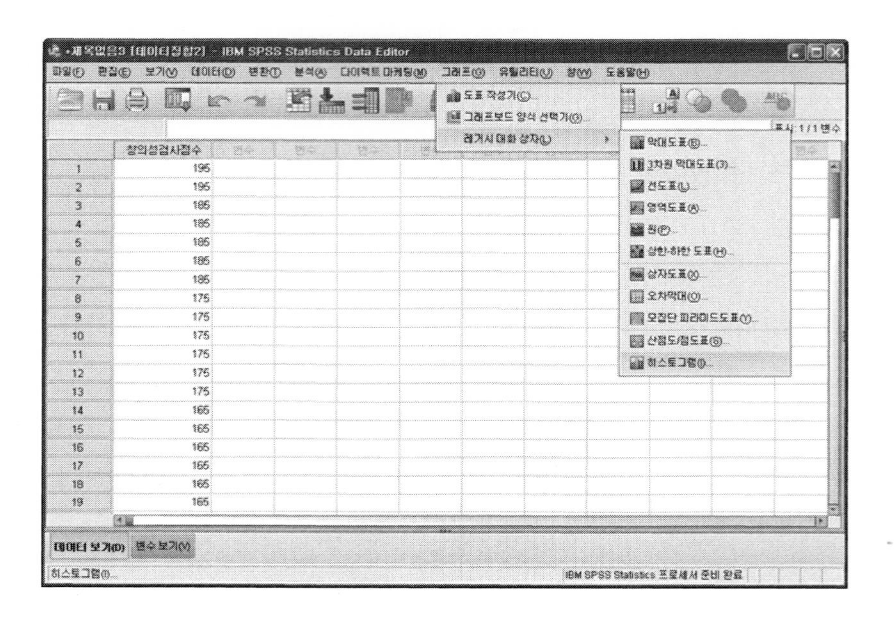

히스토그램 대화상자가 열리면 왼쪽의 '창의성검사 점수'를 화살표를 이용하여 변수로 옮긴 뒤 [확인]을 누른다.

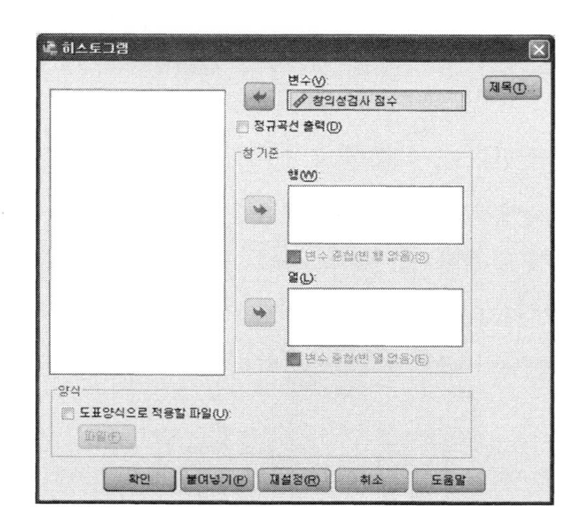

분석결과

[그림 3−2]의 모양과 같은 히스토그램을 얻으려면 급간 설정을 조정해야 한다. 그러므로 급간을 [그림 3−2]처럼 14개로 하려면, 히스토그램을 두 번 클릭하여 특성 창을 활성화하고 히스토그램 옵션 탭에서 *X*축의 급간(구간) 수를 14로 설정한다.

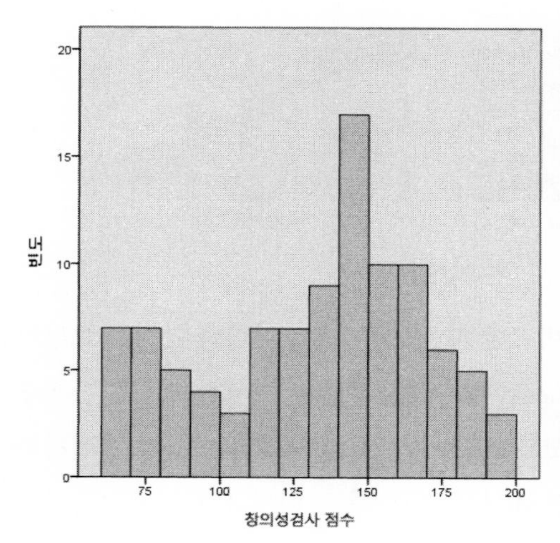

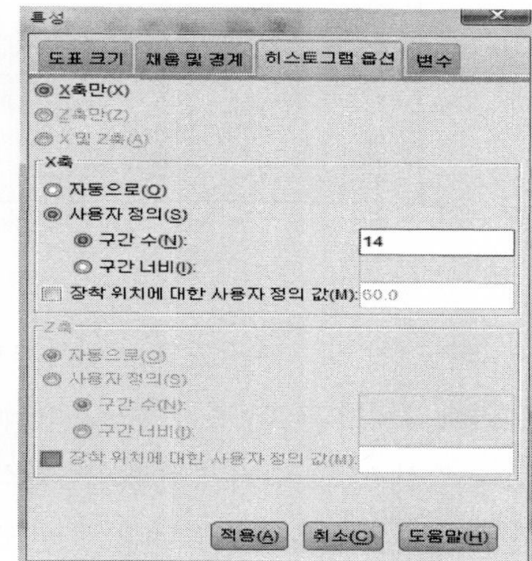

그다음 *X*축의 구간 범위를 설정하기 위하여 도표의 *X*축을 두 번 클릭하여 *X*축에 대한 특성 창을 활성화한다. 척도화분석 탭으로 이동한 후, 최소값을 59.5, 최대값을 199.5, 주눈금 증가분을 10으로 지정한 뒤 [적용]을 누른다.

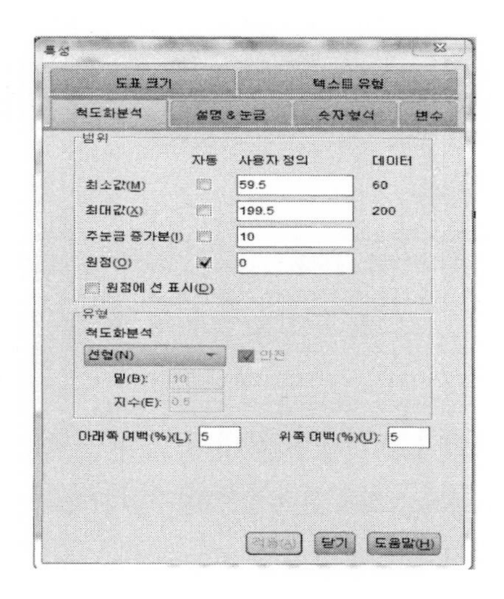

이와 같은 과정을 통해 [그림 3-2]와 동일한 히스토그램을 얻을 수 있다.

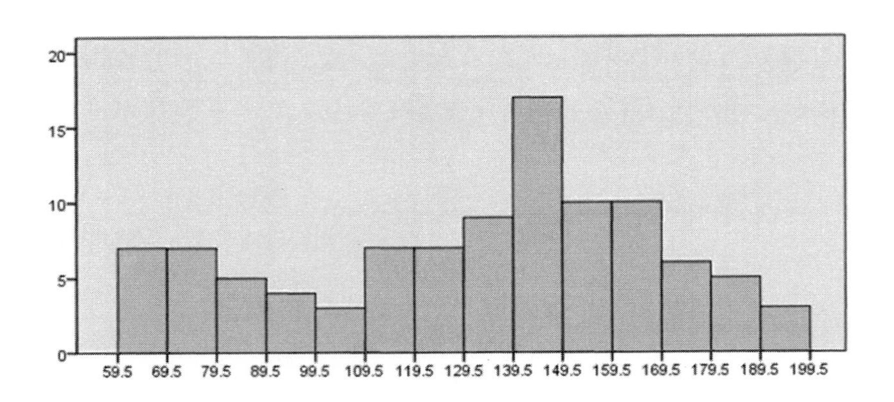

그러나 히스토그램은 두 집단 이상을 비교할 때 불편하므로, 이러한 단점을 보완하기 위해 그리는 그래프를 절선도표(frequency polygon, 절선그래프)라 한다([그림 3-3] 참조). 절선도표를 그리기 위해서는 히스토그램의 중간점에 해당하는 점을 연결하는 절차를 하나 더 추가하면 된다. 절선도표에서 유의할 점은 최저급간과 최고급간의 중간점과 X축에 선을 연결하여 닫힌 다각형 모양을 갖게 해야 한다는 것이다. 이러한 절선도표를 이용하면 두 집단 이상의 비교가 쉬워지는 장점이 있다.

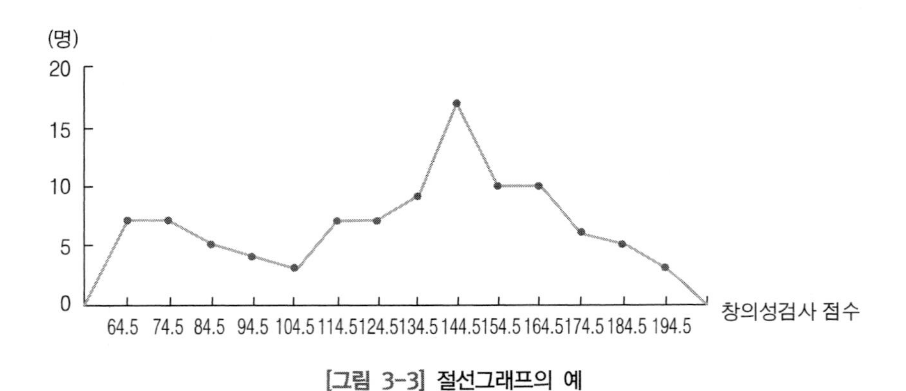

[그림 3-3] 절선그래프의 예

사례 수가 많은 모집단이나 표본을 나타내려 할 때는 절선도표의 직선 대신에 완만한 곡선(smoothing curves)을 그려 표시할 수도 있다([그림 3-4] 참조). 완만한 곡선으로 표시하는 이유는 절선도표에 나타난 비정규적인 것(irregularity)이 모집단에서는 나타나지 않을 것이므로 이러한 비정규적인 것을 제거하려는 것이다. 그러나 때로는 오히려 모집단의 비정규적인 특성이 완만한 곡선화 절차에 의해 제거될 위험도 있다.

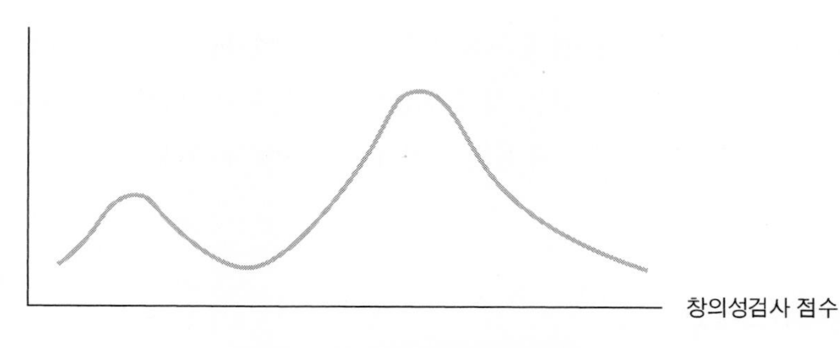

[그림 3-4] 곡선화한 절선그래프의 예

4. 그래프 사용 시 유의할 점

그래프는 요약된 자료를 시각적으로 좀 더 쉽게 이해할 수 있게 하는 기능이 있다. 그러나 그래프는 똑같은 자료의 속성을 어떻게 그리느냐에 따라 다르게 해석될 가능성이 있다. 예를 들어, 대학의 등록금 인상률을 연도에 따라 다음과 같이 두 가지로 나타낼 수 있다([그림 3-5]의 a와 b).

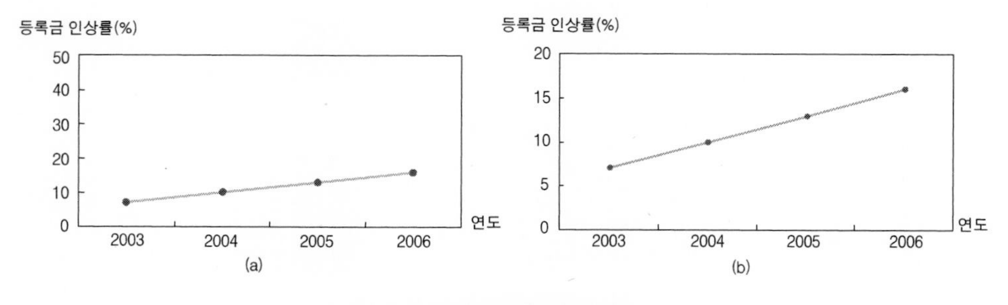

[그림 3-5] 등록금 인상률

앞의 두 그래프에서 첫 번째 그래프([그림 3-5] a)를 보면 등록금 인상률이 높지 않은 것처럼 보이지만, 두 번째 그래프([그림 3-5] b)를 보면 등록금이 제법 인상된 것처럼 보일 수 있다. 만약 대학의 담당자가 등록금 인상에 대한 학생과 학부모의 반발을 우려하여 첫 번째 그래프를 제시한다면, 등록금이 많이 인상되었음에도 적게 된 것처럼 보여 왜곡된 정보를 제공할 수 있을 것이다. 이와 같이 똑같은 속성을 그래프로 그릴 때 어떻게 그리느냐에 따라 상이한 느낌을 줄 수 있다는 점을 명심해야 한다.

일반적으로 그래프를 그릴 때 유의해야 할 사항 중 하나는 그래프의 Y축 길이를 X축 길이의 2/3~3/4 전후로 잡는 것이 무난하다는 점이다. 또한 자료의 특성이나 사용목적에 따라 적합한 그래프 유형을 선택하여 사용해야 한다.

5. 누적빈도분포

누적빈도분포는 어떤 특정한 점수까지 누적된 빈도나 백분율을 알고자 할 때 사용한다. 예를 들어, 적성검사에서 60점 미만은 몇 %인지 알고자 할 때, 이를 위한 도표를 누적빈도분포표(cumulative frequency distribution table)라 하고, 이를 그래프로 나타낸 것을 누적빈도그래프(cumulative frequency polygon) 혹은 오자이브 곡선(ogive curve)이라고 한다. 이를 그림으로 나타내면 다음의 [그림 3-6]과 같다.

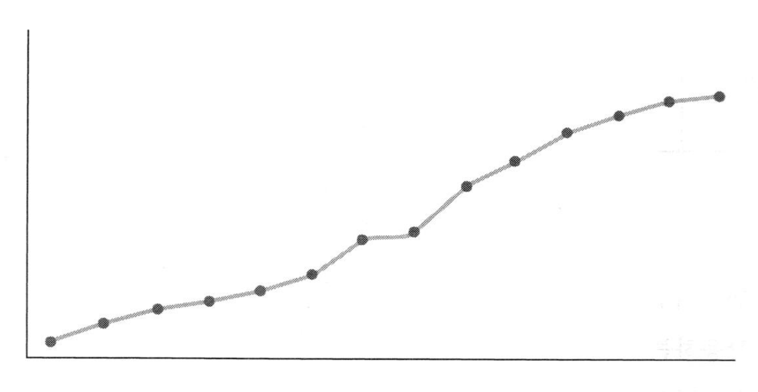

[그림 3-6] 누적빈도그래프의 예

6. 백분율, 상대백분율, 누적백분율

백분율이란 전체 사례 수에 대해 그 급간 내의 빈도를 %로 나타낸 것이다. 한 급간 내의 빈도를 전체 사례에 대해 %로 나타낸 것을 상대백분율이라 하고, 해당 급간을 포함시킨 그 아래의 급간에 대한 누적빈도를 %로 나타낸 것을 누적백분율이라고 한다. 한 급간 내의 빈도는 전체 사례에 대한 상대적인 문제이므로, 한 급간 내의 빈도 크기를 해석하기 위해 비율이나 백분율로 바꾸는 것이 편리하다. 특히 사례 수가 다른 두 집단의 분포를 비교할 때는 직접 빈도를 비교하는 것보다 빈도를 비율이나 백분율로 바꾸어 비교하는 것이 필요하다. 이러한 비율이나 백분율을 상대백분율(또는 비율)이라 하며, 그 예가 다음의 〈표 3-7〉에 나타나 있다.

〈표 3-7〉 상대비율과 상대백분율의 예

점 수	빈 도	상대비율	상대백분율	누적백분율
47~49	5	0.10	10	100
44~46	7	0.14	14	90
41~43	10	0.20	20	76
38~40	12	0.24	24	56
35~37	8	0.16	16	32
32~34	4	0.08	8	16
29~31	2	0.04	4	8
26~28	2	0.04	4	4
합계	50	1.00	100%	–

누적백분율도표(ogive curve; 오자이브 곡선)를 그리는 절차는 수집된 원자료의 범위를 계산하여 적절한 급간 수에 의하여 구분하고, 각 급간에 해당하는 도수를 계산하며 그에 상응하는 백분율을 계산하는 절차는 히스토그램과 절선도표를 그리기 위한 기본절차와 동일하다. 다만, 각 급간의 상한계까지 누적된 도수와 백분율을 계산하고, 그에 따라 누적백분율도표를 그리는 부분은 다르다.

예를 들어, 수강생 200명의 기초통계학 학기말 시험 점수의 누적백분율도표를 위하여 만든 묶음누적도수표는 다음의 〈표 3-8〉과 같다.

〈표 3-8〉 누적백분율도표를 그리기 위한 200명의 기초통계학 학기말 시험 점수 묶음누적도수표

급간	급간 상한값	도수(f)	백분율(%)	누적백분율(%)
30.5~37.5	37.5	6	3	3
37.5~44.5	44.5	14	7	10
44.5~51.5	51.5	32	16	26
51.5~58.5	58.5	40	20	46
58.5~65.5	65.5	22	11	57
65.5~72.5	72.5	36	18	75
72.5~79.5	79.5	28	14	89
79.5~86.5	86.5	16	8	97
86.5~93.5	93.5	4	2	99
93.5~100.5	100.5	2	1	100
–	–	200	100(%)	–

〈표 3-8〉을 보면, 44.5점까지는 전체 수강생 200명 중 20명으로 10%에 해당하는 학생이, 51.5점까지는 26%에 해당하는 학생이 있음을 알 수 있다. 〈표 3-8〉의 자료를 가지고 누적백분율도표를 그리면 다음의 [그림 3-7]과 같다. 누적백분율도표를 보면 특정 점수까지 누적된 백분율이 얼마라는 사실을 알 수 있으며, 반대로 특정 백분율에 해당하는 점수는 몇 점이라는 사실을 알 수 있다. 예를 들어, 50%에 해당하는 점수는 [그림 3-7]에 의하여 58.5와 65.5점 사이에 있다는 것을 알 수 있다.

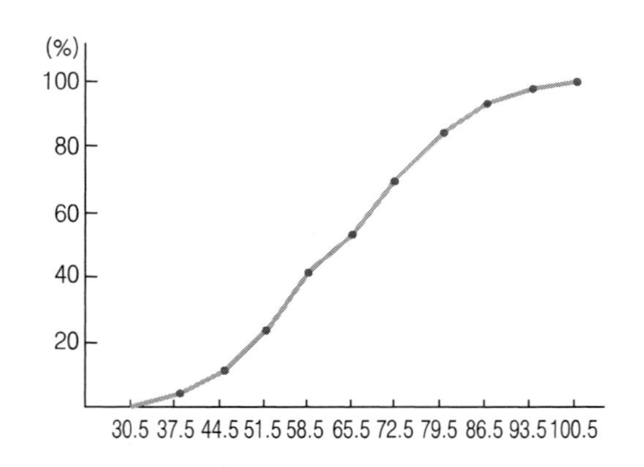

[그림 3-7] 기초통계학 학기말 시험 점수의 누적백분율도표

SPSS 실행

〈표 3-8〉의 자료에서 SPSS를 통해 누적백분율도표를 그리기 위해서는 먼저 [그래프-레거시 대화 상자-선도표]를 선택한다.

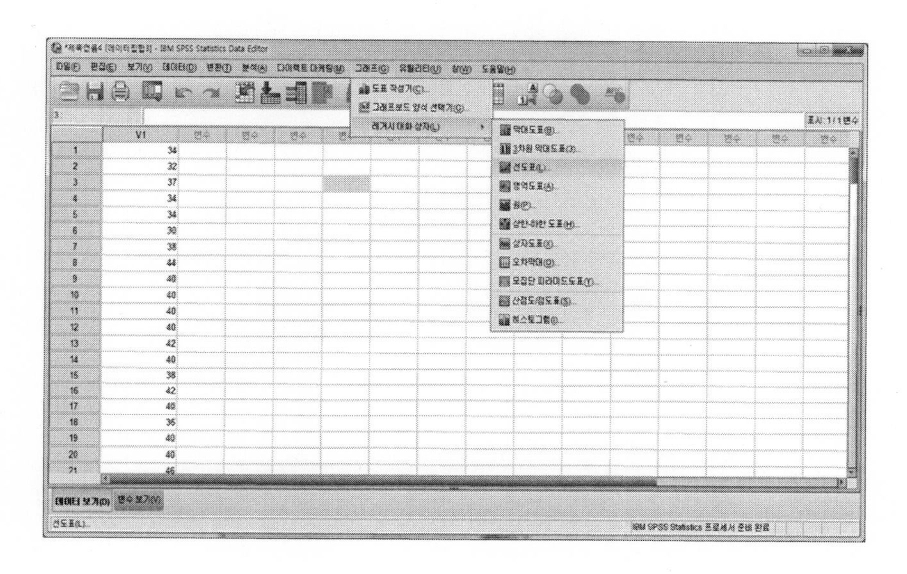

선도표 대화상자가 열리면 '단순-케이스 집단들의 요약값'을 선택하고 [정의]를 누른다. 선 표시 유형을 '누적빈도 퍼센트'로 지정하고, 범주축 부분에는 '기초통계학 시험점수(변수명)'를 지정한 후 [확인]을 누른다.

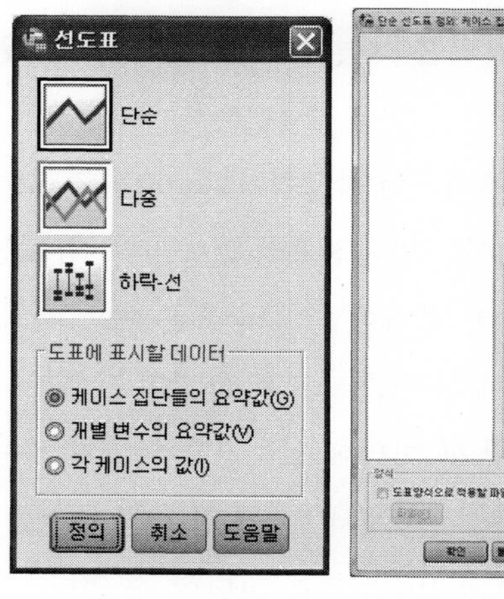

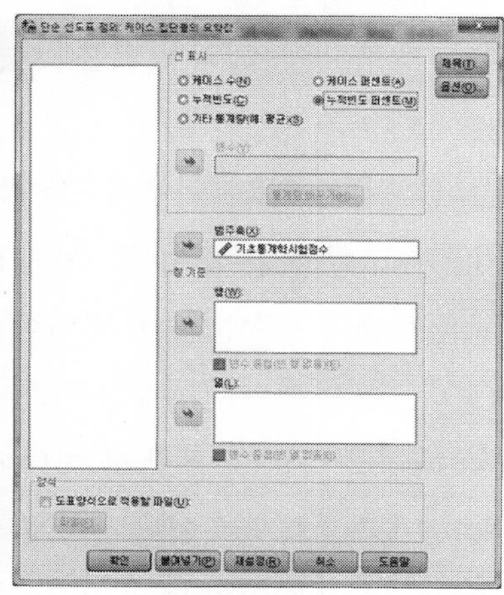

분석결과

SPSS 뷰어에 다음과 같은 누적백분율도표가 나타나며, 이는 [그림 3-7]과 같다.

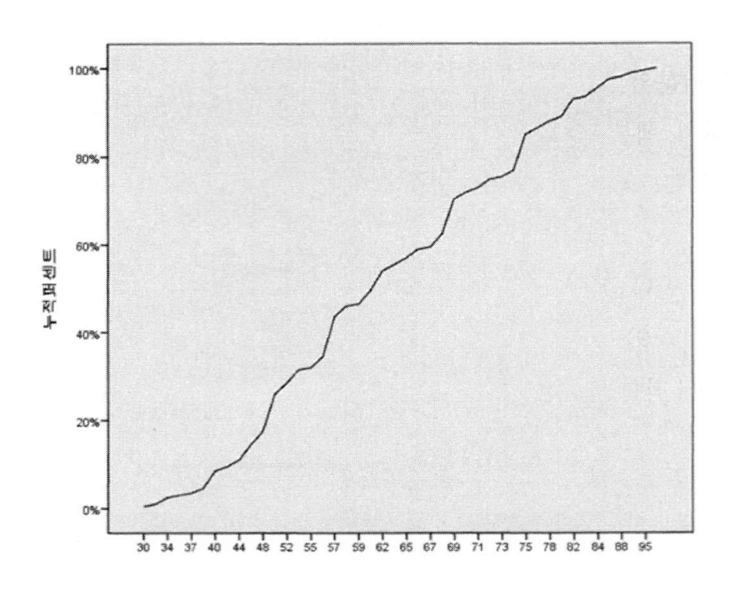

7. 백분위, 백분위 점수

일반적으로 원점수(raw score) 자체는 상대적인 비교가 어려워 큰 의미를 주지 못할 때가 많으므로, 백분위(percentile; percentile rank: PR)를 사용함으로써 추가적인 정보를 얻을 수 있다. 백분위란 100의 단위를 갖는 척도에서 위치 혹은 위치값을 의미하는 것이다.

백분위수, 즉 퍼센타일은 교육평가에서 규준참조평가(norm-referenced evaluation), 즉 상대비교평가를 추구할 때 흔히 쓰이는 변환점수의 일종이다. 학교현장에서 학업성취검사에서 얻은 학생의 점수는 상위 몇 %에 있느냐 혹은 어느 지점에 있느냐 하는 질문을 자주 한다. 즉, 학생의 학업성취 수준이 모든 학생의 점수를 낮은 점수부터 가장 높은 점수로 배열하여 100등분할 때 어디에 있는가를 알고자 하는 것이다.

예를 들어, 중학교 1학년 학생이 영어 시험에서 100점 만점 중 72점을 받았을 경우, 72점 자체만으로는 높은 점수인지 낮은 점수인지를 판단할 수 없다. 그러나 72점의 백분위가 60이라고 한다면 다음과 같이 해석할 수 있다. 즉, 이 학생이 소속된 집단에서 이 학생보다 낮은 점수를 얻은 학생이 60%이고, 나머지 40%는 이 학생보다 높은 점수를 받았다는 상대적 평가를 내릴 수 있다. 이때 60을 백분위라 하고, 72점을 백분위 점수(percentile score)라 한다. 백분위는 'percentile rank'나 'PR'로 표시하고, 역으로 x번째 백분위 점수는 대문자 P로 표시한다. 즉, 백분위 90은 90 percentile rank 라고 표시하며, 백분위가 90일 때의 백분(위) 점수는 90으로 나타낸다.

백분위 중에는 의미 있는 이름으로 불리는 것이 있다. 점수분포에서 10개의 동일한 간격으로 나눈 것을 십분위(decile)라 하고, 4개의 동일한 간격으로 나눈 것을 사분위(quartile)라 한다.

다음의 〈표 3-9〉에서 첫 번째 십분위 점수는 D_1이라고 표시하고 10과 같은 뜻이며, 두 번째 십분위 점수는 D_2라고 표시하고 20과 같은 뜻이다. 25는 첫 번째 사분위 점수를 의미하고, Q_1으로 표시된다. 50은 두 번째 사분위 점수로서 Q_2로 표시하며, 앞으로 나올 중앙치(median)와 같은 의미가 된다. 중앙치는 점수분포를 위아래 50%로 나누는 점수에 해당하는 것으로 Mdn 또는 Md로 표시한다. 중앙치는 백분위 50의 점수, 다섯 번째

〈표 3-9〉 십분위, 사분위, 백분위 점수 표시

명 칭	십분위 또는 사분위 점수	백분위 점수
첫 번째 십분위	D_1	10
두 번째 십분위	D_2	20
세 번째 십분위	D_3	30
네 번째 십분위	D_4	40
다섯 번째 십분위	$D_5 = Q_2 =$ Mdn	50
여섯 번째 십분위	D_6	60
일곱 번째 십분위	D_7	70
여덟 번째 십분위	D_8	80
아홉 번째 십분위	D_9	90
첫 번째 사분위	Q_1	25
두 번째 사분위	$Q_2 = D_5 =$ Mdn	50
세 번째 사분위	Q_3	75

십분위 점수(= D_5), 두 번째 사분위 점수(= Q_2)에 해당한다.

8. 백분위 점수의 값을 구하는 근사계산법

백분위 점수에 해당하는 백분위를 구하거나, 백분위에 해당하는 백분위 점수를 구하는 것이 필요할 때가 있다. 다음의 〈표 3-10〉을 통해 백분위 → 백분위 점수, 백분위 점수 → 백분위로 전환하는 연습을 해 보자. 누적빈도나 누적백분율은 한 급간의 상한값 아래에 속하는 점수의 빈도를 합하여 표시한 것이다. 〈표 3-10〉과 같은 분포에서 중앙치, 즉 50번째 백분위에 해당하는 점수가 얼마인지를 구해 보자.

〈표 3-10〉 백분위 vs 백분위 점수

점 수	정확한계	빈 도	백분율	누적백분율
47~49	46.5~49.5	5	10	100
44~46	43.5~46.5	7	14	90
41~43	40.5~43.5	10	20	76
38~40	37.5~40.5	12	24	56
35~37	34.5~37.5	8	16	32
32~34	31.5~34.5	4	8	16
29~31	28.5~31.5	2	4	8
26~28	25.5~28.5	2	4	4
합 계		50	100%	–

누적백분율이 정확한계의 상한점 아래에 속하는 점수의 누적 사례 수인 것을 상기할 때, 40.5점 아래로 56%의 사례 수에 해당하는 점수가, 또한 37.5점 아래에 32%의 사례 수에 해당하는 점수가 있음을 알 수 있다. 이를 이해하기 쉽게 그림으로 그리면 다음의 [그림 3-8]과 같다.

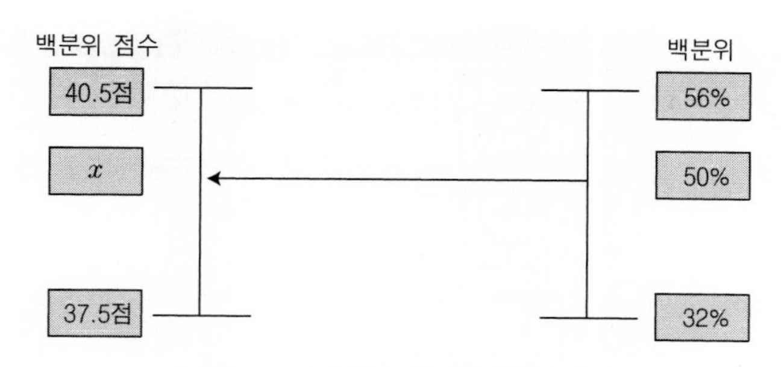

[그림 3-8] 백분위 점수 vs 백분위

즉, 백분위 50%에 해당하는 백분위 점수 x를 구하고자 할 때, 이를 보간법으로 구하면 다음과 같다.

$$(56-32):(40.5-37.5)=(50-32):(x-37.5)$$

$$24:3=18:(x-37.5)$$

$$(x-37.5)=\frac{3\times 18}{24}=\frac{18}{8}=2.25$$

$$\therefore\ x=39.75$$

즉, 앞의 수식에서 $x=39.75$인 것을 알 수 있다.

SPSS 실행

〈표 3-10〉의 자료를 바탕으로 백분위 50%에 해당하는 백분위 점수를 SPSS를 통해 구하기 위해서는 빈도분석 프로시저를 사용한다. 메뉴에서 [분석-기술통계량-빈도분석]를 선택하여 빈도분석 대화상자를 연다.

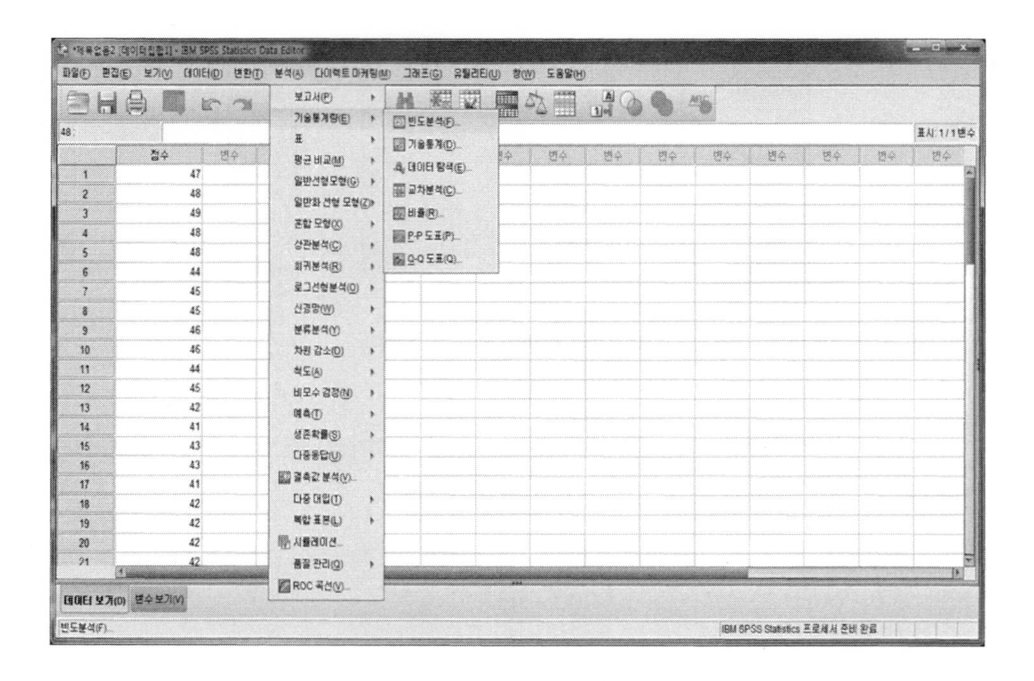

빈도분석 대화상자에서 변수 부분에 점수를 지정하고 [통계량]을 눌러 통계량 대화상자를 연 후, 백분위수 값에 사분위수, 절단점, 백분위수를 선택하고, 중심경향 및 산포도에서 필요한 정보를 추가로 선택한 다음 [계속]을 누른다. 이때 십분위수를 산출하기 위해서는 절단점 부분에 10을 입력하면 되고, 찾고자 하는 백분위수(여기서는 50)는 [추가]를 통해 입력이 가능하다.

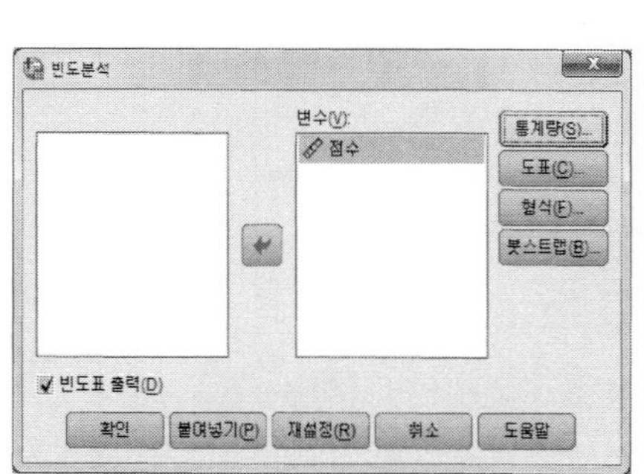

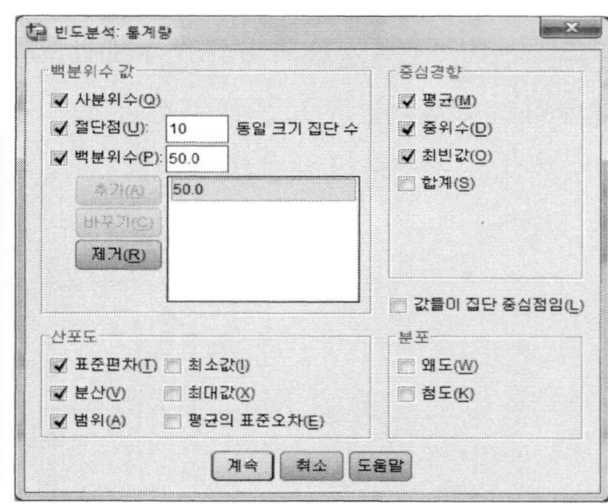

분석결과

빈도분석 프로시저를 통해 〈표 3-10〉에 제시된 점수분포에서 평균, 중위수, 최빈값, 표준편차, 분산, 백분위수 등의 정보를 출력할 수 있다. SPSS 프로그램에 의한 백분위 50의 점수는 40점(≒ 39.50점)으로, 이론을 통해 앞서 계산한 값(P_{50}=40점)과 일치한다. 십분위별 각 백분위 점수도 산출이 가능하다.

통계량

점수

N	유효	50
	결측	0
평균		38.50
중위수		39.50
최빈값		39
표준편차		9.063
분산		82.133
범위		48
백분위수	10	32.00
	20	36.00
	25	36.00
	30	37.00
	40	39.00
	50	39.50
	60	41.00
	70	42.00
	75	43.25
	80	44.80
	90	46.90

다른 예로, 〈표 3-10〉에서 백분위 점수가 45점일 경우 이 점수가 몇 번째 백분위에 속하는지를 알고자 한다. 백분위 점수 45는 다음의 두 급간 사이에 있는 것을 알 수 있다.

〈표 3-11〉 백분위 점수 → 백분위 산출방법의 예

점 수	정확한계	누적백분율
44~46점	43.5~46.5점	90
41~43점	40.5~43.5점	76

이를 이해하기 쉽도록 그림으로 나타내면 [그림 3-9]와 같다.

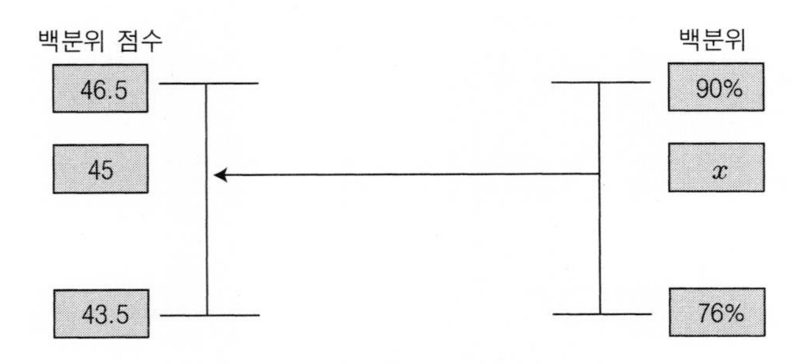

[그림 3-9] 백분위 점수 vs 백분위

앞의 첫 번째 예와 같이

$(46.5-43.5) : (90-76) = (45-43.5) : (x-76)$

$3 : 14 = 1.5 : (x-76)$

$$x-76 = \frac{1.5 \times 14}{3} = 7$$

$\therefore\ x = 83(\%)$

그러므로 백분위 점수가 45점인 경우 백분위 83%에 해당하며, 45점 이하에 전체 사례의 83%가 있다는 것을 알 수 있다. 이와 같은 계산 절차를 통해 필요한 백분위 점수와 백분위를 계산해 낼 수 있다.

연습문제

1. 다음 용어를 설명하라.

(1) 정확한계

(2) 상대빈도

(3) 누적백분율

(4) 백분위

2. 다음 각 급간의 정확한계를 구하라.

(1) 5~9

(2) 13.0~13.4

3. 최고점이 175이고 최저점이 94인 점수가 있다. 이 점수로 빈도분포표를 구성할 때, 다음 물음에 답하라.

(1) 적절한 급간 폭을 구하라.

(2) 적절한 급간을 설정한 후, 각 급간의 정확한계를 구하라.

4. 다음의 자료를 이용하여 급간의 크기를 2로 하는 빈도분포표를 만들라.

15, 19, 5, 13, 18, 20, 8, 5 16, 18, 4, 16, 9, 6, 17, 4, 15, 16, 5, 7

5. 4번 자료에 대하여 각 급간의 누적빈도, 누적백분율(%)을 구하라.

6. 다음은 어떤 회사 신입사원의 직무만족도 점수다.

45	48	76	43	87	95	80	89	73	44
59	64	79	68	81	71	75	75	53	64
61	83	58	56	54	80	54	65	78	69
82	64	73	78	92	79	60	90	71	83

(1) 급간의 폭은 10이고, 최하위 급간이 40~49인 빈도분포표를 만들라.

(2) (1)의 표를 이용하여 히스토그램을 작성하라.

7. 다음 점수분포표를 보고 물음에 답하라.

급 간	빈 도	누적빈도
40~44	2	25
35~39	3	23
30~34	10	20
25~29	4	10
20~24	6	6

(1) 백분위 40에 해당하는 백분위 점수를 구하라.

(2) 백분위 점수 32에 해당하는 백분위를 구하라.

(3) 최고 10% 이내에 들기 위한 최하점수는 얼마인지 구하라.

제4장 집중경향치

어떤 모집단이나 표본의 특징을 대표적인 값 한 가지로 요약 · 기술하는 방법에는 여러 가지가 있다. 즉, 어떤 분포에서 대표적인 값 한 개를 선택하라고 할 때, 자신이 받은 값을 말할 수도 있고, 그 분포에서 최대치나 최소치를 말할 수도 있다. 그러나 일반적으로 앞에서 열거한 값보다는 자료가 집중적으로 많이 모여 있는 값을 대표적인 값으로 선택한다. 즉, 점수가 집중적으로 모여 있는 값을 대표치로 나타내며, 대표적인 값의 예로는 가장 많은 사례 수가 포함된 값(최빈치)이나, 상하를 50%의 사례 수로 나누는 값(중앙치), 또는 모든 값을 더한 후 총 사례 수로 나눈 값(평균)이 있다. 이 장에서는 자료의 대표치, 즉 자료가 많이 모여 있는 경향을 나타내는 집중경향치를 구하는 세 가지 방법에 대해 알아본다.

1. 최빈치

최빈치는 어떤 분포에서 가장 많이 나타나는, 즉 빈도가 가장 높은 점수를 말한다. 최빈치는 유일하게 서열, 등간, 비율 척도의 경우는 물론이고 명명척도의 경우에도 사용될 수 있는 집중경향치다. 최빈치는 M_o(Mode)라고 표시한다. 다음의 〈표 4-1〉은 여대생 50명의 의복 구입 시 각자의 의복 사이즈를 나타낸 것이다.

〈표 4-1〉 여대생의 의복 치수

치 수	88	77	66	55	44	합 계
빈 도	2	4	16	22	6	50

앞의 표에서 55 치수를 입는 학생이 22명으로 가장 많으므로, 이 분포에서 최빈치는 55 치수가 된다.

어떤 분포에서는 최빈치가 여러 개일 수도 있고, 또는 없을 수도 있다. 예를 들어, 6명의 사회 과목 시험 점수 분포가 62, 73, 65, 78, 50, 84라면 각 점수는 빈도가 1이고, 그보다 빈도가 높은 값이나 낮은 값이 없으므로 최빈치는 존재하지 않는다. 만약 6명의 점수 분포가 62, 73, 73, 62, 78, 50이라면 빈도가 2인 점수가 62점과 73점 두 개이므로 이 경우 최빈치는 62와 73 두 개의 값이 된다. 최빈치가 두 개 또는 그 이상인 경우, 이 최빈치들의 빈도가 반드시 동일할 필요는 없다. 다만, 인접한 점수보다 빈도가 높으면 된다. 다음 [그림 4-1]의 (a)는 이봉분포, (b)는 다봉분포를 나타낸 것이다.

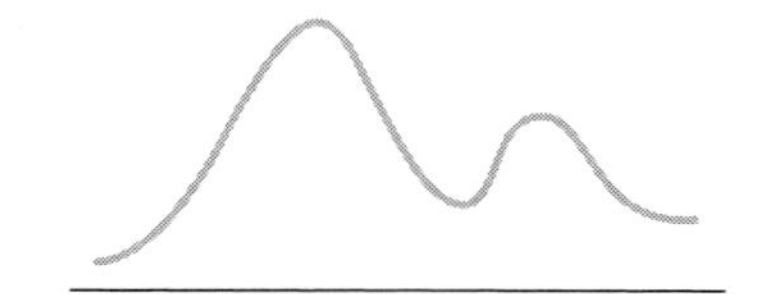
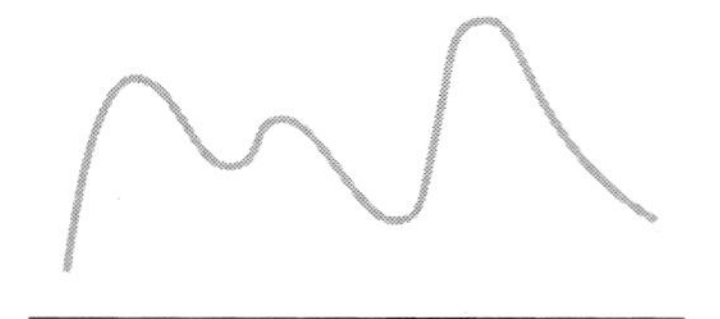

[그림 4-1] 이봉분포, 다봉분포의 예

최빈치는 '가장 빈번하게 발생하는 것은 무엇인가?'에 대한 대답을 해 줄 수 있고, 명명척도(예: 눈 색깔, 사용하는 치약 상표)와 같은 질적 자료의 유일한 측정값이 된다. 또한 비교적 손쉽게 집중경향치를 산출할 수 있어 예비분석에 사용할 수 있다. 그러나 빈도가 너무 낮거나 분포의 모양이 불명확할 때는 산출하기 곤란하고, 특히 묶음자료일 경우에는 어떻게 급간을 정하느냐에 따라 최빈치가 달라지므로 정교한 집중경향치가 되지 못한다. 즉, 최빈치는 간단한 예비분석에 사용하기에는 편리하나 표집에 따라 그 값이 안정적이지 못하다는 단점이 있다. 최빈치를 사용하기에 적합한 예를 들면, 기성복이나 기성화를 제작하여 매출액을 최고로 올리고자 할 때, 많이 팔기 위해서는 가장 많은 사례 수가 있는 치수, 즉 최빈치를 이용하는 것이 앞으로 설명할 다른 방법의 집중경향치를 사용하여 물건을 제작하는 것보다 수익률을 높일 수 있을 것이다.

2. 중앙치

중앙치는 점수분포를 상하 50%씩 나누어지게 하는 값으로, 빈도분포곡선의 면적을 반으로 나누는 값을 말한다. 즉, 자료를 순서대로 오름차순이나 내림차순으로 재배열했을 때 한가운데에 속하는 값이 중앙치가 된다. 중앙치는 Md(Median)로 표시한다.

만약 자료의 개수가 홀수일 경우에는 $\frac{n+1}{2}$번째의 값이 중앙치가 되지만, 짝수일 경우에는 $\frac{n}{2}$번째 값과 $\frac{n}{2}+1$번째 값의 평균이 중앙치가 된다. 예를 들어, 3, 9, 7, 8, 5라는 5개의 점수가 있을 때, 이들의 중앙치를 알기 위해서는 자료를 3, 5, 7, 8, 9라는 오름차순으로 정렬한다. 그러면 중앙인 세 번째에 있는 7이 중앙치가 된다. 위의 홀수 공식을 이용하면 $\frac{5+1}{2}=3$(번째)이므로, 자료의 세 번째에 해당하는 7이 중앙치가 된다.

만약 3, 9, 7, 8, 5, 10이라는 6개의 점수가 있다고 가정하자. 이를 다시 오름차순으로 정렬하면 3, 5, 7, 8, 9, 10이 되며, $\frac{n}{2}=\frac{6}{2}=3$번째의 점수와 $\frac{6}{2}+1=4$번째의 점수의 평균인 $\frac{7+8}{2}=7.5$가 중앙치가 된다. 그러나 사례 수가 많아질 경우에는 이를 일일이 오름차순이나 내림차순으로 정렬하는 것이 어려워지므로, 이때는 3장의 백분위 ↔ 백분위 점수 환산공식을 이용하여 백분위가 50%일 때를 계산하거나, 다음의 공식 (1)~(3)을 이용하면 된다.

중앙치를 산출하는 공식은 다음 (1)~(3)과 같다.

- 자료가 적을 때:

$$Md = X\left(\frac{n+1}{2}\right)(\text{홀수일 때}) \quad \cdots\cdots (1)$$

$$Md = \left(\frac{X\left(\frac{n}{2}\right)+X\left(\frac{n}{2}+1\right)}{2}\right)(\text{짝수일 때}) \quad \cdots\cdots (2)$$

- 자료가 많을 때:

$$Md = L.L + i\left(\frac{\frac{n}{2} - f_c}{f}\right) \quad \cdots\cdots (3)$$

$L.L$ = 중앙치가 들어 있는 급간의 정확하한계
i = 급간의 크기
n = 전체 사례 수
f = 중앙치가 들어 있는 급간의 빈도
f_c = 중앙치가 들어 있는 급간의 바로 아래까지의 누적빈도

그러므로 〈표 3-10〉의 예를 (3)의 공식에 적용하여 중앙치를 구하면 40이 된다. 이 값은 3장에서 설명한 백분위 → 백분위 점수 전환 보간법을 이용하여 산출한 값과 일치한다.

점 수	정확한계	빈도	누적빈도	누적백분율
38~40	37.5~40.5	12	28	56
35~37	34.5~37.5	8	16	32

$$Md = L.L + i\left(\frac{\frac{n}{2} - f_c}{f}\right) = 37.5 + 3\left(\frac{\frac{50}{2} - 16}{12}\right) = 37.5 + 2.25 = 39.75 \fallingdotseq 40$$

중앙치는 최빈치에 비해 계산하는 절차가 복잡한 단점이 있으나, 통계 프로그램을 이용하면 손쉽게 산출할 수 있다. 또한 중앙치는 편포된 분포에서 극단적인 점수에 의해 영향을 받지 않고, 최빈치의 경우보다 표집변인의 영향을 적게 받는 장점이 있다. 또한 분포의 맨 위의 값이나 맨 아래의 값을 기록할 수 없을 때, 즉 분포의 양극단의 급간이 열려 있는 개방형 분포에서 사용할 수 있다.

예를 들어, 쥐 50마리를 대상으로 미로 실험을 한다고 가정하자. 이때 대부분의 쥐가 3분 이내에 길을 찾아 도착점에 도달하였지만, 일부 쥐는 도착점에 도달하지 못했거나 도달했어도 아주 오랜 시간이 경과된 후에 도착하였다. 이러한 경우 일일이 급간을 만들기 어렵기 때문에 맨 위의 급간을 개방급간으로 만들어 3분 이상의 시간이

경과한 이후에 도달한 쥐의 수를 모두 세었다. 이와 같이 양극단 중 어느 급간의 경계가 정해지지 않은 경우 이러한 급간을 개방급간이라 하며, 이러한 급간이 포함된 분포를 개방분포라 한다. 개방급간을 이해하기 위해 다음의 〈표 4-2〉를 참고하자.

〈표 4-2〉 쥐가 미로의 도착점을 찾는 데 걸리는 시간

시 간	쥐(마리 수)
180초 이상	3
120~179초	7
60~119초	19
0~59초	21

3. 평 균

집중경향치 중 많이 사용되는 산술평균은 주어진 모든 자료를 일일이 다 더한 후, 이를 총 사례 수만큼 나눈 값을 의미한다. 평균은 M(Mean)이나 $\overline{X}$ 또는 $\overline{Y}$ 등으로 표기하며, 묶지 않은 자료와 묶은 자료의 경우로 나누어 생각하는 것이 편리하다.

1) 묶지 않은 자료

원자료를 그대로 가지고 있는 경우를 묶지 않은 자료라 하며, 이 경우 모든 사례 수의 값을 더해서 총 사례 수로 나눈다. 평균을 구하는 공식은 다음의 공식 (4)와 같다.

$$\overline{X} = \frac{1}{n}(X_1 + X_2 + \cdots + X_n) = \Sigma\frac{X_i}{n} \quad \cdots\cdots (4)$$

$X_1, X_2, \cdots, X_n$: 각각의 점수

n: 총 사례 수

2) 묶은 자료

원자료가 아닌 급간에 의해 나누어진 자료를 가지고 평균을 계산할 때는 각 급간

의 중앙치와 해당 급간의 빈도를 곱한 후 그 값을 더하여 총 사례 수로 나눈다. 그 공식은 다음의 (5)와 같다.

$$\overline{X} = \frac{\Sigma f X_i}{n} \quad \cdots\cdots\cdots\cdots\cdots\cdots\cdots\cdots\cdots\cdots\cdots\cdots \quad (5)$$

다음의 〈표 4-3〉을 예로 들어 보자. 〈표 4-3〉은 어떤 모임에 참석한 사람들의 연령을 조사한 것이다.

〈표 4-3〉 어떤 모임에 참석한 사람들의 연령

연령(X)	중앙치	빈도(f)	$f \cdot X$
25~29	27	8	216
20~24	22	6	132
15~19	17	12	204
10~14	12	4	48
-	-	$n=30$	$\sum f X_i = 600$

$$\overline{X} = \frac{\Sigma f X_i}{n} = \frac{600}{30} = 20$$

앞의 공식 (5)를 이용하여 평균을 계산해 본 결과, 이 모임에 참석한 사람들의 평균 연령은 20세인 것으로 나타났다.

그러나 평균을 구할 때, 원자료가 있는 경우에는 묶은 자료를 이용하는 것보다 원자료 자체를 가지고 평균을 계산하는 것이 더 바람직하다. 묶은 자료는 측정값인 개개인의 값보다 급간으로 묶은 후 그 급간의 중앙치를 가지고 계산하여 원자료의 경우보다 정확하지 못하기 때문이다.

평균은 최빈치나 중앙치보다 표집의 영향을 가장 적게 받는 장점이 있어 가장 많이 사용되고 있으나, 극단치가 있을 경우 그 극단치에 의해 영향을 많이 받는다는 단점이 있다. 평균을 구하기 위해서는 그 분포에 있는 수들을 일일이 합한 후 사례 수만큼 나누어야 해서 각 점수의 위치에 따라 예민하게 영향을 받기 때문이다. 그러므로 극단치가 있는 편포된 분포의 경우 평균은 좋은 대표치가 되지 못한다.

다음의 예를 들어 보자. 중학교 학생 5명의 몸무게가 다음과 같다고 하자.

50	52	56	58	94

이와 같이 묶지 않은 자료의 경우, 평균은 (4)의 공식에 의해

$$\overline{X} = \frac{50+52+56+58+94}{5}$$ 가 된다.

그런데 자료를 자세히 살펴보면, 5명 중 4명의 몸무게가 50kg대에 있다는 사실을 알 수 있다. 즉, 1명의 극단적인 몸무게 때문에 학생 5명의 몸무게 평균이 왜곡되어 높게 나온 것을 알 수 있다. 이러한 예에서 본 것처럼 평균은 개별 점수의 위치에 따라 예민하게 영향을 받는 특성이 있으므로, 평균 사용 시 극단치가 존재하면 주의해서 사용해야 한다.

또한 평균은 다음과 같은 개방분포의 경우 어떤 가정 없이는 계산할 수 없다는 단점이 있다. 어떤 모임에 참석한 사람들을 연령별로 조사한 자료가 〈표 4-4〉에 제시되어 있다.

〈표 4-4〉 모임에 참석한 사람들의 연령

연 령	빈 도
30세 이상	5
25~29	8
20~24	6
15~19	12
10~14	4
10세 미만	3

〈표 4-4〉는 앞의 〈표 4-3〉의 예와 비교할 때 양끝에 있는 개방급간의 중앙치를 아는 것이 불가능하므로 특별한 가정이 없는 한 평균의 산출이 불가능하다. 그러므

로 앞의 예에서 알 수 있듯이 평균은 전체 사례를 모두 알아야만 계산이 가능한 반면, 중앙치는 분포의 양끝에 자료의 일부가 없을지라도 사례 수만 알고 중간 부분의 자료가 제대로 되어 있으면 계산이 가능한 특징이 있다. 또한 평균은 점수분포의 균형을 이루는 점으로, 각 점수가 평균에서 떨어져 있는 정도를 합하면 +, − 하여 0이 된다.

4. 최빈치, 중앙치, 평균의 비교

이와 같이 집중경향치를 나타내는 것으로 최빈치, 중앙치, 평균이 있다. 이 중 최빈치는 질적인 자료의 경우에 적절한 지표가 될 수 있으며, 비교적 산출하기 쉽기 때문에 예비분석에 유용하다. 그리고 최빈치는 가장 잘(또는 많이) 일어나는 것은 무엇인가에 대한 대답으로 사용할 수 있는 값이다. 중앙치는 특히 극단치가 존재하는 편포된 분포나 개방형 분포 또는 중간 점수에 특히 관심이 있을 때 사용하면 좋지만, 계산이 좀 더 어렵다는 단점이 있다. 마지막으로, 평균은 가장 익숙하게 사용되는 집중경향치로서 수학적인 취급이 용이하므로 중요한 통계절차에 쉽게 적용될 수 있는 장점이 있다. 그러나 모든 사례 수의 값을 다 알고 있어야 하고, 극단적으로 편포된 분포의 경우 왜곡된 정보를 줄 수 있는 단점이 있다.

5. 대칭분포와 비대칭분포에서의 집중경향치 비교

다음은 분포의 모양에 따라 앞의 세 값이 어떻게 위치하는지를 그래프로 나타낸 것이다. 완전히 대칭적인 분포에서는 평균, 중앙치, 최빈치가 일치한다.

종 모양의 일봉인 완전 대칭분포를 정규분포라 하고, 이에 반해 한쪽으로 길게 치우친 곡선을 편포된 곡선이라 한다. 왼쪽으로 꼬리가 길게 난 곡선을 부적편포곡선이라 하며, 오른쪽으로 꼬리가 길게 난 곡선을 정적편포곡선이라 한다. 부적편포곡선에서는 분포의 왼쪽에 극단치가 존재하므로 이 극단치에 의해 평균이 떨어져서 평균이 가장 작기 마련이고, 가장 높은 봉우리에 위치하는 값이 최빈치가 되며, 중앙치는 그 사이에 존재한다. 반면에 정적편포곡선에서는 분포의 오른쪽에 극단치가 존재하므로 이 극단치에 의해 평균이 커지고, 높은 봉우리에 위치하는 값이 최빈치가 되며, 중앙치는 역시 그 사이에 존재한다. 이를 그림으로 나타내면 다음의 [그림 4-2]와 같다.

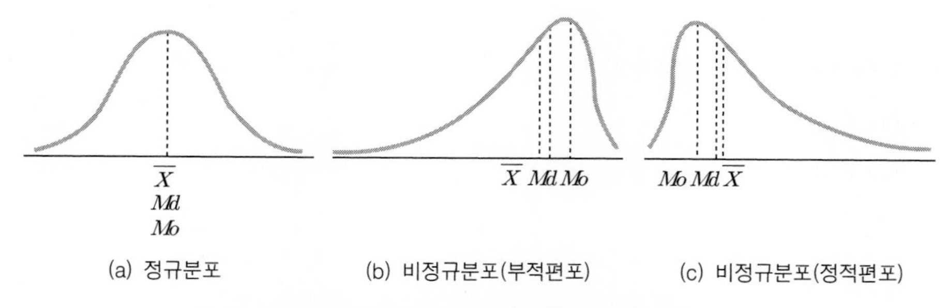

[그림 4-2] 정규분포와 비정규분포에서의 집중경향치 비교

그러므로 수집한 자료의 분포가 한쪽으로 편포되어 있을 경우에는 어느 한 집중경향치만을 산출할 것이 아니라, 복수의 집중경향치(예: 평균과 중앙치, 평균과 최빈치 등)를 산출하여 제시하는 것이 그 분포를 이해하는 데 도움이 된다.

연습문제

1. 다음 용어를 각각 설명하라.

(1) 평균

(2) 중앙치

(3) 최빈치

2. 앞의 집중경향치는 각각 어떤 장점이 있는지 설명하라.

(1) 평균

(2) 중앙치

(3) 최빈치

3. 다음 자료의 평균, 중앙치, 최빈치를 구하라.

9 8 8 7 6 5 4 4 4 3

4. 분포에 따라 평균, 중앙치, 최빈치의 위치가 다르다. 정규분포, 정적분포, 부적분포인 경우 이 집중경향치들의 관계를 대략 그래프로 나타내라.

5. 다음 각 경우의 분포 형태를 예상해 보라.

(1) 평균＝110, 중앙치＝100, 최빈치＝90

(2) 평균＝70, 중앙치＝70, 최빈치＝70

(3) 평균＝60, 중앙치＝75, 최빈치＝90

6. 다음은 어느 씨름 선수단 선수 20명의 체중이다. 최빈치, 중앙치, 평균을 구하고, 분포 모양에 대해 설명하라.

120	105	100	109	111	80	110	115	104	100
110	99	98	105	110	116	112	110	80	106

7. 다음은 아동 50명을 대상으로 검사한 사회성 발달 척도의 점수분포다. 이 분포를 보고 다음 물음에 답하라.

X	f
29～31	1
26～28	2
23～25	4
20～22	2
17～19	6
14～16	7
11～13	15
8～10	8
5～7	3
2～4	2

(1) 이 분포의 평균을 구하라.
(2) 이 분포의 중앙치를 구하라.
(3) 이 분포의 최빈치를 구하라.
(4) 이 분포의 모양은 어떠한지 설명하라.

제5장
분산도

평균, 중앙치, 최빈치와 같은 집중경향치는 점수의 값이 형성하고 있는 분포의 모양을 드러내지 못한다. 즉, 집중경향치는 분포의 첨도가 크든지 혹은 정적으로 편포되었든지 분포의 모양과 상관없이 평균은 동일할 수 있다. 평균이 같더라도 넓은 범위에 흩어진 분포가 있을 수 있고, 좁은 범위에 흩어진 분포가 있을 수 있다.

다음의 [그림 5-1]은 A학급, B학급, C학급의 중간고사 점수분포인데, 세 학급의 평균은 같지만 C학급의 점수가 A학급이나 B학급의 점수보다 훨씬 넓게 퍼져 있음을 알 수 있다. 바꾸어 말하면, A학급 학생들이 B학급이나 C학급 학생들보다 점수분포에서 동질적인 경향을 나타내고 있다. 분포의 특성을 이해하기 위해서는 점수의 집중경향치를 아는 것뿐만 아니라 점수가 얼마나 흩어져서 분포하는가를 아는 것이 필요하다. 이처럼 한 대표치를 중심으로 사례가 어느 정도 밀집 또는 분산되어 있는지를 나타내는 지수를 분산도(variation)라 한다.

이 장에서는 분산도인 범위, 표준편차, 변량, 사분위편차 등을 설명하고 각각의 계산방법 및 적용방법을 알아본다.

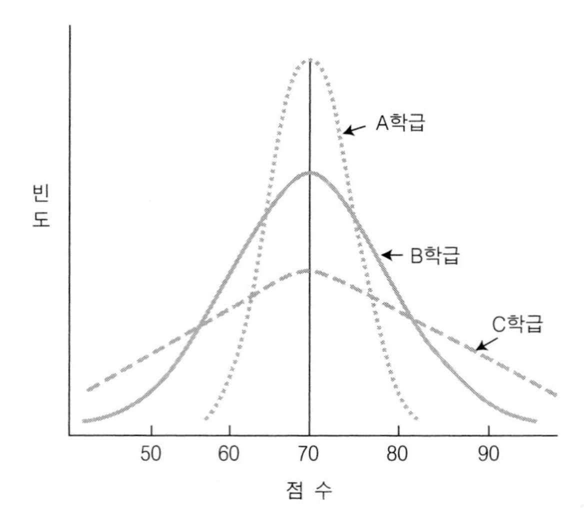

[그림 5-1] 세 학급의 중간고사 점수분포

1. 범 위

범위(range)는 분포의 흩어진 정도를 가장 간단히 알아볼 수 있는 방법이다. 즉, 자료의 최고치에서 최저치를 뺌으로써 범위를 구할 수 있다. 따라서 점수가 빽빽하게 모여 있는 분포의 경우 범위가 작아지고, 점수가 넓게 퍼져 있는 분포일수록 범위는 커진다. 측정치가 정수의 자료일 경우 범위를 계산하는 공식은 다음 (1)과 같다.

$$R = (H - L) + 1 \quad \cdots\cdots (1)$$

H: 최고치
L: 최저치

공식의 끝 부분에 1을 더하는 것은 점수의 정확한계를 고려하기 때문이다. 정확한계란 어떤 측정치가 갖는 범위로서 측정치의 단위를 반으로 나누어 측정치에다 각각 빼기 및 더하기를 해서 구한다. 예를 들어, 최고점수 89와 최하점수 27의 경우에는 89－27＝62이지만, 여기에 1을 더하면 63이 된다. 이러한 이유를 정확한계로 설명하면, 89의 정확상한계가 89.5이고 27의 정확하한계가 26.5이므로, R＝89.5－26.5＝63

이다. 비연속변인의 경우에 범위를 계산할 때에는 연속성을 위한 교정을 실시하지 않고 최고치에서 최저치를 빼기도 한다.

다음 〈표 5-1〉에서 평균과 범위 두 값만을 보면, 두 집단의 분포가 동일하다고 단정할 수 있다. 그러나 집단 A의 각 점수는 고루 분포하지 않고 한곳에 편중되어 있고, 집단 B의 각 점수는 대체로 골고루 퍼져 있다. 즉, A분포와 B분포는 내용상 서로 다른 분산도를 보이지만, 평균과 범위는 동일하다는 결과를 보여 준다. 공식에서 보듯 자료의 최고치와 최저치만을 고려하고 자료의 모든 값을 고려하지 않아 극단치(outlier)의 영향을 많이 받기 때문에 신뢰할 수 있는 분산도 지수가 되지 못하고 분산도로서의 이용가치가 떨어진다. 또한 사례 수가 현저하게 다른 두 분포의 분산도를 비교할 때에는 범위의 계산이나 해석 시에 주의를 기울여야 한다.

〈표 5-1〉 평균과 범위는 동일하지만 분산도가 서로 다른 분포

학급 A		학급 B	
학생	점수	학생	점수
갑돌	90	갑순	90
을만	88	을희	80
병철	82	병자	70
영철	40	나희	60
철수	40	철희	50
민수	40	민자	40
영기	40	영희	30
홍식	20	춘자	20
	440 평균A=55 $R_A=71$		440 평균B=55 $R_B=71$

2. 표준편차

모든 자료를 각각 고려하여 분포의 흩어진 정도를 나타내는 것이 변량과 표준편차(standard deviation: S)다. 변량을 설명하기 위하여 편차를 먼저 설명한다. 편차란 각 점수가 평균으로부터 떨어진 정도를 말한다. 편차의 절대치가 크면 그 값은 평균에

서 멀리 떨어져 있음을 의미한다. 편차를 계산하는 공식은 다음 (2)와 같다.

$$d = X_i - \overline{X} \quad \cdots\cdots (2)$$

점수의 흩어진 정도를 구하기 위하여 계산된 편차를 가지고 표준편차를 구할 수 있다. 표준편차는 편차의 평균이라고 할 수 있다. 이 정의에 의하면, 표준편차는 편차들을 모두 합하여 총 사례 수로 나눈 것이며 다음의 공식 (3)으로 계산할 수 있다.

$$\overline{d_i} = \frac{\Sigma d_i}{n} = \frac{\Sigma(X_i - \overline{X})}{n} \quad \cdots\cdots (3)$$

그런데 앞의 공식에 의하여 표준편차를 구하면 모든 편차의 합은 항상 0이 되므로, 표준편차의 값 역시 사례 수의 값이 다름에도 0이 된다. 표준편차가 0이 된다는 말은 점수가 흩어져 있지 않음을 의미하며 모든 사례 수의 값이 같음을 의미하는데 이는 모순이다. 이와 같은 등식으로는 양수 부분의 편차와 음수 부분의 편차가 상쇄되어 표준편차를 구할 수 없다. 따라서 그 대안으로 편차를 자승하여 그 합(sum of square: SS)을 총 사례 수로 나누는 방법으로 분산도를 먼저 계산한 후 루트($\sqrt{\ }$)를 넣어 표준편차를 구한다.

〈표 5-2〉 편차를 이용한 표준편차의 계산

학생	점수(X)	편차(x)	편차자승(x^2)
갑순	90	35	1225
을희	80	25	625
병자	70	15	225
나희	60	5	25
철희	50	−5	25
민자	40	−15	225
영희	30	−25	625
춘자	20	−35	1225
	$\Sigma X=440$	$\Sigma X=0$	$\Sigma x^2=4{,}200$
	$X=55$	$X=0$	$S^2=525$

표준편차의 이론적 공식으로 모집단의 표준편차를 구하는 공식은 다음 (4), 표본의 표준편차 (5)와 같다.

$$\text{모집단의 표준편차 } \sigma = \sqrt{\sigma_X^2} = \sqrt{\frac{\Sigma(X_i - \overline{X})^2}{N}} \cdots\cdots (4)$$

$$\text{표본의 표준편차 } S_X = \sqrt{S_X^2} = \sqrt{\frac{\Sigma(X_i - \overline{X})^2}{n-1}} \cdots\cdots (5)$$

분산도 중 가장 많이 쓰이는 표준편차는 자료의 값이 평균을 중심으로 얼마나 밀집해 있는가를 나타낸다. 일반적으로 표준편차가 작으면 자료의 값이 평균을 중심으로 밀집해 있고, 표준편차가 크면 자료의 값이 평균을 중심으로 퍼져 있음을 나타낸다. 모수치는 σ로 표시하며, 통계치는 s로 표시한다. 그런데 표본의 표준편차를 구할 때 n 대신 $n-1$로 나누는 것은 $n-1$로 나눔으로써 모집단의 표준편차를 과소 추정하는 표본의 분산도를 교정하기 위함이다.

SPSS 실행

기술통계 프로시저를 사용하여 분산도를 구할 수 있다. 메뉴에서 [분석-기술통계량-기술통계]를 선택하면 기술통계 대화상자가 열리는데 여기서 분석할 변수를 지정하고 [확인]을 누르면 된다.

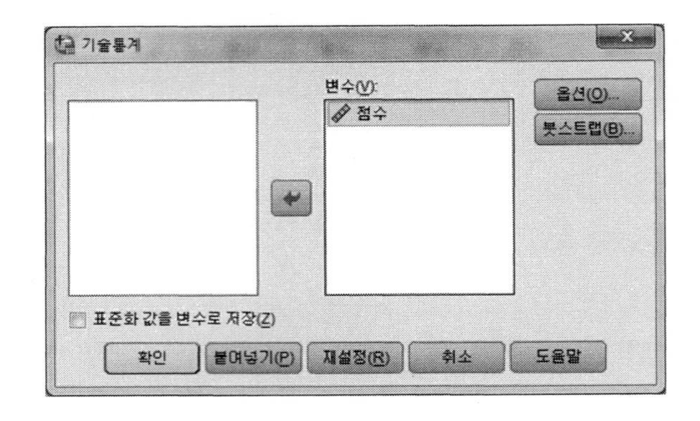

분석결과

〈표 5-2〉의 자료에 대하여 기술통계 프로시저를 사용하여 각종 기술통계 및 표준편차를 산출한 결과는 다음과 같다.

기술통계량

	N	최소값	최대값	평균	표준편차	분산
점수	8	20	90	55.00	24.495	600.000
유효 수(목록별)	8					

8명의 학생이 받은 점수의 최소값은 20, 최대값은 90, 평균은 55, 표준편차는 24.495, 분산은 600으로 나타났다. 앞의 〈표 5-2〉에 의하면 분산이 525로 계산되는데, SPSS 프로그램에서는 600으로 나타난 것은 추리통계까지 분석하여 분산 계산 시 분자를 표본 수 n으로 나누지 않고 $(n-1)$로 나누기 때문이다. 〈ex. 4200 / 8 = 525, 4200 / (8-1) = 600〉

$(n-1)$로 나누는 것은 앞에서 설명한 것처럼 모집단의 표준편차를 과소 추정하는 표본의 분산도를 교정하기 위함이다.

3. 변 량

분포의 분산도를 나타내는 개념 중 가장 많이 쓰이는 변량은 평균을 중심으로 자료의 값이 얼마나 흩어져 있는가를 나타낸다. 변량은 편차를 모두 제곱한 후 그 수를 모두 더하여 총 사례 수로 나눈 값이다. 변량을 구하는 공식은 다음 (6)과 같다.

$$\sigma^2 = \frac{\Sigma(X_i - \overline{X})^2}{N} = \frac{\Sigma x^2}{N} \quad \cdots\cdots (6)$$

공식 (6)처럼 편차점수를 이용해 변량을 산출하는 것을 이론적 공식에 의해 변량을 산출하는 방법이라고 한다. 그리고 공식을 유도하여 계산의 편의를 위해 산출하는 방법을 계산 공식에 의한 방법이라고 하고 공식 (7), (8)과 같다.

$$\sigma^2 = \frac{\Sigma(X_i - \overline{X})^2}{N} = \frac{\Sigma X_i^{\,2}}{N} - \overline{X}^{\,2} \quad \cdots\cdots (7)$$

$$S^2 = \frac{\Sigma(X_i - \overline{X})^2}{n-1} = \frac{\Sigma X_i^{\,2}}{n-1} - \overline{X}^{\,2} \quad \cdots\cdots (8)$$

그런데 표본의 변량을 구할 때 n 대신 $n-1$로 나누는 것은 $n-1$로 나눔으로써 모집단의 변량을 과소 추정하는 표본의 변량을 교정하기 위함이다. 그러나 기술통계에서는 모집단과 표본을 구분하지 않고 연구 자료의 분포만을 알아보는 것이 목적이므로, 변량과 표준편차를 구하는 식에서 분모에 n을 그대로 사용한다.

4. 사분위편차

사분위수(quartiles)는 자료를 크기 순서로 배열하여 4등분한 값을 의미한다. [그림 5-2]와 같이 제1사분위수는 Q_1으로, 제2사분위수는 Q_2로, 제3사분위수는 Q_3로 표기하는데 Q_2는 자료의 중앙치와 같다.

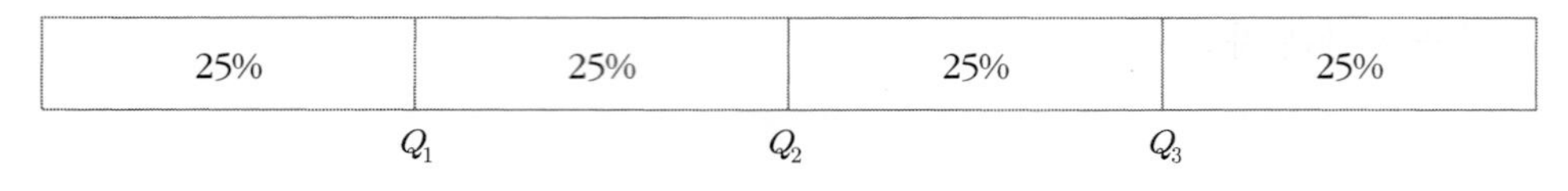

[그림 5-2] 사분위수

사분편차(quartile deviation)란 제2사분위인 Q_2, 즉 중앙치를 중심으로 한 분산도다. 사분편차의 의미를 이해하기 전에 우선 퍼센타일(percentile)의 의미를 이해하는 것이 중요하다. 퍼센타일은 100의 단위를 갖는 척도에서 위치 혹은 위치값을 의미한다. 퍼센타일의 의미를 좀 더 잘 이해하기 위해서 퍼센트(percent)의 의미와 비교해보자. 퍼센트는 100 중에서의 어느 한 부분을 의미한다. 예를 들어, 30퍼센트라는 것은 100% 중에서 30%에 해당하는 부분을 의미하며, 30퍼센타일은 100의 단위에서 30번째에 해당하는 위치를 의미한다. 사분편차는 빈도분포의 편포 정도를 검토하는 데 유용한 기준이 된다. 중앙치 Q_2를 중심으로 대칭을 이루는 정상분포에서는 $P_{25}+Q$ 혹은 $P_{75}-Q$의 값이 대략적으로 중앙치에 해당하는 P_{50}이 차지하는 부분과 동일하다. 그러나 부적편포에서는 $P_{25}+Q$의 값이 중앙치보다 작고, 정적편포에서는 $P_{25}+Q$의 값이 중앙치보다 크다.

Q로 표기하는 사분편차를 계산하는 공식은 다음 (9)와 같다.

$$Q=\frac{Q_3-Q_1}{2} \quad \cdots\cdots (9)$$

공식에서,

Q_3: 점수분포 곡선에서 75퍼센타일에 해당하는 위치

Q_1: 점수분포 곡선에서 25퍼센타일에 해당하는 위치

한편, 제3사분위와 제1사분위의 차이를 사분위 간 범위(interquartile range)라 하고, 이를 구하는 공식은 다음 (10)과 같다. 사분위 간 범위가 길면 좀 더 흩어진 분포이고, 짧으면 밀집된 분포를 나타낸다. 사분위편차와 사분위수에 따라 분포의 형태가 정규분포인지 부적편포인지 혹은 정적편포인지 파악할 수 있다.

$$\text{사분위 간 범위(IQR)}=Q_3-Q_1 \quad \cdots\cdots (10)$$

다음과 같은 자료에서 사분위 간 범위를 구하면,

53 58 68 73 75 76 79 80 85 88 91 99

$$Q_1 = \frac{68+73}{2} = 70.5 \quad Q_2 = \frac{76+79}{2} = 77.5 \quad Q_3 = \frac{85+88}{2} = 86.5$$

따라서 IQR $= Q_3 - Q_1 = 86.5 - 70.5 = 16$

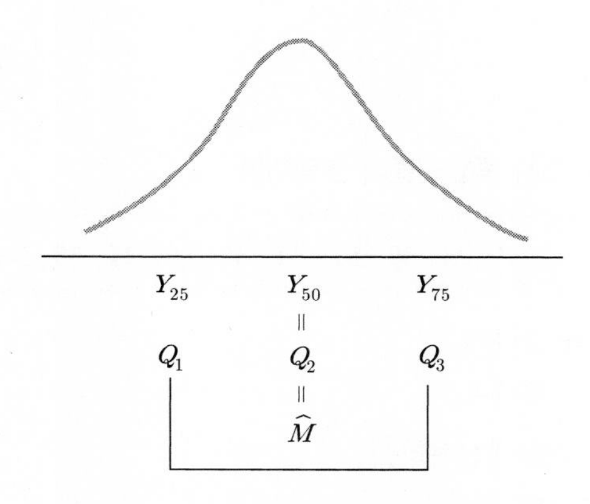

[그림 5-3] 사분위수와 사분위 간 범위

연습문제

1. 다음 용어를 각각 설명하라.

(1) 분산도

(2) 표준편차

(3) 변량

(4) 범위

(5) 사분위편차

2. 다음 자료는 어느 회사 종업원들의 연령이다.

47 28 39 51 34 37 59 24 35 38

(1) 제1사분위값을 찾아라.

(2) 제3사분위값을 찾아라.

(3) 사분위 간 범위를 계산하라.

(4) 사분위편차를 계산하라.

(5) 위 자료의 분포 형태는 어떠한지 설명하라.

3. 다음 자료는 어느 전공 서적들의 가격이다.

9,000 12,000 14,000 20,000 10,000 18,000 21,000 16,000

(1) 범위를 구하라.

(2) 표준편차를 구하라.

(3) 변량을 구하라.

(4) 사분위편차를 구하라.

(5) 위 자료의 분포 형태는 어떠한지 설명하라.

제6장 정규분포와 표준점수

정규분포는 통계적 모형으로 사용되는 몇 가지 분포 중에서도 가장 많이 사용되는 모형이다. 이 장에서는 정규분포의 의미, 특징, 표준정규분포, 표준점수, 표준정규분포표 사용법 등에 관해서 알아본다.

1. 정규분포

측정치의 빈도분포에는 여러 가지 형태가 있다. 그러한 분포 형태 중 하나인 정규분포(normal distribution)는 하나의 꼭지를 갖는 좌우대칭적인 연속적 변인의 분포로서, 가장 중요하고 널리 사용된다. 정규분포는 [그림 6-1] [그림 6-2] [그림 6-3]과 같이 다양하다. 현실세계에 존재하는 수많은 현상은 거의 정규적으로 분포한다. 우리가 알고 있는 키, 몸무게, 시험 점수, 제품의 수명, 일을 완수하는 데 걸리는 시간 등의 연속변인은 정규적으로 분포하고 있음을 관찰할 수 있다.

정규분포곡선(normal distribution curve)은 어떤 것을 측정한 결과 얻어진 실제 자료의 분포가 아니라, 전체 사례 수 N이 무한히 크다고 가정하였을 경우 얻어지는 이론적인 분포다. 이론적인 정규분포곡선이 완전히 규칙적인 반면, 실제 표본의 분포는 우연히 생기는 변화에 영향을 받기 쉽고, 기껏해야 정규적 분포와 유사할 뿐 정규분포곡선과 동일하게 되지는 않는다.

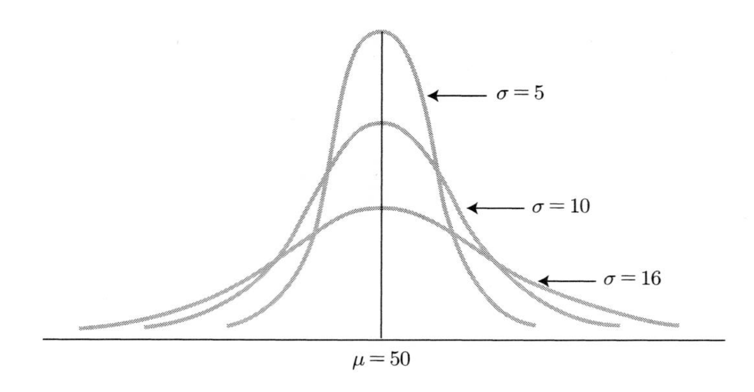

[그림 6-1] 평균이 같고 변량이 다른 정규분포

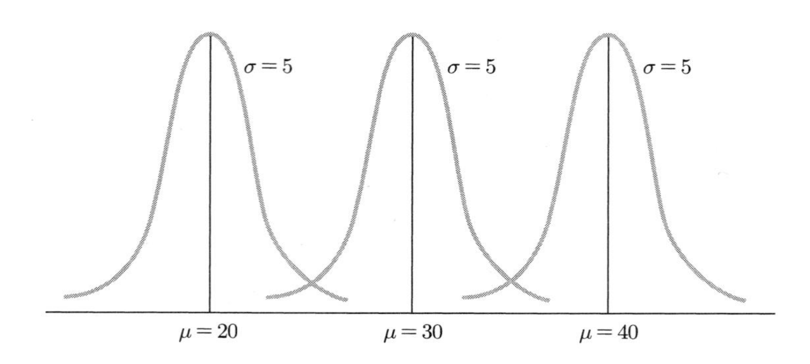

[그림 6-2] 변량이 같고 평균이 다른 정규분포

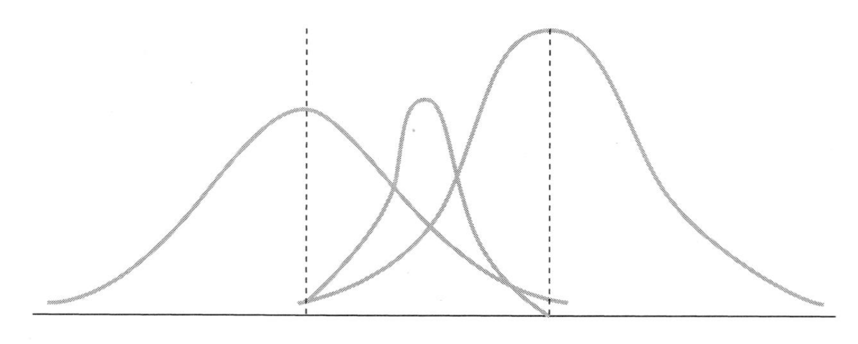

[그림 6-3] 평균과 변량이 다른 세 개의 정규분포

[그림 6-3]에서처럼 정규분포곡선은 평균과 표준편차에 따라서 그 모양이 달라진다. 그러나 정규분포곡선의 특정한 속성은 모든 정규분포에 공통으로 존재한다. 즉,

모든 정규분포는 종 모양의 좌우대칭이며 평균, 중앙치, 최빈치가 모두 일치하는 특징이 있다. 일반적으로 정규분포는 다음과 같은 특징이 있다.

① 정규분포곡선은 연속적 변인의 분포다.
② 정규분포곡선은 좌우대칭이며 하나의 꼭지를 가진 분포다.
③ 정규분포곡선은 산술평균, 중앙치, 최빈치가 서로 일치하는 분포다.
④ 중앙치에 사례 수가 모여 있고, 양극단으로 갈수록 무한히 X축(0)에 접근할 뿐 X축(0)에 닿지는 않는다.

표준정규분포곡선을 그림으로 나타내면 다음의 [그림 6-4]와 같다.

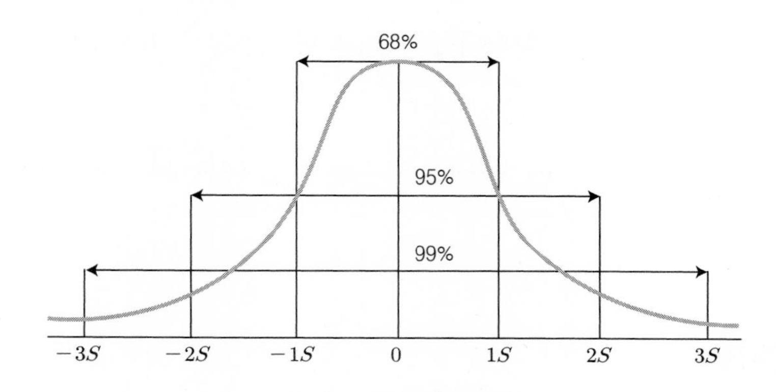

[그림 6-4] 표준정규분포곡선

공식은 다음 (1)과 같다.

$$f_s(s) = \frac{1}{\sigma\sqrt{2\pi}} e^{-\frac{1}{2}(\frac{s-\mu}{\sigma})^2}, \quad -\infty < s < \infty \quad \cdots\cdots (1)$$

정규확률분포를 도표화하면 [그림 6-4]처럼 종 모양의 곡선을 이루며, 다음과 같은 세 가지 특징이 있다.

① 정규분포곡선하의 전 영역은 1 혹은 100%다.

② 정규분포곡선은 평균을 중심으로 좌우대칭이고, 정규분포곡선하의 전 영역의 1/2은 평균의 좌측에, 나머지 1/2은 평균의 우측에 놓인다.

③ 정규분포곡선의 양 꼬리는 수평축에 접근한다.

2. 표준정규분포

정규분포는 평균과 표준편차에 의해 분포 형태가 달라진다. 그러나 분포 형태가 다르더라도 평균을 중심으로 일정한 범위의 확률은 같다. 표준정규분포는 정규분포의 유일한 사례다. 표준정규분포는 [그림 6-4]와 같이 평균(μ)이 0이고 표준편차(σ)가 1인 분포로 Z분포 또는 단위정규분포라고도 한다. 정규분포 공식 (1)에서 $\mu=0$이고 $\sigma=1$이므로 표준정규분포를 나타내는 확률밀도함수는 공식 (2)와 같다.

$$f(x) = \frac{1}{\sqrt{2\pi}} e^{-\frac{1}{2}z^2} \quad \cdots\cdots (2)$$

3. 표준점수

측정 척도치에 대하여 원점수와 단위를 변경시키는 중요한 이유는 그러한 변환을 통하여 서로 다른 두 가지 척도치를 비교할 수 있다는 데 있다. 일반적으로 원점수를 의미 있게 비교하기 위하여 해당 점수분포의 평균과 표준편차를 하나의 단위로 하는 척도로 전환한다는 것을 의미한다. 측정치를 표준점수로 변환시키면, 비록 두 분포의 점수가 서로 다른 측정 척도로 표시되었다 하더라도, 한 분포에서 점수의 상대적 위치는 다른 분포에서 그들의 상대적 위치와 비교될 수 있다.

1) Z점수

표준점수의 가장 대표적인 것으로는 Z점수가 있는데, 이를 계산하는 공식은 다음

(3) (4)와 같다.

$$Z_i = \frac{X_i - \overline{X}}{S_x} \quad \cdots\cdots (3)$$

$$Z_i = \frac{X_i - \mu}{\sigma} \quad \cdots\cdots (4)$$

이 공식은 어떤 측정치의 점수 분포에서 특정한 점수(X_i)를 표준점수(Z_i)로 변환시키기 위해, 평균으로부터의 그 점수의 편차($X_i - \overline{X}$)를 원래 점수 분포의 표준편차(S_x)로 나눈다는 것을 의미한다. 전집치의 점수 분포에서 표준점수로 전환할 때는 평균 μ와 표준편차 σ를 이용한다. 이러한 방법으로 얻어진 표준점수 Z는 평균이 0이고 표준편차가 1인 점수 분포를 이룬다. 표준점수는 점수의 출발점과 그 단위를 같게 함으로써 기준점이 서로 다른 여러 집단의 점수를 상호 비교하거나 통합할 때 합리적으로 사용될 수 있는 점수다.

[그림 6-5]는 정규분포에서 표준편차를 단위로 했을 때, 각 단위 사이의 면적 비율을 나타낸 것이다. 이 그림은 또한 정규분포와 백분율 및 표준점수 간의 관계를 제시하고 있다. 그림에서 알 수 있는 바와 같이, 평균에서 $+1\sigma$와 -1σ 사이에 전체 면적의 68.26%가 포함되며, $\pm2\sigma$ 사이에는 95.44%, 그리고 $\pm3\sigma$ 사이에는 99.72%가 포함된다. 이는 부록의 〈수표 2〉와 〈수표 3〉의 정규분포표에서도 확인할 수 있다.

2) T점수

T점수도 Z와 마찬가지로 일종의 표준점수다. Z점수는 −값을 취하거나 소수점이 있어 불편하므로 이것을 해소하기 위하여 생각해 낸 것이 T점수다. T점수를 계산하는 공식은 다음 (5)와 같다. 공식에 따라서 T점수의 평균은 50이고 표준편차는 10이 된다.

$$T = 10Z + 50 \quad \cdots\cdots (5)$$

3) 스테나인 점수

스테나인(Stanine)이라는 말은 'Standard nine-point score'의 약어로 구간점수 또는 9단계점수라고 불린다. 이 척도는 제2차 세계대전 중에 미 해군 심리학자들이 쓰기 시작한 것으로, 평균이 5이고 표준편차가 2인 정상분포를 참조하여 1/2표준편차의 구간을 1점 구간으로 표현하여 9개의 구간으로 척도화한 점수다. 구간점수는 1에서 9까지의 구간점수를 가지며 5점 구간에 평균이 포함된다. 공식은 다음 (6)과 같다.

$$\text{Stanine} = 2Z + 5 \quad \cdots\cdots (6)$$

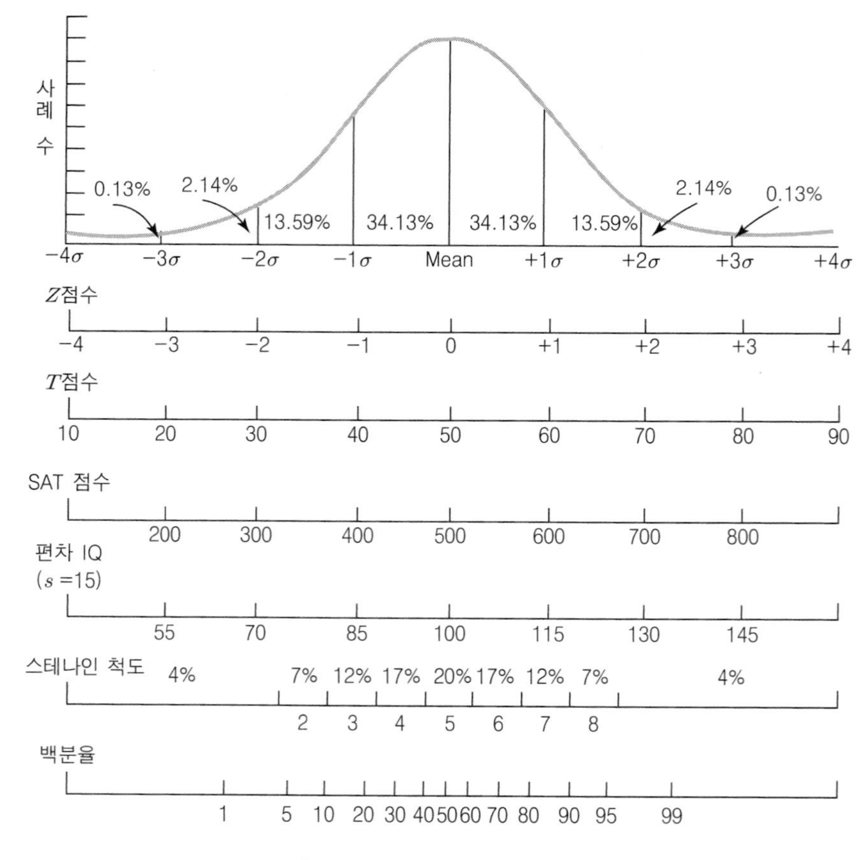

[그림 6-5] 정규분포와 표준점수

Z점수나 T점수 분포는 원점수의 분포 형태를 변화시키지 않지만, 원점수를 스테나인 점수로 변환하면 원래 분포가 편포를 이룰 경우에도 정규분포로 바뀐다. 스테나인은 이해하기가 쉽고, 수리적인 조작이 용이하며, 점수의 범위를 나타내므로 평균을 계산할 수 있다. 미세한 점수 차이의 영향을 적게 받는다는 장점도 있다(예: 백분위 45와 55에 해당하는 스테나인 점수는 모두 5). 반면, 9개의 점수만 사용하므로 상대적 위치를 정밀하게 나타내기 어렵다. 또 두 개의 스테나인 점수의 경계선에 위치하는 사소한 점수 차이를 과장할 수 있다는 문제점도 있다(예: 백분위 88=Stanine 7, 백분위 89=Stanine 8). [그림 6-5]는 정규분포와 표준점수의 관계를 나타낸다.

4. 표준정규분포표 사용법

표준정규분포곡선하에서 주어진 Z점수에 대한 면적 비율을 사전에 계산하여 놓은 〈수표 2〉와 〈수표 3〉을 이용하여 Z점수를 알고 해당하는 면적을 계산하는 방법을 연습해 보자.

[예제 1] 평균=100, 표준편차=15인 어느 지능검사의 결과가 정상분포를 이룬다고 가정할 때, 이 검사에서 지능지수 100~120 사이에 놓이는 사례의 비율은 얼마인가?

[풀이 1] 지능 평균점 100으로부터 120 사이에 놓이는 사례를 묻는 문제이므로, 120점을 Z점수로 환산하여 수표를 읽으면 된다. 120점을 Z점수로 변환하면, $Z = \frac{120-100}{15} \fallingdotseq 1.33$이 된다. 정상곡선수표에서 평균에서 $Z=1.33$까지의 면적은 .4082임을 알 수 있다. 따라서 문제에 대한 답은 40.82%다.

[예제 2] 앞과 같은 지능검사를 1,000명의 일반 학생집단에 실시할 경우, 그중에서 지능지수 115 이상인 학생은 어느 정도 되겠는가?

[풀이 2] 우선 115점을 Z점수로 환산하면, $Z = \frac{115-100}{15} = 1.00$이다. 정상곡선수표에서 평균에서 $Z=1.00$까지의 면적은 .3413임을 알 수 있다. 115점 이상에 놓이게 되는 사례는 .5000-.3413=.1587이 된다. 따라서 1,000명 중 15.87%,

즉 약 159명 정도가 지능지수 115 이상일 것이다.

[예제 3] 앞과 지능검사에서 지능지수 90~110 사이에는 전체 사례의 몇 %가 놓이겠는가?

[풀이 3] ① 90점 → Z점수로 환산

$$Z = \frac{90-100}{15} \fallingdotseq -.67$$

$Z=-.67$에 해당하는 면적 .2486

② 110점 → Z점수로 환산

$$Z = \frac{110-100}{15} \fallingdotseq +.67$$

$Z=+.67$에 해당하는 면적 .2486

③ 90~110 사이의 사례 = .2486 + .2486 = .4972(즉, 전체의 49.72%)

④ 예제 3의 풀이를 그림으로 나타내면 다음 [그림 6-6]과 같다.

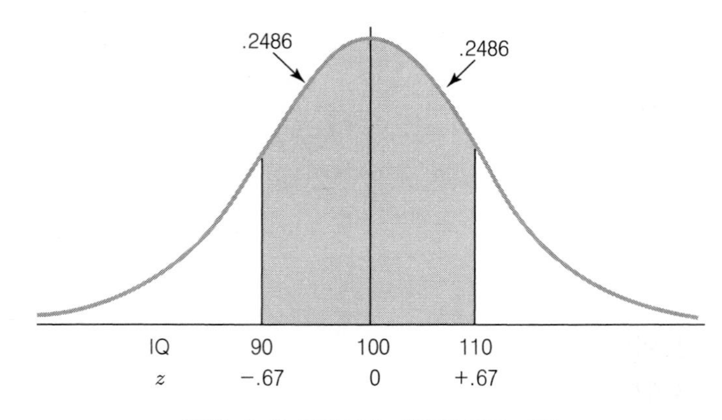

[그림 6-6] 특정 점수 사이의 면적 계산

연습문제

1. 다음 용어를 각각 설명하라.

(1) 정규분포

(2) 표준정규분포

(3) Z점수

(4) T점수

2. $N=500$, $M=50$, $\sigma=10$인 분포가 있다. 이 분포를 바탕으로 다음을 계산하라.

(1) $Z=+1.50$ 이상에 있는 사례 수

(2) $Z=-1.25$ 이상에 있는 사례 수

(3) $X=40$과 $X=60$ 사이에 있는 사례 수

(4) 중앙부에 사례의 80%가 놓여 있는 점수의 범위

(5) 앞에서부터 7%에 속하는 척도상의 점수

3. 마라톤을 완주하는 데 걸리는 시간 X는 거의 정규분포를 이루고, 평균 완주시간은 190분, 표준편차는 20분이라 한다. 마라토너를 무작위로 선정했을 때 다음의 확률을 구하라.

(1) 150분 이내에 완주할 확률

(2) 205분에서 245분 사이에 완주할 확률

4. 어느 학교의 국어와 미술 점수 평균과 표준편차는 다음과 같다. 어떤 학생이 국어에서 70점을, 영어에서 70점을 받았다. 상대적으로 볼 때 어느 과목의 점수가 더 좋은지 판단하라.

(1) 국어: 평균=60, 표준편차=15

(2) 영어: 평균=55, 표준편차=30

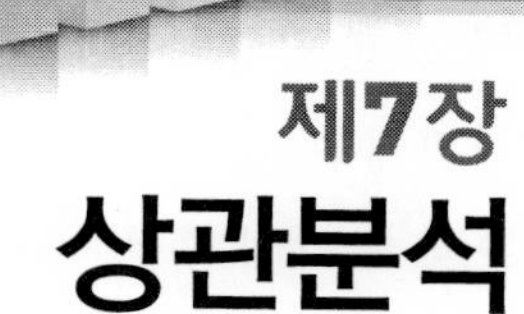

제7장 상관분석

사회과학에서는 여러 변인이 서로 알게 모르게 영향을 끼치며 관련되어 있고, 우리는 그 관련성에 관해 궁금해한다. 상관분석(correlational analysis)은 많은 변인(variable) 중에서 변인 간의 관련성을 경험적으로 분석하는 것이다. 즉, 상관은 변인 간의 상호 관련성에 관여하는 개념이며, 상관분석은 연구의 목적이 변인 간 상호 관련성의 정도를 밝혀 보려는 것이다.

이 세상에는 변인 간의 관련성이 쉽게 눈에 보이는 경우도 있고 그렇지 않은 경우도 있다. 그래서 경험적으로 분석될 수는 없지만 관련성이 있다고 생각되는 변인이 많이 있다. 주로 상관분석은 변인을 체계적으로 조작하기 어려운 경우에 시도된다. 교육학이나 심리학의 사회과학 분야에서 상관분석 연구의 예를 많이 볼 수 있는 것은 인간 유기체 변인이나 사회 상황을 체계적으로 조작하기 어렵기 때문이다.

예를 들어, 사람의 신장과 체중의 관계, 부모의 양육방식과 아동의 성격 특성의 관계, 흡연과 폐암의 관계, 교통사고의 건수와 차량 대수의 관계와 같은 문제를 연구하는 데 상관분석이 사용된다.

변인 간 상호 관련성 탐색 연구의 궁극적인 목적은 변인 간 인과관계의 양상을 이해하는 데 있으며, 이는 상관분석에서 시작된다. 상관분석은 단순히 변인 간의 관계를 밝히는 데 그치지 않고, 상관관계를 이용하여 어떤 예언의 근거로 사용하고자 하는 경우도 있다. 상관과 예언은 서로 밀접한 관계가 있다. 즉, 두 변인 간의 상관이 높을수록 한 변인의 값으로 다른 변인의 값을 더욱 정확히 예언해 볼 수 있을 것이다.

변인 간의 상관 정도를 분석해 보기 위한 다양한 통계적 기법이 변인의 특정 수준과 그 분포 양상에 따라 달리 사용되고 있다. 그중에서 가장 많이 사용되는 통계치는 상관계수(correlation coefficient)다. 상관계수는 변인 간 상호 관련성의 정도를 수리적으로 요약해 주는 매우 유용한 지수이나 그 해석에는 많은 주의를 기울여야 한다. 상관계수가 얻어진 집단에 한정되는 결과로서 일반화할 수 있는 것이 아니기 때문이다.

1. 상관분석의 개념

상관분석이란 서열척도, 등간척도, 비율척도로 측정된 두 변인 간에 상관관계가 존재하는지 알아보고, 그 정도를 측정하는 것이다. 상관관계는 원인과 결과의 관계를 나타내는 인과관계와 다르다. 상관분석은 두 변인 간의 선형적인 관계를 알아보는 것으로 정적상관과 부적상관 두 종류가 있다. 한 변인의 측정치가 증가할 때 다른 변인의 값도 증가하면 두 변인 사이에 정적상관이 있다고 하고, 반대로 한 변인의 측정치가 증가할 때 다른 변인의 값이 감소하면 두 변인 사이에 부적상관이 있다고 한다.

예를 들어, 지능과 학업성취라는 두 변인은 한 개체 안에서 서로 유기적인 관련이 있다고 볼 수 있다. 이처럼 사회과학에서 다루는 자료의 경우 대체로 개체 안에서 유기적인 관련이 있기 때문에 상관분석은 매우 유용하게 쓰이는 분류기법이라 할 수 있다.

두 변인의 관련성을 분석하는 방법은 다양하다. 그중에서 어떤 방법을 사용할지는 분석 대상이 되는 변인의 성격에 따라 달라지며, 또한 변인의 성격에 따라 그 변인을 측정하는 척도가 달라진다. 변인을 측정하는 척도의 종류만큼이나 상관분석을 하는 통계기법은 다양하다. 그중 가장 많이 사용되는 상관통계치는 Karl Pearson의 적률상관계수(product-moment correlation coefficient)다. Pearson의 r은 등간 또는 비율척도로 측정될 수 있는 연속변인에 사용되며, 명명 또는 서열 척도로 측정되는 비연속변인에는 파이(Phi, Φ)계수, 양류상관계수, Spearman의 r을 사용한다.

상관관계는 두 변인 간의 상관관계를 나타내는 단순상관(simple correlation)과, 하나의 변인과 두 변인 이상의 변인 간의 상관관계를 나타내는 다중상관관계(multiple correlation), 그리고 다른 변인의 상관관계를 통제하고 두 변인 간의 상관관계만을 알아보는 편상관관계(partial correlation)가 있다.

2. 상관분석의 목적

상관분석은 변인에 영향을 주지 않은 상태에서 변인 간의 관계를 연구하는 것이다. 실험연구를 하기 어려운 사회과학에서 변인 간의 관계를 분석하는 데 자주 사용되는 방법 중 하나다. 상관연구의 목적은 다음과 같다.

첫째, 변인 간의 관계를 규명함으로써 주위 현상을 이해하고 해석한다. 많은 연구자가 상관연구에서 원인과 결과에 관한 아이디어를 얻으려고 한다. 상관연구 자체가 원인과 결과를 밝혀 주지는 못하지만 어떤 변인이 먼저 발생했는지를 알 수 있다면 인과관계의 가능성을 추정할 수 있다. 그러나 인과관계를 가정하는 것은 위험한 일이다. 인과관계를 확인하기 위해서는 연구자가 변인의 유무, 정도 등을 조정할 수 있고 다른 외재변인(extraneous variable)을 통제할 수 있는 실험연구를 실시해야 한다. 이때 상관분석의 결과가 실험연구의 가설이 될 수 있다.

둘째, 두 변인 사이에 충분한 관계가 있을 때 한 변인의 측정치에서 다른 변인의 측정치를 예측한다. 다만, 상관분석에서 상관계수의 크기로 변인 간의 관계의 정도와 두 변인 간의 변화 모양을 예측할 수 있지만, 좀 더 정확한 예측은 회귀분석을 통하여 가능하다. 따라서 회귀방정식을 상관분석과 함께 사용한다면 연구 변인에 대한 다양한 정보를 구할 수 있다.

3. 기본가정 및 고려할 점

상관분석을 시행하기 전에 자료가 상관분석에 적합한지 먼저 살펴보아야 한다. 상관계수를 해석하기 위해서는 다음과 같은 가정이 충족되는지를 확인하여야 한다. 즉, 선형성, 등분산성, 두 변인의 정규분포성, 무선독립표본의 측정치의 가정과 자료의 통합 및 절단 유무, 사례 수, 극단치(outlier)의 유무 확인을 고려하여야 한다.

만약 표본의 사례 수가 충분히 클 경우에는 추정오차와 관련된 가정이 위배된다 하더라도 상관분석의 결과에 그다지 심각한 영향을 미치지 않는다. 그러나 이런 가정이 위배되는 경우에는 교정할 수 있는 통계적 방법을 적절하게 사용하는 것이 바람직하다.

1) 선형성

선형성(linearity)이란 두 변인 X와 Y의 관계가 직선적인가를 알아보는 것으로 이 가정은 X변인과 Y변인 간의 분포를 나타내는 산포도(scatter plot)를 통하여 확인할 수 있다. 산포도를 통해 주어진 자료의 두 변인 간의 관계를 대략 짐작할 수 있다. 다음의 [그림 7-1]에 제시된 산포도의 예는 두 변인 간의 관계가 직선적이라는 가정을 충족한다고 볼 수 있다.

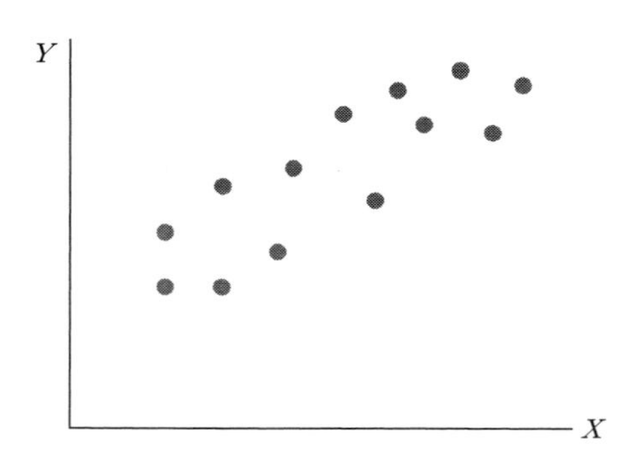

[그림 7-1] 두 변인 간의 산포도

2) 동변량성

동변량성(homoscedasticity, equal variance)이란 X변인의 값에 관계없이 Y변인의 흩어진 정도가 같음을 의미한다. 이에 비하여 X변인이 변해 감에 따라 Y변인의 흩어지는 폭이 넓어지거나 좁아지는 경우를 이분산성(heteroscedasticity)이라 한다. 동변량성의 가정을 충족하지 못하는 경우 이분산(異分散)의 모양이 어떠하냐에 따라 해석을 달리해야 한다.

3) 두 변인의 정규분포성

두 변인의 정규분포성은 두 변인의 측정치 분포가 모집단에서 모두 정규분포를 이룬다는 것이다. 만약 두 변인 중 한 변인이라도 정규분포성(normality)에 위배될 때는 상관계수가 정확하게 해석될 수 없다.

4) 무선독립표본의 측정치

무선독립표본은 모집단에서 표본을 뽑을 때 표본대상이 확률적으로 선정되는 것이다. 두 변인 X와 Y의 측정치는 이렇게 선정된 무선독립표본의 것이어야 한다. 만약 이 가정을 충족하지 못하면 이 표본에서 추정된 상관계수는 모집단의 모수치를 추정할 수 있는 신뢰할 만한 값이 되지 못한다.

5) 고려할 점

상관분석의 자료를 수집할 때 대상을 어디까지로 한정할지를 미리 정해야 한다. 연구집단을 어느 범위까지 한정하느냐에 따라 상관계수는 크게 차이가 난다. 때로는 변인 간에 상관이 없는 경우에도 여러 집단을 통합했을 때는 상관계수가 높은 것처럼 보일 수 있다. 즉, 특성이 서로 다른 몇 개의 집단을 통합하여 상관계수를 구하면 각 집단에서 계산된 상관계수보다 높아지거나 낮아질 수도 있다.

상관분석을 하기 위한 자료 중 일부를 절단(truncation)하여 분석하면 실제와 다른 결과가 나올 수 있다.

표본의 통계치로부터 모집단의 모수치를 추정할 때, 표본의 사례 수 n이 적으면 r은 표본에 따라 그 값이 크게 변하여 ρ에 대한 신뢰할 만한 추정치가 될 수 없으므로 적절한 크기의 n을 사용해야 한다.

극단치란 한 집단에서 아주 특별히 큰 값이나 작은 값을 갖는 측정치를 말한다. 두 변인의 관계가 극단치에 의하여 변화되는 것은 바람직하지 않다. 그러므로 연구자는 산포도를 그려 극단치가 있는지 살펴보고, 연구의 특성에 따라 제외할지를 판단해야 한다.

4. 단순상관분석

상관분석 중에서 가장 간단한 형태는 두 변인의 상관관계를 알아보는 단순상관분석(simple correlation analysis)이다. 즉, 하나의 준거변인과 하나의 예언변인 간의 관련성을 분석하는 것이며 산포도(scatter diagram), 공변량(covariance), 적률상관계수(product-moment correlation coefficient), 결정계수(determination index), 이관계수(coefficient of alienation) 등을 이용하여 두 변인의 상관관계를 해석할 수 있다.

1) 산포도

두 변인 간의 관련성을 파악할 목적으로 자료를 수집했을 때, 그 관련성의 성격을 가장 쉽게 알아 볼 방법은 산포도를 그리는 것이다. 산포도란 X축에 한 변인, Y축에 다른 변인을 설정하고, 각 변인의 값을 나타내는 점을 찍어 두 변인 간의 관계를 파악하는 도표를 말하며, 연구집단의 각 사례에서 얻어진 두 변인의 값을 짝으로 하여 이차평면상에 나타낸 것이다.

상관분석을 하기 전에 산포도를 그려 봄으로써 두 변인 간의 관계가 직선적인지 아닌지를 알 수 있다. 즉, 자료가 상관분석에 적합한 자료인지를 알 수 있다.

〈표 7-1〉 고등학생의 지각 횟수와 하루 평균 컴퓨터게임 시간

학생	X(지각 횟수)	Y(컴퓨터게임 시간)
A	4	2
B	5	3
C	2	1

D	7	4
E	9	5
F	3	2
G	1	1
H	7	3
I	10	5
J	6	4
합계	54	30

SPSS 실행

두 변인 간의 관계를 SPSS 프로그램을 통해 산포도로 나타내는 방법은 다음과 같다. 먼저 〈표 7-1〉의 내용을 입력한 후, 메뉴에서 [그래프-레거시 대화 상자-산점도/점도표]를 선택한다.

'산점도/점도표' 대화상자가 열리면 '단순 산점도'를 선택하고, [정의]를 누른다. '단순 산점도' 대화상자에서 *X*축(지각 횟수)과 *Y*축(컴퓨터게임 시간)을 지정하고, [확인]을 누른다.

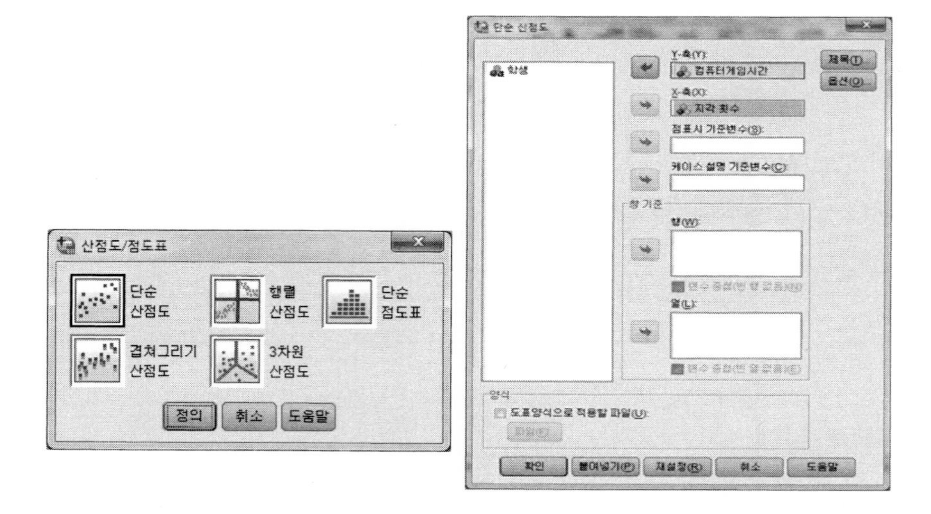

분석결과

〈표 7-1〉의 내용을 바탕으로 지각 횟수와 컴퓨터게임 시간이라는 두 변인 사이의 산포도를 작성한 결과는 다음과 같다.

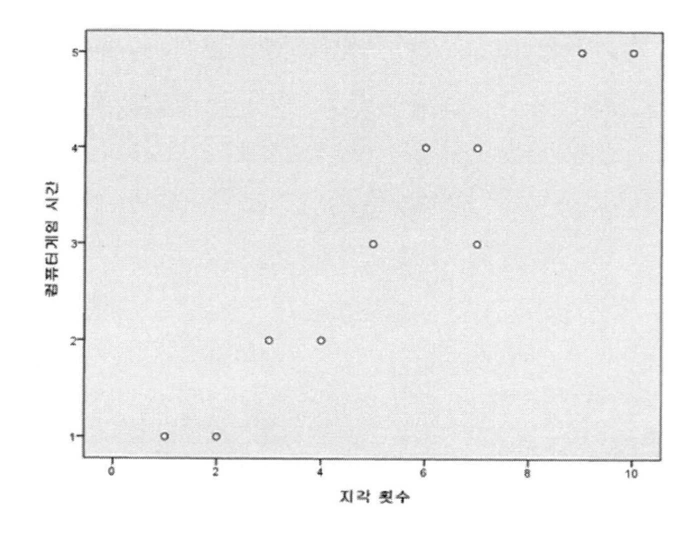

2) 공변량

상관분석을 하기 위해서는 먼저 공변량에 대해 알아 두어야 한다. X 변인, Y 변인의 변량과 표준편차는 각 변인의 평균을 중심으로 어느 정도 퍼져 있는가를 알려 준다. 공변량 S_{XY}는 두 변인 X와 Y가 평균 $\overline{X}$와 $\overline{Y}$로부터 얼마나 퍼져 있는가를 나타낸다. 공변량 S_{XY}를 구하는 과정은 다음 공식 (1)과 같다.

$$S_{XY} = \frac{\Sigma(X-\overline{X})(Y-\overline{Y})}{n} = \frac{\Sigma xy}{n} \quad \cdots\cdots (1)$$

공변량에서 X변인이 증가할 때 Y변인이 증가하면 공변량의 수치는 양(+)이 된다. 만약 두 변인이 변화하는 방향이 서로 다르면 공변량은 음(−)의 부호를 가진다. 공변량은 두 변인 간의 선형관계의 방향을 파악할 수 있는 장점이 있다. 그러나 측정 단위에 따라 값이 민감하게 변화하므로 두 변인 간의 상관관계를 나타내는 좋은 지표는 되지 못한다.

3) 적률상관계수

산포도는 분석적 탐색을 위해서는 사용될 수 없다. 상관분석을 위해서는 평균과 표준편차같이 자료의 특성을 요약해 주는 통계적 지수가 필요하며, 그렇게 변인 간의 상호 관련성을 요약해 주는 통계치가 바로 상관계수다. 상관통계치에도 많은 종류가 있는데 그중 가장 많이 사용되는 상관계수는 Pearson이 고안한 적률상관계수다. Pearson의 상관계수 r은 두 변인 모두 등간 또는 비율 척도에 의해 측정된 연속변인에 사용되며, 선형성을 가정할 수 있을 때 사용된다.

Pearson의 적률상관계수 r은 각 대상자와 관련된 두 변인 X와 Y를 곱(cross product)한 다음 합하고, 이 합을 다시 n으로 나눈 것이다. 즉, 적률상관계수 r은 X와 Y의 교적의 평균이라 할 수 있다.

Pearson의 상관계수 공식은 또한 공분산이 갖고 있는 단위의 문제를 해결하였다. 즉, 두 변인의 공변량을 각 변인의 표준편차로 나누어 상관계수를 구하였다. 이 상관계수의 범위는 $-1.0 \le r \le 1.0$으로 변인 간의 관련성을 표준화된 지수로 나타내게 되어 어떠한 단위의 측정치를 사용하여도 상관성에 대한 해석을 용이하게 한다. 상관계수 r을 구하는 과정은 다음 공식 (2)와 같다.

$$r_{xy} = \frac{S_{xy}}{S_x S_y} = \frac{\Sigma(X-\overline{X})(Y-\overline{Y})}{nS_x S_y}$$

$$r_{xy} = \frac{\Sigma x \cdot y}{nS_x S_y}$$

$$r_{xy} = \frac{\Sigma x \cdot y}{\sqrt{\Sigma x^2 \Sigma y^2}} \quad \cdots\cdots (2)$$

공식 (2)에서는 두 변인의 평균을 알아야 계산할 수 있다. 평균을 구할 때 소수점이 나오거나 나누어 떨어지지 않을 때는 다음 공식 (3)과 같이 계산하면 편리하다.

$$r_{xy} = \frac{n\Sigma X \cdot Y - (\Sigma X)(\Sigma Y)}{\sqrt{n\Sigma X^2 - (\Sigma X)^2} \cdot \sqrt{n\Sigma Y^2 - (\Sigma Y)^2}} \quad \cdots\cdots (3)$$

[예1] 〈표 7-1〉은 고등학생의 지각 횟수와 하루 평균 컴퓨터게임 시간을 조사한 것이다. 지각 횟수와 컴퓨터게임 시간 간의 Pearson 상관계수 r을 구하여라.

〈표 7-2〉 고등학생의 지각 횟수와 하루 평균 컴퓨터게임 시간(Pearson 상관계수)

학생	X(지각 횟수)	Y(컴퓨터게임 시간)	X^2	Y^2	XY
A	4	2	16	4	8
B	5	3	25	9	15
C	2	1	4	1	2
D	7	4	49	16	28
E	9	5	81	25	45
F	3	2	9	4	6
G	1	1	1	1	1
H	7	3	49	9	21
I	10	5	100	25	50
J	6	4	36	16	24
합계	54	30	370	110	200

$$\Sigma X=54,\ \Sigma Y=30,\ \Sigma X^2=370,\ \Sigma Y^2=110,\ \Sigma XY=200$$

$$r_{xy}=\frac{n\Sigma X\cdot Y-(\Sigma X)(\Sigma Y)}{\sqrt{n\Sigma X^2-(\Sigma X)^2}\cdot\sqrt{n\Sigma Y^2-(\Sigma Y)^2}}$$

$$=\frac{10\cdot 200-54\cdot 30}{\sqrt{10\cdot 370-54^2}\sqrt{10\cdot 110-30^2}}=.9596$$

상관계수 r은 X와 Y 사이의 선형관계의 정도를 나타내는 지표로, r의 범위는 -1.0에서 $+1.0$ 사이이다. r이 0에 가까울수록 선형관계는 약해지고, r이 $+1$에 가까울수록 강한 정적상관관계를, r이 -1에 가까울수록 강한 부적상관을 나타낸다. 상관계수 r의 값과 산포도의 관계를 그림으로 나타내면 [그림 7-2]와 같다.

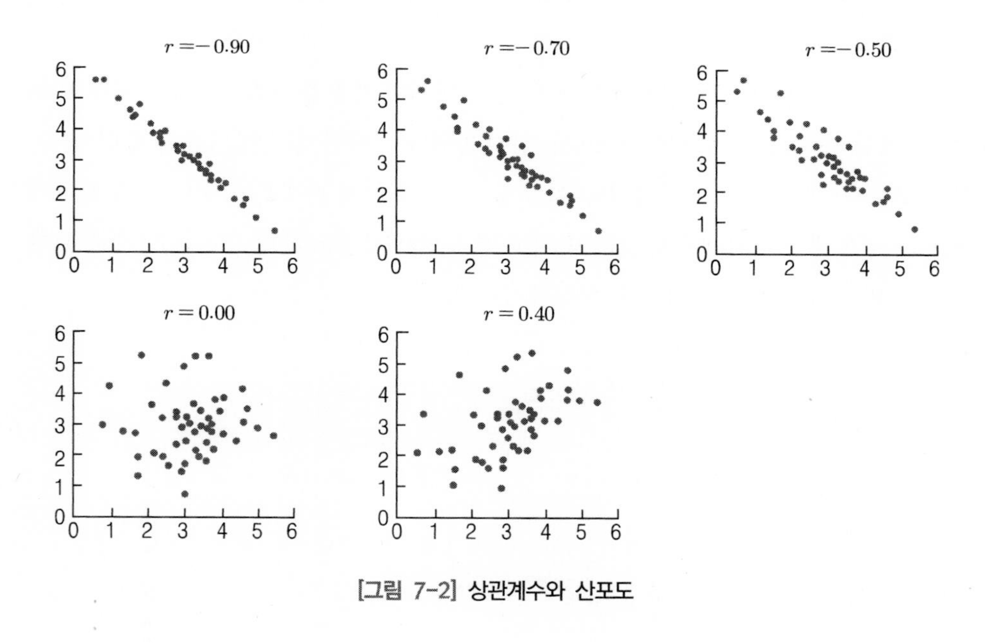

[그림 7-2] 상관계수와 산포도

상관계수 r의 값에 따라 구체적으로 상관관계를 설명하면 다음과 같다.

- $-1.0< r <-0.7$ 강한 부적상관관계
- $-0.7< r <-0.3$ 뚜렷한 부적상관관계
- $-0.3< r <-0.1$ 약한 부적상관관계
- $-0.1< r <+0.1$ 거의 무시될 수 있는 상관관계

- $+0.1 < r < +0.3$ 약한 정적상관관계
- $+0.3 < r < +0.7$ 뚜렷한 정적상관관계
- $+0.7 < r < +1.0$ 강한 정적상관관계

상관계수를 어떻게 해석하는지에 대한 절대적 기준은 없으며, 이는 연구자가 결정할 일이다.

SPSS 실행

〈표 7-2〉의 자료를 사용하여 두 변수의 관계 정도를 나타내는 지수, 즉 상관계수를 구하기 위해 메뉴에서 [분석-상관분석-이변량 상관계수]를 선택해 '이변량 상관계수' 대화상자를 연다.

'이변량 상관계수' 대화상자에서 변수 부분에 상관계수를 구할 두 변수(지각 횟수, 컴퓨터게임 시간)를 지정하고, Pearson 상관계수를 선택한 후 [확인]을 누르면 된다. '유의한 상관계수 별 표시'가 설정되어 있을 경우, 유의성 검정을 실행하여 그 결과가 유의한 경우에는 상관계수의 오른쪽 위에 별 모양(*)이 표시된다. 또 [옵션]에서 교차곱 편차와 공분산을 출력하도록 설정할 수도 있다.

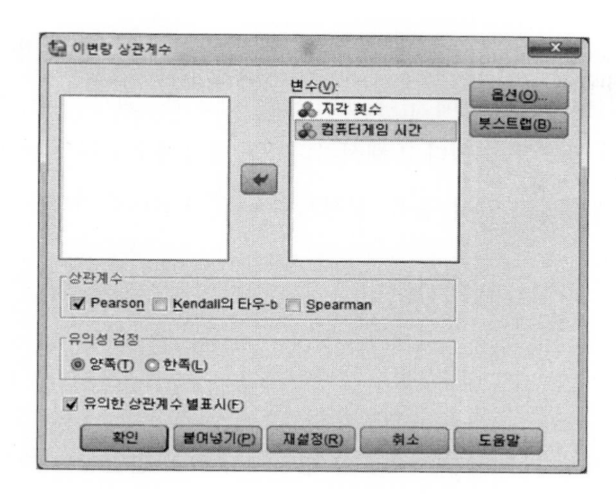

분석결과

고등학생 10명의 컴퓨터게임 시간과 지각 횟수의 상관계수를 SPSS 프로그램을 통해 산출하여 앞에서 이론적으로 계산한 .9596과 동일한 결과를 얻었다. 상관계수의 유의성 검정 실행 결과, 유의수준 .01에서 '지각 횟수와 컴퓨터게임 시간의 상관관계는 0이다'라는 영가설을 기각하므로 두 점수 간에 유의한 상관이 있음을 알 수 있다.

상관계수

		지각 횟수	컴퓨터게임 시간
지각 횟수	Pearson 상관계수	1	.9596**
	유의확률(양쪽)		.000
	N	10	10
컴퓨터게임 시간	Pearson 상관계수	.9596**	1
	유의확률(양쪽)	.000	
	N	10	10

** 상관계수는 0.01 수준(양쪽)에서 유의합니다.

4) 결정계수

상관계수는 비율척도가 아니므로 $r=.80$이 $r=.40$보다 상관도가 2배라고 말할 수 없다. 또한 $r=.30$과 $r=.40$의 차이는 $r=.70$과 $r=.80$의 차이와도 같지 않기 때문에 등간척도도 아니다. 상관계수를 해석하는 또 다른 방법으로 상관계수의 제곱,

즉 결정계수(determination index) r^2을 사용한다. 결정계수는 예언변인이 준거변인을 설명할 수 있는 비율을 말해 준다. $r = .80$일 때 r^2은 .64가 되며, 이런 경우 Y분산의 64%를 X가 설명할 수 있다고 해석한다. 즉, 상관계수 r은 두 변인 간의 상관 정도뿐만 아니라 방향까지 알려 주며, 결정계수 r^2은 X변인이 Y변인을 설명해 주는 비율을 나타낸다.

5) 이관계수

이관계수(coefficient of alienation)는 한 변인에서 다른 변인을 예측할 때 생기는 오차의 정도를 말한다. 이관계수를 k라 할 때 k를 구하는 방법은 다음 공식 (4)와 같다.

$$k = \sqrt{1 - r^2} \quad \cdots\cdots (4)$$

결정계수 r^2이 1일 때 $k = 0$이 되어 예측오차도 없다. 그러나 r^2이 0일 때 $k = 1$이 되며 오차는 가장 커진다. 상관계수가 높아짐에 따라 예측오차가 비례적으로 감소하는 것이 아니라 감소량이 훨씬 커진다.

5. 특수상관계수

Pearson의 적률상관계수 r은 두 변인 모두 등간 또는 비율 척도에 의해 측정된 연속변인인 경우에 사용된다. 그러나 변인이 비연속이거나 척도가 다를 경우 다른 종류의 상관계수를 사용한다. 연속변인은 두 측정치 사이에 무수한 측정치가 존재하므로 어림수로만 사용되는 변인이다.

척도치가 명명변인과 등간(비율)변인인 경우에는 양류상관계수나 양분상관계수, 명명변인과 명명변인인 경우에는 파이(Φ) 계수를 사용한다. 구체적인 내용은 다음과 같다.

1) 양류상관계수

양류상관계수(point-biserial correlation coefficient)는 Pearson r의 변형된 상관계수다. 이분변인(dichotomous variable)인 명명척도와 등간(비율)척도로 측정된 연속변인 간의 상관 정도를 추정하기 위하여 사용되며, r_{pb}로 표기한다. 예를 들면, 검사 총점을 연속변인이라 하고, 각 문항은 O / X로 나타내는 선택형 문항일 때 전체 점수와 문항 점수 간의 상관계수는 양류상관계수를 사용하여 산출한다. 양류상관계수를 계산하는 방법은 다음 공식 (5)와 같다.

$$r = \frac{\overline{Y_1} - \overline{Y_0}}{S_{y\sqrt{pq}}} \quad \cdots\cdots (5)$$

$\overline{Y_1}$: 이분변인 X가 1인 대상자의 평균점수
$\overline{Y_0}$: 이분변인 X가 0인 대상자의 평균점수
p: 이분변인 X가 1인 대상자의 비율
q: 이분변인 X가 0인 대상자의 비율
S_y: 연속 Y 변인의 표준편차

이분변인 X가 1인 대상자의 평균점수인 $\overline{Y_1}$가 클수록 양류상관계수 r_{pb}가 1에 가깝게 된다는 것을 알 수 있다.

[예2] 〈표 7-3〉을 바탕으로 고등학생의 남녀 성별이 수학성취도와 관련이 있는가를 알아보려고 한다. 수학성취도를 연속적 자료라 하고, 남자를 1, 여자를 0으로 표시하였다. 양류상관계수 r을 구하라.

〈표 7-3〉 고등학생 남녀 성별에 따른 수학성취도

학생	남녀 성별	수학성취도
A	1	70
B	0	80
C	1	90
D	1	80
E	0	50

$$\overline{Y_1} = 80,\ \overline{Y_2} = 65,\ S_Y = 13.56,\ p = .6,\ q = .4$$

$$r = \frac{80 - 65}{13.56}\sqrt{.6 \times .4} = .54$$

2) 양분상관계수

양분상관계수(biserial correlation coefficient)는 한 변인이 연속변인이지만 이분변인으로 간주하고 나머지 변인은 연속변인일 때 사용되며, r_b로 표시한다. 양류상관계수는 두 변인 중 한 변인이 명명변인이지만, 양분상관계수는 한 변인이 연속변인임에도 이분화된 명명변인으로 변환한다는 차이가 있다. 양분상관계수를 계산하는 방법은 다음 공식 (6)과 같다.

$$r = \frac{\overline{Y_1} - \overline{Y_0}}{S_Y}\left(\frac{pq}{y}\right) \quad \cdots\cdots (6)$$

$\overline{Y_1}$: 이분변인 X가 1인 대상자의 평균점수

$\overline{Y_0}$: 이분변인 X가 0인 대상자의 평균점수

p: 이분변인 X가 1인 대상자의 비율

q: 이분변인 X가 0인 대상자의 비율

S_Y: 연속 Y 변인의 표준편차

y: p와 q 두 부분으로 나누는 정규곡선의 수직좌표

양류상관계수는 두 개의 연속변인 간의 관계를 알려고 할 때, 한쪽을 인위적으로 이분변인으로 취급한 후 두 변인 간의 상관관계를 나타내는 방법이다. 일반적인 예가 입학시험의 결과를 합격-불합격으로 구분하는 경우다.

[예3] 〈표 7-4〉를 바탕으로 운전면허시험에서 필기시험 80점을 기준으로 합격자(1)와 불합격자(0)를 나눈 후 이들의 실기시험과의 상관관계를 알아보려고 한다. 양분상관계수 r을 구하라.

〈표 7-4〉 운전면허시험 점수

학생	필기시험 점수	실기시험 점수
A	80(합격자)	70
B	70(불합격자)	80
C	85(합격자)	90
D	90(합격자)	80
E	75(불합격자)	50

$$\overline{Y_1} = 80,\ \overline{Y_2} = 65,\ S_Y = 13.56,\ p = .6,\ q = .4,\ y = .3863$$

$$r = \frac{80-65}{13.56} \times \frac{.6 \times .4}{.3863} = .687$$

3) 파이(ϕ) 계수

두 변인이 이분화된 명명척도일 경우에 변인 간의 상관관계를 구하는 방법이 파이(Phi, ϕ) 계수다. Pearson의 r이 변형된 경우이며, 똑같은 자료에 대한 파이 계수와 Pearson의 r은 같다. 파이 계수를 구하기 위해서는 먼저 2×2 분할표(contingency table)를 만들고 다음 〈표 7-5〉와 같이 a, b, c, d로 표기한다.

〈표 7-5〉 파이(Φ) 계수를 위한 분할표

Y \ X	$X=0$	$X=1$
$Y=1$	a	b
$Y=0$	c	d

그리고 파이 계수를 구하는 식에 대입하여 계산한다. 파이 계수를 구하는 방법은 다음 공식 (7)과 같다.

$$\Phi = \frac{bc - ad}{\sqrt{(a+b)(c+d)(a+c)(b+d)}} \quad \cdots\cdots (7)$$

[예4] 〈표 7-6〉은 동성동본 혼인금지법의 폐지에 대한 찬반 투표를 남녀 집단별로 조사한 자료다. 남녀에 따른 상관 정도인 파이 계수를 구하라.

〈표 7-6〉 동성동본 혼인금지법의 폐지에 대한 남녀 투표 결과

성별 \ 찬반	찬성	반대
남	25	25
여	30	20

$$\Phi = \frac{750 - 500}{\sqrt{50 \times 50 \times 55 \times 45}} = .1$$

6. 상관분석의 제한점

상관분석 결과에서 상관계수의 통계치에 지나치게 의존하여 변인 간의 상호 관련성을 분석하기보다는 이론적 배경의 충실도와 선행연구의 결과에 바탕을 두고 해석하여야 한다.

상관통계치는 변인 간의 인과관계 탐색에 사용될 수 있으나, 두 변인 X와 Y 간의 상관은 X나 Y가 원인일 수도 있고, 또는 제3의 변인이 두 변인 간의 관계를 연결지을 수도 있으며, 순전히 우연적인 것일 수도 있다. 따라서 얻어진 상관통계치가 인과관계를 의미하지는 않으며 상관계수는 두 변인 간의 상호 관련성의 정도와 실험연구에서 검정되어야 하는 가능한 인과관계를 나타낼 뿐이다. 따라서 상관분석 연구에서는 독립변인과 종속변인의 구분이 없으며 단지 두 변인 간의 관계에 관심이 있을 뿐이다.

즉, 변인 간에 서로 영향을 주는 상호 관계성을 해석하는 것이다. 그리고 상관계수를 해석하는 데 경험적 준거에 의한 해석, 결정계수(coefficient of determination) 해석, 유의도 검정에 의한 해석 등이 활용될 수 있다.

연습문제

1. 다음은 학생의 컴퓨터 타자 속도와 정확도를 나타낸 자료다. 다음 물음에 답하라.

학 생	타자 속도	타자 정확성
A	150	70
B	250	80
C	400	90
D	300	80
E	100	50

(1) 타자 속도의 평균과 표준편차를 구하라.

(2) 타자 정확성의 평균과 표준편차를 구하라.

(3) 타자 속도와 정확성의 공변량을 구하라.

(4) 피어슨의 상관계수를 구하라.

2. 상관계수 사용을 위한 기본가정을 설명하라.

3. 다음은 고등학교 1학년 부진아 대상으로 진단평가를 하고 20차시 기초학습 프로그램을 실행한 후 총괄평가를 실시하여 얻은 점수다. (점수 범위 0~10)

학 생	진단평가	총괄평가
A	3	7
B	5	8
C	7	8
D	9	10
E	1	6

(1) 진단평가와 총괄평가 점수의 상관계수를 구하라.

(2) 두 변인의 관계를 해석하라.

4. 다음은 고등학교 학생의 성별과 수학 점수를 나타낸 표다. 물음에 답하라.

학 생	성 별	수학 점수
A	남	70
B	여	80
C	남	90
D	남	80
E	여	50

(1) 성별과 수학 성적의 관계를 분석하기 위한 상관계수 종류를 선택하여 상관계수를 구하라.

(2) 성별과 수학 점수의 관계를 해석하라.

5. 다음은 어떤 고등학교 남녀 학생의 두발자율화 찬반에 관해 조사한 자료다. 파이 계수를 구하라.

성별 \ 찬반	찬성	반대
남	60	50
여	70	40

제8장 단순회귀분석

이 장에서는 변인이 서로 어떻게 관련되어 있는지를 기술하는 데 많이 쓰이는 회귀분석을 다루고자 한다. 회귀(regression)라는 용어는 19세기 영국의 우생학자 Galton의 연구에서 유래하였다. 그는 영국의 가계에서 아버지와 아들의 키 사이의 관계를 조사하였다. 그 결과, 아버지의 키가 크면 아들의 키는 아들 또래집단의 평균 키보다는 크나 아버지의 키보다는 작으며, 반대로 아버지의 키가 작으면 아들의 키는 또래집단의 전체 평균 키보다는 작으나 아버지의 키보다는 크다는 점을 발견하였다. 따라서 Galton은 아들의 키가 전체 평균 키로 돌아가려는 경향, 즉 평균으로의 회귀현상(regression toward the mean)이 있다는 결론을 발표하였다.

이것이 유래가 되어 변인 간의 함수관계를 분석하는 것을 회귀분석이라고 부르며, 이 방법은 교육학 · 심리학 등의 사회과학 분야에서 실제적인 목적으로 변인 간의 이론적 문제를 규명하는 데 흔히 사용된다. 특히 종속변인을 다른 하나 혹은 여러 개의 독립변인과 관련시키는 회귀분석은 독립변인이 하나일 경우에는 단순회귀분석, 독립변인이 두 개 이상이면 중다회귀분석이라 한다. 중다회귀분석은 독립변인 중 어느 변인이 종속변인에 영향을 미치는지와 그 영향력의 크기를 알아보고자 하는 것이다. 종속변인과 독립변인의 관계에서 얻어진 회귀모형을 토대로 독립변인에 대한 종속변인을 추정 · 예측할 수 있다.

1. 회귀분석의 개념

회귀분석은 독립변인이 종속변인에 미치는 영향력의 크기를 측정하여 독립변인의 일정한 값에 대응하는 종속변인의 값을 예측하기 위한 방법으로, 변인 간의 인과관계를 알아보기 위한 통계적 분석을 의미한다.

회귀분석의 목적은 가설의 형태로 되어 있는 종속변인과 독립변인의 관계를 실제 현상에서 확인해 보는 것과, 독립변인을 기초로 하여 종속변인을 예측하는 것이라 볼 수 있다. 서로 인과관계가 있는 변인 중에서 다른 변인에 영향을 주는 변인을 독립변인(independent variable)이라 하며, 독립변인에 의해 영향을 받는 변인을 종속변인(dependent variable)이라 한다. 종속변인의 변화는 독립변인의 변화로 설명 또는 예측될 수 있다는 의미에서 독립변인을 설명변인이나 예측변인이라 하고, 종속변인을 피설명변인 또는 기준변인이라고도 한다. 예를 들어, 학생의 지능과 학업성취도 간의 관계를 알아보고자 할 때, 지능이 학업성취도에 영향을 미치는 것으로 본다면 지능지수는 독립변인이 되며, 학업성취도는 종속변인이 된다.

단순회귀분석(simple regression analysis)이란 하나의 독립변인과 하나의 종속변인 사이의 관계를 분석하는 반면에, 중다회귀분석(multiple regression analysis)은 여러 독립변인과 하나의 종속변인 간의 관계를 분석하는 것이다. 즉, 전자는 하나의 독립변인이 종속변인에 미치는 영향을 파악하는 반면에, 후자는 여러 독립변인이 종속변인에 어떤 영향을 미치는가를 파악하는 것이다. 예컨대, 지능(한 개의 독립변인)이 학업성취도에 미치는 영향을 알고자 하면 단순회귀분석이 되고, 지능과 성취동기(두 개의 독립변인)가 학업성취도에 미치는 영향을 알고자 한다면 이는 중다회귀분석이 된다.

2. 기본가정

회귀분석을 시행하기 전에 분석대상에 대하여 다음과 같은 가정이 충족되는지를 확인하여야 한다. 즉, 선형성, 정규성, 독립성, 동변량성의 가정을 충족해야 하는데, 이 네 가지 가정 중에서 첫 번째 가정만 제외하고 나머지 가정은 회귀모형에서의 추정오차(prediction error)와 관련된 것이다. 만약 표본의 사례 수가 충분히 클 경우에는 추정오차와 관련된 가정이 위배된다 하더라도 회귀분석의 결과에 그다지 심각한 영향을 미치지 않는다. 그러나 이런 가정이 위배되는 경우에는 교정할 수 있는 통계적 방법을 적절하게 사용하는 것이 바람직하다.

1) 선형성

선형성(linearity)이란 독립변인과 종속변인 사이의 관계가 직선적인가를 알아보는 것으로 이 가정은 독립변인과 종속변인 간의 분포를 나타내는 산포도(scatter plot)를 통하여 확인할 수 있다. 산포도를 통해 주어진 자료의 두 변인 간 관계가 직선적인지 곡선적인지 또는 기타 다른 관계가 있는지를 대략 짐작할 수 있다. [그림 8-1]은 두 변인 간의 산포도를 나타내는데, 두 변인 간의 관계가 직선적이라는 가정을 충족한다고 볼 수 있다.

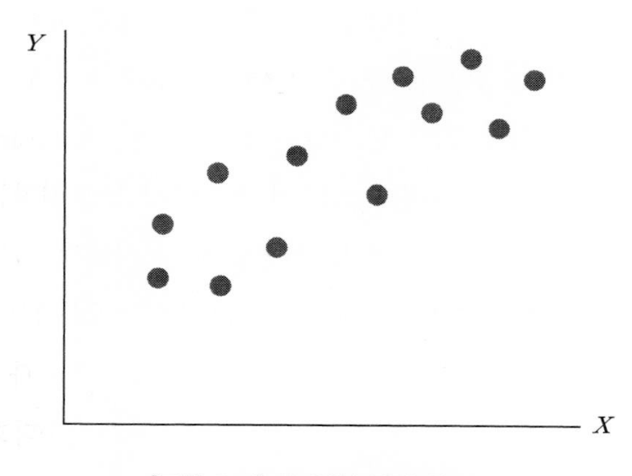

[그림 8-1] 두 변인 간의 산포도

2) 정규성

정규성(normality)은 독립변인의 값에 관계없이 오차의 분포가 정규분포를 이루어야 한다는 것으로, 오차의 평균이 0이고 일정한 변량을 지닌 정규분포를 가정한다. 원래 정규분포란 우연적 오차에 의하여 만들어지는 분포이므로 이 가정이 위배될 가능성은 현실적으로 낮으나, 잔차(residual)의 히스토그램이나 정규확률도표(normal probability)를 살펴봄으로써 확인할 수 있다.

3) 독립성

독립성(independence)이란 종속변인 측정치 간의 오차는 서로 영향을 미치지 않는다는 것을 의미한다. 또한 각 독립변인과 오차 간에는 서로 상관이 없으며, 오차는 평균이 0, 표준편차가 σ인 확률분포를 가지고 독립변인의 값에 관계없음을 가정한다.

4) 동변량성

동변량성(homoscedasticity, equal variance)이란 독립변인의 값에 관계없이 종속변인 수의 흩어진 정도가 같음을 의미한다. 다시 말해서, 독립변인이 변함에 따라 종속변인의 흩어진 정도가 일정하면 등분산성 가정을 충족하지만, 독립변인이 변해 감에 따라 종속변인의 변화 폭이 넓어지거나 좁아지면 등분산성을 위배하는, 이른바 이분산성(heteroscedasticity)이 나타난다. 즉, 오차 변량이 상수로서 일정하다는 것이다. 구체적인 예는 다음의 [그림 8-2]에 잘 나타나 있다.

[그림 8-2]에서 보듯이 모든 사례가 ±2.0의 범위에서 무선적으로 흩어져 있다면 동변량성 가정을 충족한다고 보아도 무방하다. 그러나 사례가 어느 한쪽 방향으로 수렴하거나 확산하는 경향이 있다면 동변량성을 위배하는 것으로 보아야 한다.

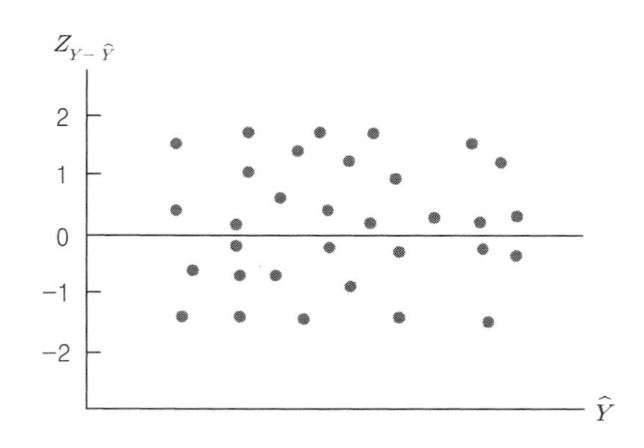

[그림 8-2] 표준화 오차와 종속변인 추정치 간의 관계

3. 회귀선

상관계수가 1.0일 때 산포도에 나타난 점들을 연결하면 일직선이 됨을 알 수 있다. 반면, 사회과학에서 다루는 자료는 상관계수가 1.0이 아닌 경우가 대부분으로, 점들이 직선을 중심으로 흩어져 있다. 이때 흩어진 점들을 대표하는 직선을 그려야 하는데, 이 직선을 회귀선(regression line)이라 한다.

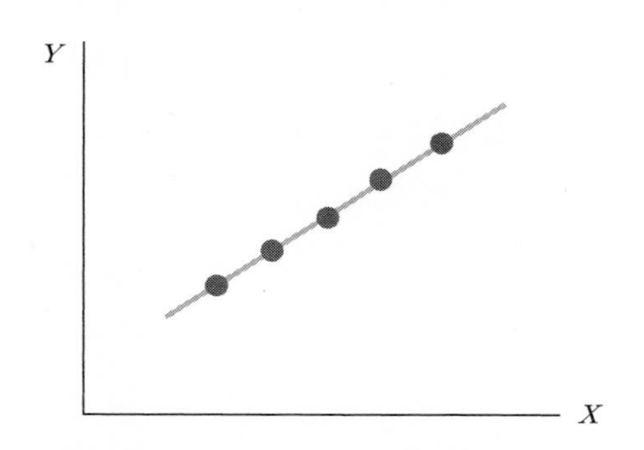

[그림 8-3] 상관이 1.0일 때 점수의 흩어진 정도

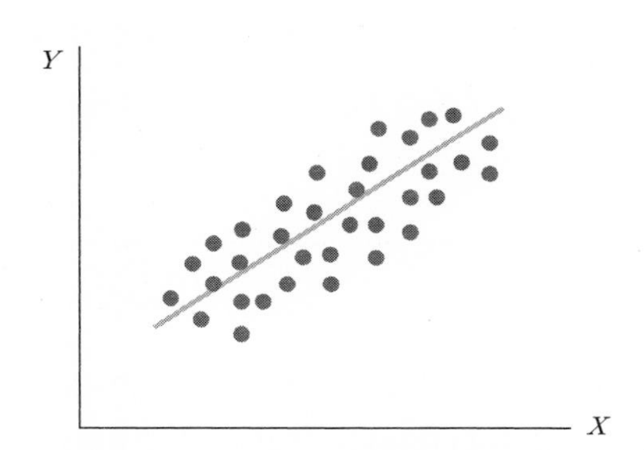

[그림 8-4] 상관이 1이 아닐 때 점수의 흩어진 정도

앞의 그림에 나타난 직선을 수직으로 표현하면 $Y_i = b_0 + b_1 X_i$로 표현할 수 있다. 이때 b_0은 절편(intercept)으로 독립변인이 0일 때 종속변인의 값을 의미하며, b_1은 회귀선의 기울기(slope)로 독립변인이 변할 때 종속변인이 변하는 정도를 나타낸다. b_1을 회귀계수(regression coefficient)라고도 한다.

4. 회귀모형

한 변인과 다른 변인 사이의 일정한 규칙성을 발견하게 되면 두 변인 사이의 회귀모형 또는 회귀등식을 설정하는 것이 가능해진다. 이때의 회귀모형은 주어진 독립변인의 값에 따라 종속변인의 값이 함수관계에 의해서 결정된다는 것을 의미하며, 독립변인과 종속변인 사이의 함수관계를 선형적으로 나타낸다. 실제 연구에서는 모집단 전체를 대상으로 하여 모수치를 구하는 것은 불가능하기 때문에 표본을 추출하여 표본에서 얻어진 통계치를 토대로 모수치를 추정하여야 한다.

표본의 단순회귀모형은 독립변인(X)과 종속변인(Y) 간의 일차적 함수관계를 나타내며 다음의 공식 (1)에 제시되어 있다.

$$Y_i = b_0 + b_1 X_i + e_i \quad \cdots\cdots (1)$$

두 변인의 상관관계가 정적이면 회귀계수 b_1은 양수인 반면에, 상관관계가 부적이면 b_1은 음수가 된다. e_i는 잔차(residual)로서 표본에서의 회귀모형과 회귀등식 간의 오차, 즉 실제 종속변인(Y)과 추정된 종속변인($\widehat{Y}$) 간의 차이인 $(Y-\widehat{Y})$로 나타낸다. 표본의 회귀모형으로부터 유도된 회귀등식은 다음의 공식 (2)에 나타나 있다.

$$\widehat{Y}_i = b_0 + b_1 X_i \quad \cdots\cdots (2)$$

회귀방정식에서 회귀계수를 구하는 기본 원리는 X값에 따라 Y값이 흩어져 있을 때 X값을 회귀등식에 대입하여 나타나는 $\widehat{Y}$값과 실제 Y값의 차이, 즉 잔차를 가장 적게 하는 등식을 구하는 것이다. 이와 같이 $(Y-\widehat{Y})$값을 최소화하도록 b_0+b_1의 값을 추정하는 방법을 최소자승법(least square method)이라 부른다. $\Sigma(Y-\widehat{Y})$는 항상 0이기 때문에 $\Sigma(Y-\widehat{Y})^2$의 값, 즉 잔차제곱의 합을 최소화하는 회귀계수를 구하는 원리를 최소자승법의 원리라 한다.

회귀선을 구하기 위해서는 방정식의 기울기와 절편을 알아야 하며, 기울기 b_1과 절편 b_0은 다음의 공식 (3)과 (4)에 의해 구할 수 있다.

$$b_1 = r\frac{S_y}{S_x} \quad \cdots\cdots (3)$$

$$b_0 = \overline{Y} - b_1\overline{X} \quad \cdots\cdots (4)$$

회귀선을 구하는 예를 들어 보자.

〈표 8-1〉 회귀선을 구하는 방법의 예

X	Y	$X-\overline{X}$	$(X-\overline{X})^2$	$Y-\overline{Y}$	$(Y-\overline{Y})^2$	$(X-\overline{X})(Y-\overline{Y})$
13	9	6	36	2	4	12
9	13	2	4	6	36	12
7	7	0	0	0	0	0
5	1	−2	4	−6	36	12
1	5	−6	36	−2	4	12
$\overline{X}=7$	$\overline{Y}=7$	$\Sigma(X-\overline{X})^2=80$		$\Sigma(Y-\overline{Y})^2=80$		$\Sigma(X-\overline{X})(Y-\overline{Y})=48$

$r = 0.6$

$S_X = \sqrt{S_x^2} = \sqrt{\frac{\Sigma(X_i - \overline{X})^2}{n}} = \sqrt{\frac{80}{5}} = 4$ 이고,

$S_y = \sqrt{S_y^2} = \sqrt{\frac{\Sigma(Y_i - \overline{Y})^2}{n}} = \sqrt{\frac{80}{5}} = 4$ 이므로

$b_1 = r\frac{S_y}{S_x} = 0.6 \times \frac{4}{4} = 0.6$

$b_0 = \overline{Y} - b_1\overline{X} = 7 - 0.6 \times 7 = 7 - 4.2 = 2.8$

그러므로 회귀선 $\widehat{Y} = 2.8 + 0.6X_i$다.

회귀선을 이용하여 예측하는 보기를 들어 보자. 예를 들어, 대학 입학 후 학생들의 학업성적(Y)이 대학수학능력시험 성적(X)과 관련이 있다고 가정할 수 있다. 다음의 〈표 8-2〉에 대학생 10명의 학업 성적, 대학수학능력시험 성적의 가상적인 자료가 구성되어 있다.

회귀분석의 경우 우선 자료에서 매우 크거나 매우 작은 측정치, 즉 극단치(extreme

value)가 있는지를 확인하는 절차가 필요하다. 회귀분석에서 극단치란 잔차의 값이 매우 큰 사례를 의미하며, 연구자는 이를 확인하기 위해 먼저 독립변인과 종속변인 사이의 산포도를 그린다. 극단치가 존재할 경우, 그 측정치를 신뢰할 수 없을 때에는 제거한 후 회귀분석을 하는 것이 바람직하다.

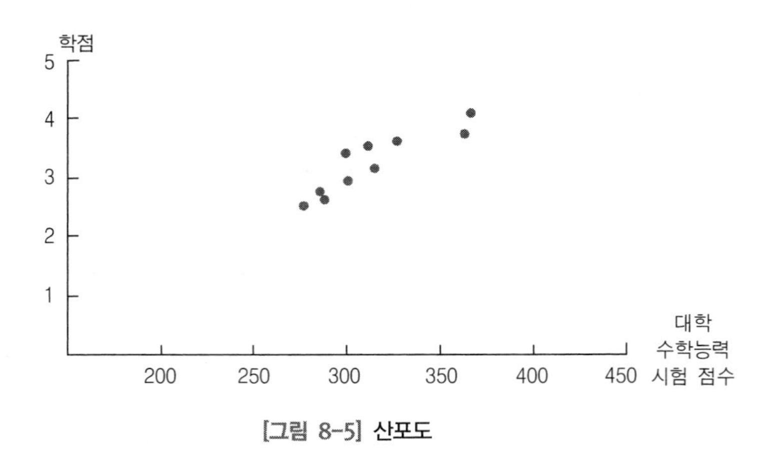

[그림 8-5] 산포도

〈표 8-2〉 대학수학능력시험 점수와 대학 학점 간의 관계

학생	대학수학 능력시험 점수(X)	학점 (Y)	$X-\overline{X}$	$Y-\overline{Y}$	$(X-\overline{X})(Y-\overline{Y})$	$(X-\overline{X})^2$	$(Y-\overline{Y})^2$
01	313	3.5	−2	0.3	−0.6	4	0.09
02	278	2.5	−37	−0.7	25.9	1369	0.49
03	302	2.9	−13	−0.3	3.9	169	0.09
04	327	3.6	12	0.4	4.8	144	0.16
05	368	4.0	53	0.8	42.4	2809	0.64
06	287	2.7	−28	−0.5	14.0	784	0.25
07	301	3.4	−14	0.2	−2.8	196	0.04
08	317	3.1	2	−0.1	−0.2	4	0.01
09	365	3.7	50	0.5	25	2500	0.25
10	288	2.6	−27	−0.6	16.2	729	0.36
$\overline{X}=315$ $\overline{Y}=3.2$					$\Sigma(X-\overline{X})(Y-\overline{Y})=128.6$	$\Sigma(X-\overline{X})^2=8708$	$\Sigma(Y-\overline{Y})^2=2.38$

$$S_X = \sqrt{\frac{\Sigma(X-\overline{X})^2}{n}} = \sqrt{\frac{8708}{10}} = 29.5$$

$$S_Y = \sqrt{\frac{\Sigma(Y-\overline{Y})^2}{n}} = \sqrt{\frac{2.38}{10}} = 0.49$$

$$r_{XY} = \frac{\Sigma(X-\overline{X})(Y-\overline{Y})}{n \cdot S_X \cdot S_Y} = \frac{128.6}{(10)(29.5)(0.49)} = 0.89$$

$$b_1 = r \cdot \frac{S_Y}{S_X} = 0.89 \times \frac{0.49}{29.5} = \frac{0.436}{29.5} = 0.015$$

$$b_0 = \overline{Y} - b_1 \cdot \overline{X} = 3.2 - 0.015(315) = -1.525$$

결과의 회귀방정식은 $\widehat{Y} = -1.525 + 0.015X$다. 이 회귀방정식은 주어진 X값에 대하여 예측된 $\widehat{Y}$값을 구하는 데 사용될 수 있다. 예를 들면, 대학수학능력시험에서 300점을 받은 학생의 경우 대학 진학 후 학점이 $\widehat{Y} = -1.525 + 0.015 \times 300 = 2.975$점이 될 것이라고 예측할 수 있다.

SPSS 실행

〈표 8-2〉에 있는 대학생 10명의 대학수학능력시험 점수 및 학점 자료를 이용하여 회귀등식을 만들 수 있다. 메뉴에서 [분석-회귀분석-선형]을 눌러 '선형 회귀분석' 대화상자를 연다. 여기서 독립변수(대학수학능력시험 점수)와 종속변수(학점)를 지정하고 [확인]을 누른다.

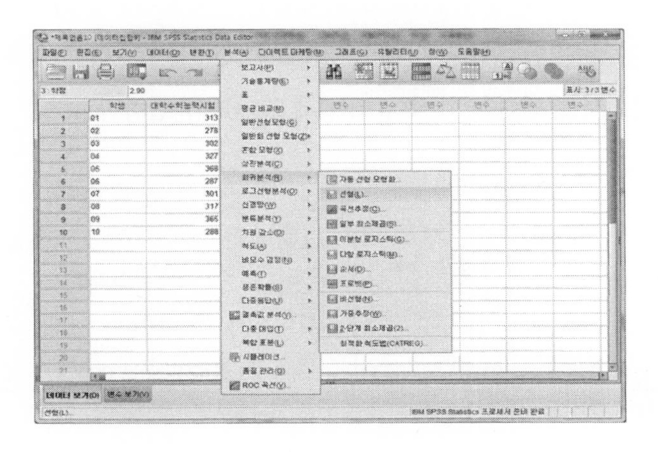

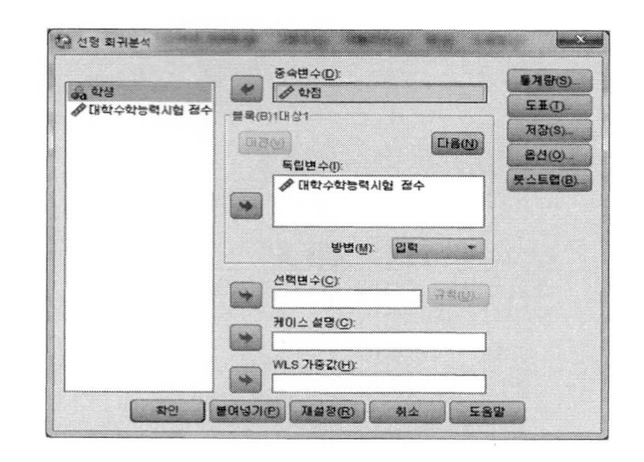

분석결과

대학수학능력시험 점수와 학점의 상관계수는 .893이고, 상관계수의 제곱값이 .798이므로, 대학수학능력시험 점수로 학점을 약 80% 수준에서 예측할 수 있음을 알 수 있다.

모형 요약

모형	R	R제곱	수정된 R 제곱	추정값의 표준오차
1	.893[a]	.798	.773	.24507

a. 예측값: (상수), 대학수학능력시험 점수

대학수학능력시험 점수로 학점을 예측하는 회귀분석에서 회귀계수 b_0(절편)은 -1.447이며, b_1(기울기)은 0.015이므로 회귀방정식은 $\widehat{Y} = -1.447 + 0.015X$로 표현될 수 있다. 앞 장의 이론에 의한 계산식과 b_0(절편)이 차이 나는 이유는 소수점 반올림 처리 과정에서 발생하는 차이이며, 실제 결과는 동일하다.

계수[a]

모형	비표준화 계수		표준화 계수	t	유의확률	B에 대한 95.0% 신뢰구간	
	B	표준오차	베타			하한값	상한값
1 (상수)	- 1.447	.830		- 1.743	.119	- 3.361	.467
대학수학능력시험 점수	.015	.003	.893	5.624	.000	.009	.021

a. 종속변수: 학점

5. 추정의 표준오차

X_i를 알고 Y_i를 예측하는 회귀등식에서 예측된 $\widehat{Y}$는 실제의 Y_i와는 오차가 있기 마련이다. 이와 같이 예측치를 추정하는 데서 생기는 오차를 추정의 표준오차(standard error estimate)라 부르고 S_{yx}로 표시한다. 즉, 표본에서의 실제 관찰값이 회귀선으로부터 얼마나 흩어져 있는가를 나타내며, 이는 다음의 공식 (5)에 제시되어 있다.

$$S_{yx} = \frac{\sum(Y_i - \widehat{Y})^2}{n-k-1} = \frac{SS_E}{n-k-1} \quad \cdots\cdots (5)$$

또한 추정의 표준오차는 잔차의 표준오차를 의미하므로 회귀등식의 $\pm 1.0 \cdot S_{yx}$ 안에 관찰치의 68%가 존재하며, $\pm 2.0 \cdot S_{yx}$ 안에는 관찰치의 95% 정도가 존재한다고 볼 수 있다.

6. 결정계수

결정계수의 개념을 이해하기 위하여 우선 편차와 제곱합이라는 용어를 설명하고자 한다. 회귀분석에서는 종속변인의 실제 측정치인 Y_i와 평균 $\overline{Y}$의 차이를 총편차

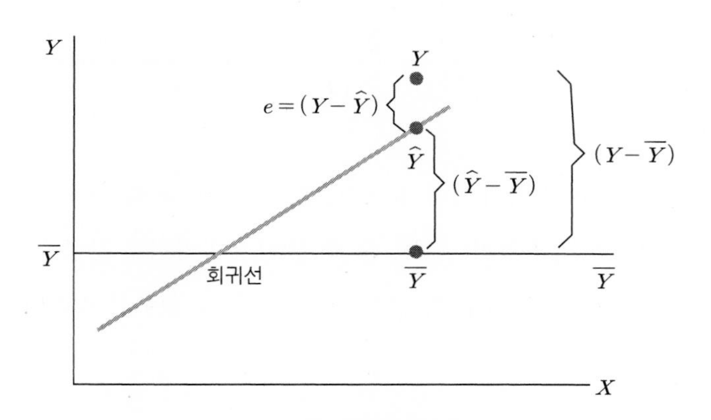

[그림 8-6] 세 편차 간의 관계

(total deviation)라 하고, 이를 두 가지의 편차, 즉 $(Y_i - \overline{Y}) = (\hat{Y} - \overline{Y}) + (Y_i - \hat{Y})$로 나타낸다. 총편차 중에서 $(\hat{Y} - \overline{Y})$는 회귀등식에 의하여 설명되는 편차(explained deviation)인 반면에, $(Y_i - \hat{Y})$는 잔차 e_i로서 회귀등식에서 설명되지 않는 편차(unexplained deviation)다. 이 세 편차 간의 관계를 [그림 8-6]으로 나타낼 수 있다.

'총편차=설명된 편차+설명되지 않는 편차'라는 관계를 기초로 하여 '총제곱합(SST)=회귀제곱합(SSR)+오차제곱합(SSE)'이라는 등식을 유도할 수 있으며 이를 공식으로 나타내면 다음 (6)과 같다.

$$\Sigma (Y_i - \overline{Y})^2 = \Sigma (\hat{Y} - \overline{Y})^2 + \Sigma (Y_i - \hat{Y})^2 \quad \cdots\cdots\cdots (6)$$

총제곱합(sum of squares total: SS_T)은 독립변인을 고려하지 않았을 때 종속변인의 흩어진 정도를 나타낸다. 그리고 회귀제곱합(sum of squares regression: SS_R)은 회귀등식에 의하여 설명되는 제곱합을 의미하며, 오차제곱합(sum of squares error: SS_E)은 회귀등식으로 설명되지 않는 제곱합으로 $\Sigma {e_i}^2$을 의미한다. 결정계수(coefficient of determination)는 총변화량에 대하여 설명된 변화량, 즉 회귀등식에 의하여 설명된 제곱합의 상대적 비율을 의미하며, R^2(squared multiple correlation)으로 나타낸다. 즉, 독립변인이 종속변인을 어느 정도 설명해 주는지를 나타내는 지수다. 이를 계산하는 공식은 다음 (7)과 같다.

$$R^2 = \frac{\text{설명된 변화량}}{\text{총변화량}} = \frac{SS_R}{SS_T} = \frac{\Sigma (Y_i - \overline{Y})^2}{\Sigma (Y_i - \overline{Y})^2} \quad \cdots\cdots\cdots (7)$$

결정계수의 값은 0에서 1사이에 있으며, 종속변인과 독립변인 사이에 높은 상관관계가 있을수록 1에 가까워진다. 즉, R^2의 값이 0에 가까운 값을 가지는 회귀모형은 유용성이 낮은 반면, R^2의 값이 클수록 회귀모형의 유용성이 높다.

연습문제

1. '평균으로의 회귀'에 대하여 설명하라.

2. $r = 0.60$일 때, 다음 자료로 회귀방정식을 만들라.

X: $\overline{X} = 59.2$, $S_x = 2.62$

Y: $\overline{Y} = 11.2$, $S_y = 1.10$

3. 어느 회사 신입사원들의 면접시험 점수(X)와 근무평정 점수(Y) 간에 0.50의 상관이 있을 때, 회귀방정식을 만들라.

$\overline{X} = 550$ $\overline{Y} = 2.85$

$S_x = 80$ $S_y = 1.10$

4. 3번 문제에서 '갑'과 '을'의 면접 점수가 600과 400이라고 할 때, 이 두 사람의 근무평정 점수를 예언하고 이러한 예언을 적절하게 하기 위한 기본가정을 설명하라.

5. 어떤 교육학자의 연구 결과, 어머니와 자녀의 지능지수 간의 상관은 약 0.60이라고 한다. 부모와 자녀의 지능지수 평균은 100이고 이 둘의 표준편차가 모두 15일 때, 다음 아동의 지능지수를 구하라.

(1) 지능지수가 130인 어머니의 아동

(2) 지능지수가 95인 어머니의 아동

6. 다음 자료를 이용하여 회귀방정식을 구하라.

X	Y
3	5
1	2
3	7
4	7
5	14
2	1

7. 6번 자료를 이용하여 산포도를 그린 후 회귀선을 표시하라.

8. 어떤 여자중학교 양호교사가 100m 달리기 속도(초)와 비만도(점)를 조사한 자료가 다음과 같다. 이 자료를 이용하여 X에 대한 회귀방정식을 구하라.

학생	달리기(X)	비만도(Y)
1	25	28
2	23	20
3	17	18
4	16	12
5	20	21
6	15	10
7	14	15
8	19	20
9	17	18
10	18	17

9. 8번과 같은 조사 결과, 100m를 15초에 달리는 학생의 비만도를 예측하라.

추리통계학

제9장 확률 및 이항분포

제10장 표집분포

제11장 가설검정

제12장 Z검정

제13장 t검정

제14장 χ^2검정

제15장 일원변량분석

제16장 이원변량분석

제17장 비모수검정

제9장
확률 및 이항분포

앞서 살펴본 기술통계는 주된 관심이 모집단의 자료를 다루는 것이었지만 지금부터 배울 추리통계는 모집단의 일부인 표본의 자료를 계산한 통계치를 기초로 하여 모집단의 모수치를 추정하는 것이다. 연구에서 가장 고민스러운 경우 중의 하나는 자료를 수집해야 하는 모집단이 너무 클 때다. 모집단이 너무 크면 그것을 이루고 있는 개개의 사례를 일일이 측정하기가 거의 불가능하다. 그래서 모집단 대신 표본으로 만족해야 하며, 특정 표본으로 얻은 정보를 통해 전체에 대한 값을 추정해야 한다. 통계조사에서 조사대상의 일부만을 관측하고도 조사대상 전체에 대한 결론을 이끌어 내는 데에 논리적 근거가 되는 개념이 확률(probability)이다. 그리고 확률은 통계적 검정, 즉 알지 못하는 모집단의 속성을 추리하기 위하여 모집단을 대표하는 표본을 추출하여 모집단의 속성을 판단하는 데 필수적 요소가 된다. 이 장에서는 확률의 개념, 계산 및 규칙, 순열과 조합 그리고 이항분포에 대해 알아보기로 한다.

1. 기본개념

일반적으로 확률이란 어떤 상황이 발생할 가능성으로 정의된다. 확률이론에서는 앞으로 일어날 상황을 사건 또는 사상(event)이라고 한다. 예를 들면, 동전을 던져 앞면이 나올 확률은 즉각적으로 1/2이 될 것이고, 주사위를 던져 5가 나올 확률은 1/6이다. 확률을 식으로 표현한다면 다음과 같다.

$$A\text{의 확률} = \frac{A\text{로 분류되는 결과의 수}}{\text{가능한 결과의 수}}$$

확률을 간단히 기호로 표시할 수 있다. 특정 결과의 확률은 대문자 P로 표시하며, 괄호 안에 특정 결과를 적는다. 예를 들면, 동전을 던져 앞면이 나올 확률은 P(앞면)이라고 한다.

또 확률은 비율이라고 정의할 수 있다. 그러므로 확률을 묻는 문제는 비율을 묻는 문제라고도 할 수 있다. '동전을 던져 앞면이 나올 확률은 얼마인가?'라는 확률 문제를 '동전을 던져 앞면이 나올 비율은 얼마인가?'라고 말할 수 있다. 각 경우의 답은 1/2이거나 둘 중에 하나다. 이와 같이 확률에서 비율로의 해석은 사소해 보일지도 모르지만 확률 문제가 좀 더 복잡해질 경우에 큰 도움이 된다.

어떤 사건 A가 일어날 확률을 $P(A)$라 하고 사건 A가 일어나지 않을 확률을 $P(\overline{A})$라 할 때, 확률은 다음과 같은 기본적인 특성이 있다. 여기에서 S는 표본공간을 의미한다.

확률의 공리

① $0 \le P(A) \le 1$

② $P(S) = 1$

③ $P(\overline{A}) + P(A) = 1$

공리 1은 어떤 사건이 발생할 확률이 0보다 작을 수도 없고 1보다 클 수도 없음을 말한다. 확률이 0이란 것은 발생 가능성이 전혀 없음을 뜻하며, 확률이 1이라는 것은 어떤 사건이 확실히 발생한다는 것을 의미한다.

공리 2는 표본공간이 생길 수 있는 모든 사건을 포함하므로 표본공간의 확률이 1임을 말한다.

공리 3은 어떤 사건 A가 일어나지 않을 확률 $P(\overline{A})$는 1에서 어떤 사건 A가 일어날 확률 $P(A)$를 뺀 것과 같다는 의미다. 이를 다시 표현하면 $P(\overline{A}) + P(A) = 1$로 나타낼 수 있다. 어떤 사건 A와 A가 아닌 사건을 합하면 결국은 표본공간 S가 되기 때문이다. 즉, $S= A+\overline{A}$가 된다. 이때 $\overline{A}$를 A의 여사건(complementary event)이라 한다.

2. 기본적인 확률법칙

1) 확률의 덧셈법칙

덧셈법칙은 가능한 두 가지 사건 중 한 가지가 일어날 확률에 관한 것이다. 확률의 덧셈법칙(addition law)은 집합이론에서 합집합의 계산에 대응하는 개념으로, 만일 사건 A와 B 두 가지 사건이 있다면 규칙은 다음과 같다.

$$P(A \cup B) = P(A) + P(B) - P(A \cap B)$$

그러나 사건 A와 사건 B가 서로 배타적인 사건(mutually exclusive events)일 때는 $P(A \cap B) = 0$이 되므로 다음과 같이 표현한다.

$$P(A \cup B) = P(A) + P(B)$$

2) 확률의 곱셈법칙

확률의 덧셈법칙은 집합이론에서 합집합의 개념에 대응하는 확률을 말하고, 확률의 곱셈법칙(multiplication law)은 집합이론에서 교집합의 개념에 대응하는 확률을 말한다. 곱셈법칙은 일련의 연속된 사건에 관한 확률이거나 두 사건의 동시 발생에 관한 것이다. 만일 A와 B 두 개가 가능한 결과라면, 그때 연속으로 발생하거나 동시에 발생하는 A와 B의 확률의 규칙은 다음과 같다.

$$P(A \cap B) = P(B) \cdot P(A \mid B) = P(A) \cdot P(B \mid A)$$

예를 들면, 어느 초등학교의 총 학생 수는 1,000명이다. 4학년은 200명이며, 여학생은 350명이다. 여학생 중에서 4학년인 학생이 있을 확률은 8/35이다. 그러면 어느 학생을 무작위로 선택했을 때, 그 학생이 4학년 여학생일 확률은 다음과 같이 알 수 있다.

$$P(4\text{학년} \cap \text{여학생}) = P(\text{여학생}) \cdot P(4\text{학년} \mid \text{여학생})$$
$$= \frac{350}{1,000} \times \frac{8}{35} = \frac{2,800}{35,000} = 0.08$$

3) 조건부 확률

앞에서 한 번의 실험에서 어떤 사건이 발생할 확률에 대하여 살펴보았다. 그러나 실제로는 두 단계 또는 그 이상의 실험단계를 고려하여 확률을 구해야 하는 경우가 많다. 그러므로 조건부 확률이란 어떤 사건이 일어난 또는 일어날 조건하에서, 즉 변화된 표본공간에서 어떤 사건이 일어날 확률을 말한다.

사건 B가 발생했다는 조건하에서 사건 A가 발생할 확률은 기호를 이용하여 나타내면 $P(A|B)$로 쓰고 '사건 B가 발생할 조건하에서 사건 A가 발생할 확률'이라고 읽으며, 계산식은 다음과 같다.

$$P(A \mid B) = \frac{P(A \cap B)}{P(B)}$$

또한 사건 A가 발생했다는 조건하에서 사건 B가 발생할 확률은 $P(B|A)$라 쓰고 '사건 A가 발생할 조건하에서 사건 B가 발생할 확률'이라고 읽으며, 계산식은 다음과 같다.

$$P(B \mid A) = \frac{P(A \cap B)}{P(A)}$$

예를 들어, 어느 초등학교의 전체 학생 1,000명 중에서 여학생은 350명이다. 200명은 4학년이며 이 중 여학생은 80명이다. 전체 학생을 S, 여학생을 B, 그리고 4학년 학생을 A라 하자. 그러면 이때 $A \cap B$는 여학생이며 4학년인 학생을 나타낸다. 이 예를 가지고 조건부 확률을 생각한다면, 여학생 중에서 4학년인 학생의 구성은 어떻게 되는가, 또는 4학년 중에 여학생의 구성은 어떻게 되는가와 같이 표본공간이 전체 학생 수가 되는 것이 아니라, 새로운 조건이 부여되어 여학생만 또는 4학년만이 새로운 표본공간이 되는 경우에 쓰이는 개념이다. 즉, S를 표본공간으로 보는 것이 아니라 뽑힌 학생이 4학년인 사건 A를 표본공간으로 간주하고, 이 중에서 $A \cap B$의 구성비율을 구하는 개념이다.

4학년인 학생 중에서 여학생일 확률은 P(여학생 | 4학년)로 표시하며, 이는 다음과 같이 계산한다.

$$P(\text{여학생} \mid \text{4학년}) = \frac{\text{여학생} \cap \text{4학년}}{\text{4학년}} = \frac{80}{200} = 0.40$$

또는 표본공간 S로 나누어서

$$\begin{aligned} P(\text{여학생} \mid \text{4학년}) &= \frac{\text{여학생} \cap \text{4학년}}{\text{4학년}} = \frac{\text{여학생} \cap \text{4학년}/S}{\text{4학년}/S} \\ &= \frac{P(\text{여학생} \cap \text{4학년})}{P(\text{4학년})} = \frac{P(\text{여학생} \cap \text{4학년})}{P(\text{4학년})} \\ &= \frac{80/1{,}000}{200/1{,}000} = 0.40 \text{이다.} \end{aligned}$$

4) 독립사건과 종속사건

(1) 독립사건과 종속사건

남녀 각각 10명씩 총 20명으로 구성된 어떤 모임에서 한 사람씩 차례로 성별을 조사하는 실험을 한다고 하자. 이때 처음에 조사한 결과가 남자였다면 다음에 또다시 남자가 뽑힐 확률은 첫 번째 경우와는 달라진다. 즉, 첫 번째 시행에서는 20명이 표본공간을 구성하였으나, 두 번째에는 첫 번째 시행의 결과에 의해 표본공간이 달라지기 때문이다. 이러한 확률이 조건부 확률임을 앞에서 설명하였다.

그러나 이와 달리 동전을 두 번 던지는 실험의 예를 들어 보자. 처음 던졌을 때 앞면이나 뒷면이 나올 가능성은 각각 1/2이다. 그런데 처음에 앞면이 나왔다고 해서 다음 번에 앞면이나 뒷면이 나올 확률이 달라지는 것은 아니다. 다시 말해서, 처음에 어떤 결과가 나왔느냐 하는 것이 다음 어떤 사건이 발생할 확률에 아무 영향을 주지 않는다. 이때 두 사건을 독립사건이라고 하며, 그와 반대로 조건부 확률처럼 한 사건의 발생이 다음에 발생할 사건에 영향을 주는 경우를 종속사건이라고 한다. 독립사건의 정의는 다음과 같다.

$$P(A \mid B) = P(A)$$
$$P(B \mid A) = P(B)$$

이 식의 의미는 A가 나올 확률은 B의 결과에 관계없이 언제나 같다는 것이다. 동전을 두 번 던질 때 첫 번째 시행에서 동전 앞면(H)이 나왔더라도 다음에 동전 뒷면(T)이 나올 확률은 첫 번째 시행의 결과에 관계없이 1/2이다.

$$P(T \mid H) = P(T) = \frac{1}{2}$$

주사위를 두 번 던지는 경우도 독립적인 시행이다. 첫 번째에 어떤 숫자가 나오더라도 그와 상관없이 두 번째에 특정한 숫자가 나올 확률은 1/6이기 때문이다.

종속사건과 독립사건의 곱셈법칙을 적어 보면 다음과 같다.

종속사건의 곱셈법칙

$$P(A \cap B) = P(A) \cdot P(B \mid A) = P(B) \cdot P(A \mid B)$$

독립사건의 곱셈법칙

$$P(A \cap B) = P(A) \cdot P(B)$$

단순히 두 번의 시행뿐만 아니라 그 이상의 시행에서도 각 사건이 독립적이라면 다음의 공식이 성립된다.

$$P(A \cap B \cap C \cap \cdots) = P(A) \cdot P(B) \cdot P(C) \cdots$$

(2) 배반사건

배반사건(mutually exclusive event)은 상호배반적인 사건으로 두 사건이 동시에 일어나지 않는 사건을 말한다. 말하자면, 사건 A와 사건 B가 공유하는 부분이 없다.

예를 들어, 여자이고 남자일 확률은 0이다. 남자일 확률과 여자일 확률은 도저히 교차할 수 없는 사건이기 때문이다.

다음 등식을 충족하면 배반사건이 된다.

$$P(A) \cap P(B) = 0$$

(3) 복원추출과 비복원추출

같은 실험이라고 해도 표본선택 후 복원하느냐 그렇지 않느냐에 따라 매번의 시행에서 나타나는 결과는 독립적인 사건이 될 수도 있고 종속적인 사건이 될 수도 있다. 표본을 뽑은 후 다시 복원하면 표본공간은 언제나 변화가 없으므로 이런 경우에 나타나는 결과는 서로 독립적이 될 것이다.

예를 들어 보자. 흰 공이 네 개, 붉은 공이 여섯 개 들어 있는 주머니에서 공을 한 개씩 두 번 꺼낼 때, 다음 각 경우에 대하여 두 번 모두 흰 공이 나오는 확률을 구하려고 한다.

① 처음 꺼낸 공을 다시 집어넣지 않는 경우(비복원추출)

② 처음 꺼낸 공을 다시 집어넣는 경우(복원추출)

처음 흰 공을 꺼내는 사건을 A, 두 번째 흰 공을 꺼내는 사건을 B라고 하자. 그런데 처음 꺼낸 공을 다시 집어넣지 않는 비복원추출의 경우에는 첫 번째 꺼낸 공이 흰 공인지 붉은 공인지가 두 번째 꺼낸 공이 흰 공일 확률에 영향을 준다. 이때 사건 B는 사건 A에 종속적이라고 할 수 있다. 그러나 꺼낸 공을 다시 집어넣는 복원추출의 경우에는 첫 번째 꺼낸 공이 흰 공이든 붉은 공이든 두 번째에 흰 공을 꺼낼 확률에 영향을 주지 않는다. 이때 사건 B는 사건 A와 독립적이다.

1 종속사건일 때의 곱셈법칙의 예

앞의 예에서 처음에 흰 공을 꺼낼 확률 $P(A) = \frac{4}{10}$다. 처음 꺼낸 공을 다시 집어넣지 않으므로 두 번째 공을 꺼낼 때는 주머니 속의 공의 개수가 아홉 개이고, 그중에

흰 공은 세 개 있으므로,

$$P(B \mid A) = \frac{3}{9}$$

$$\therefore P(A \cap B) = P(A) \cdot P(B \mid A) = \frac{4}{10} \times \frac{3}{9} = \frac{2}{15} \text{ 이다.}$$

② 독립사건일 때의 곱셈법칙의 예

처음에 꺼낸 공을 다시 넣으므로 두 번째에 꺼낼 때도 주머니 속의 공의 개수는 열 개이고, 그중 흰 공은 네 개이므로,

$$P(B) = P(B \mid A) = \frac{4}{10}$$

$$\therefore P(A \cap B) = P(A) \cdot P(B) = \frac{4}{10} \times \frac{4}{10} = \frac{4}{25} \text{ 이다.}$$

3. 순 열

순열(permutation)이란 몇 개의 물건을 한 줄로 나열할 때 가능한 모든 나열 방법을 말한다. 예컨대 색깔이 다른 다섯 권의 책 A, B, C, D, E가 있다면, 이들을 한 줄로 늘어놓는 방법은 처음에 다섯 가지 책 중에서 하나를 뽑고, 다음으로 남은 네 개에서 하나, 그다음으로 세 개에서 하나 등의 순으로 뽑아서 늘어놓게 되므로 5×4×3×2×1 = 120가지가 된다. 일반적으로 n개의 순열은 n(n−1)(n−2)⋯(3)(2)(1)이 되고, 이를 ${}_nP_n$ 또는 $n!$(n의 factorial)로 적는다. A, B, C 세 권 중에서 두 권을 뽑는 순열을 생각해 보면 이때는 처음의 세 권, 그리고 두 번째 두 권에서 뽑게 되므로 AB, AC, BA, BC, CA, CB의 여섯 가지 방법이 있게 된다. 일반적으로 n개 중에서 r개를 뽑는 방법의 수는 다음과 같다.

$${}_nP_r = \frac{n!}{(n-r)!}$$

따라서 세 권에서 두 권을 뽑아 나열하는 방법에는 $\frac{3!}{(3-2)!} = \frac{3 \times 2 \times 1}{1} = 6$가지

방법이 있고, 책 다섯 권 중에서 세 권을 뽑아 나열하는 방법은 $\frac{5!}{(5-3)!} = 60$가지가 있다.

순열을 위한 기본법칙은 다음과 같다.

1. $_nP_r = \frac{n!}{(n-r)!}$
2. $0! = 1$
3. $_nP_n = n!$
4. $_nP_0 = 1$

4. 조 합

지금까지의 경우는 ABC, ACB, CAB 등과 같은 순서도 서로 다른 것으로 보듯이 순서를 중요하게 생각하는 방법이었다. 그러나 물건을 취하는 방법만 문제가 되고 순서는 문제가 되지 않는 경우도 있다. 일반적으로 n개의 물건 중에서 순서에 관계없이 r개를 취하는 경우의 수를 상이한 n개의 물건 중에서 r개를 취한 조합(combination)이라 한다. 그리고 $_nC_r$ 또는 $\binom{n}{r}$이라 적으며 다음과 같이 계산한다.

$$_nC_r = \frac{_nP_r}{r!} = \frac{n!}{(n-r)!\,r!}$$

예컨대 A, B, C, D, E의 카드 다섯 개 중에서 세 개를 뽑아내는 방법에는 $\frac{5!}{(5-3)!\,3!} = 10$가지가 있다. 따라서 이 중 A, B, C라는 카드 세 개가 뽑힐 확률은 1/10이다.

조합의 기본법칙은 다음과 같다.

1. $_nC_r = \frac{n!}{(n-r)!\,r!}$
2. $_nC_r = {_nC_{n-r}}$
3. $_nC_0 = 1$

5. 이항분포

1) 베르누이 시행

어떤 실험을 하거나 표본을 뽑을 때, 그 실험의 결과 또는 표본을 뽑은 결과가 상호 배타적인 두 가지 사건만으로 나타나는 경우가 있다. 예를 들어, 동전을 한 번 던지는 실험에서의 결과는 앞면 아니면 뒷면의 두 가지뿐이다. 또 우리나라의 국민 중에서 한 사람을 무작위로 뽑아서 그 사람이 여자냐 남자냐를 관찰하는 실험에서 기대할 수 있는 결과는 여자 또는 남자의 두 가지 경우뿐이다.

실험이나 관찰에서 단순히 두 가지 결과만을 기대할 수 있는 것은 아니지만 두 가지 결과로 구분하여 볼 수 있는 경우는 얼마든지 있다. 예를 들면, 주사위를 한 번 던졌을 때 기대할 수 있는 결과는 여섯 가지다. 그러나 주사위를 던졌을 때 그 결과를 1이 나오는 경우와 그렇지 않은 경우의 두 가지로 구별하여 보면, 그 실험결과는 두 가지 중 어느 하나에 반드시 해당할 것이다. 즉, 주사위를 던졌을 때 1이 나온 경우를 성공(S)이라고 하고 나머지가 나온 경우를 실패(F)로 간주한다면, 주사위를 던지는 실험의 결과는 S 또는 F의 두 가지 사건으로 구분된다.

다른 예를 들어 보자. 우리나라 여자가 빨간 코트를 주로 입는지를 알아보기 위해 여자의 코트 색깔을 조사한다고 하자. 이때 여자의 옷 색깔이 빨간색일 경우를 성공, 그렇지 않을 경우를 실패로 본다면, 한 여자를 표본으로 선택했을 때 그 여자의 코트색에 대하여는 두 가지 결과만을 기대할 수 있다. 이러한 시행을 베르누이 시행(Bernoulli trial)이라고 하며, 이항분포의 기초가 된다. 베르누이 시행은 다음의 세 가지 조건을 만족시킨다.

■ 베르누이 시행의 조건

① 각 시행의 결과는 상호 배타적인 두 사건으로 구분된다. 즉, 한 사건은 '성공(S)', 다른 사건은 '실패(F)'로 나타낸다.
② 각 시행에서 성공의 결과가 나타날 확률은 $p=P(S)$로 나타내며, 실패가 나타날 확률은 $q=P(F)=1-p$로 나타낸다. 그러므로 각 시행에서 성공이 나타날 확률과 실패가 나타날 확률의 합은 $p+q=1$이 된다.
③ 각 시행은 서로 독립적이다. 한 시행의 결과는 다음 시행의 결과에 아무런 영향을 주지 않는다.

예를 들어, 동전을 던지는 경우를 생각해 보자. 매번 시행에서 앞면(H) 또는 뒷면(T)이 나타나는 배타적인 결과를 기대할 수 있으며, 앞면 발생을 성공이라고 한다면 뒷면 발생을 실패로 볼 수 있다. 동전 던지기의 경우 성공 확률은 1/2이고 실패 확률은 1−1/2=1/2이며, 두 확률의 합은 1이다. 또한 지금의 시행에서 어떤 결과가 나오든지 다음 시행에 아무런 영향을 주지 못하기 때문에 다음 시행에서도 성공 확률은 여전히 1/2이다.

주사위를 던지는 예에서도 마찬가지다. 주사위 숫자 1이 나타날 경우를 성공이라고 하고 그 나머지를 실패라고 정의하면, 성공 확률은 1/6이고 실패 확률은 1−1/6=5/6이며, 앞의 시행에서 얻은 결과는 다음 시행에 아무런 영향을 미치지 않는다.

2) 이항확률변인과 이항확률분포

베르누이 시행 한 번으로 성공 확률 또는 실패 확률을 알고 싶어 하기보다는 여러 번 베르누이 시행을 할 때 특정 횟수의 성공 확률을 알고 싶어 하는 경우가 많다. 이와 같은 실험을 이항실험이라 한다. 예를 들어, 동전을 열 번 던지는 경우 두 번 성공(앞면)할 확률이라든지, 열 번 다 성공할 확률 등이 관심의 대상이 된다. 성공 횟수 또는 실패 횟수를 이항확률변인(binomial random variable)이라고 하며 보통 X로 표시한다. 이항확률변인의 분포는 특정한 확률분포를 갖게 되는데, 이러한 분포를 이항확률분포(binomial probability distribution)라고 하며 간단히 이항분포(binomial distribution)라고도 한다. 두 개의 항인 p와 q의 합의 형식으로 된 $(p+q)$를 이항(binomial)이라 하며 자승, 삼승 등과 같이 하여 얼마든지 확대해 나갈 수 있다. p는 성공 확률이고, q는 1에서 성공 확률을 뺀 실패 확률이다. 예컨대, 동전을 던져서 앞면이 나올 확률을 p라고 한다면 q는 앞면이 나오지 않을 확률, 즉 뒷면이 나올 확률을 말한다.

간단한 이항분포의 예로 베르누이 시행인 동전 던지기를 세 번 한다고 하자. 세 번의 시행에서 앞면이 나올 경우의 수를 이항확률변인으로 하여, 각각의 확률변인에 대응하는 확률을 계산하면 이항분포를 구할 수 있다. 우선 세 번의 시행에서 발생 가능한 모든 경우를 적어 보면 다음의 〈표 9−1〉과 같다.

〈표 9-1〉 동전을 세 번 던질 때 가능한 결과

가능한 결과	첫 번째 시행	두 번째 시행	세 번째 시행	앞면이 나온 횟수 (X_i)
1	H	H	H	3
2	H	H	T	2
3	H	T	H	2
4	H	T	T	1
5	T	H	H	2
6	T	H	T	1
7	T	T	H	1
8	T	T	T	0

동전을 세 번 던졌을 때 나타날 수 있는 모든 경우의 수는 여덟 가지이며, 이 중에서 한 가지 경우가 나타날 가능성은 1/8이다.

〈표 9-2〉 동전을 세 번 던질 때의 이항확률분포

앞면이 나온 횟수(X_i)	$P(X_i)$
0	1/8
1	3/8
2	3/8
3	1/8

〈표 9-2〉는 동전을 세 번 던지는 실험의 이항확률분포를 적어 놓은 것이다. 동전을 다섯 번 또는 여섯 번 던진다든가 주사위를 가지고 시행할 경우 확률분포는 더욱 복잡해진다. 즉, 시행 횟수 n 또는 성공 확률 p에 따라서 확률분포의 모양이 달라진다.

3) 이항분포의 확률계산

이항분포의 모양을 알기 위해서 동전 던지기의 예를 들어 설명하였다. 그러나 시행 횟수 n이 커지면 가능한 모든 경우를 조사하여 확률을 계산하고 분포의 모양을 알아내는 일은 매우 복잡해진다.

이항실험의 결과인 이항분포는 사전적(事前的)이며 선험적인 분포다. 즉, 수십 차례, 수백 차례에 걸친 베르누이 시행을 실제로 해 보지 않더라도 시행 횟수 n과 성공 확률 p값만 알고 있으면 그 분포의 모양과 확률변인의 확률을 알 수 있다. 이항분포에서 확률변인의 값에 대응하는 확률의 계산은 확률함수를 이용해서 할 수도 있고, 미리 만들어져 있는 이항확률표를 이용해서 구할 수도 있다. 이 두 방법을 살펴보자.

(1) 이항확률함수의 이용

확률변인 X에 해당하는 확률을 구하는 이항확률함수의 식을 적어 보면 다음과 같다.

$$P(X=x) = {}_nC_x\, p^x\, (1-p)^{n-x}$$

x: 성공 횟수
n: 시행 횟수
p: 성공 확률
$1-p=q$: 실패 확률

이항확률함수의 각 항에 시행 횟수 n과 성공 확률 p의 값을 대입하면 이항확률변인 X의 특정한 값에 대응하는 확률을 구할 수 있다.

예를 들어, 주사위를 10번 던졌을 때 3이 두 번 나올 확률은 얼마인가를 알려고 한다. 주사위를 한 번 던질 때 3이 나올 확률은 1/6이며, 3이 아닌 숫자가 나올 확률은 5/6다. 그러므로 $p=1/6$, $q=5/6$, $n=10$이며, 3이 나오는 횟수를 X라 하면 3이 두 번 나올 확률, 즉 $P(X=2)$는 다음과 같이 계산한다.

$$P(X=2) = {}_{10}C_2\, p^2\, q^{10-2} = \frac{10!}{8!2!}\left(\frac{1}{6}\right)^2\left(\frac{5}{6}\right)^8 = 0.29$$

(2) 이항확률표의 이용

이항확률함수를 이용하더라도 n이 커지고 p값에 소수점 이하의 숫자가 많아지면 계산이 복잡해진다. 이때에는 이미 계산되어 있는 표를 이용하면 편리하다. 이 표를 이항분포표라고 하며, [부록]의 〈수표 4〉에 제시하였다. 앞에서 설명한 바와 같이 이항분포는 n과 p에 따라 그 모양이 달라지므로 표를 찾을 때에는 반드시 n과 p값을 알고 그에 해당하는 확률치를 찾아야 한다.

이항분포표에서 p는 성공 확률을 나타내며, n은 시행 횟수, x는 성공 횟수를 나타낸다. 예를 들어, 동전을 세 번 던져서 앞면이 두 번 나올 확률은 $n=3$, $p=0.5$, $x=2$이므로 이항분포표에서 0.3750이라는 것을 알 수 있다.

이항분포표에서 보는 바와 같이 성공 확률 p는 0.50 이하만 다루고 있다. 만일 성공 확률 p가 0.9가 되면 이 표는 사용할 수 없는가? 그렇지 않다. 앞에서 이미 밝혔듯이 p는 성공과 실패 사건 중 어느 것이든 임의로 정할 수 있기 때문이다.

예를 들어서, 어느 상품이 불량품일 가능성이 0.9라고 하자. 다섯 개를 고르고 '이 중에서 불량품이 세 개일 확률은 얼마인가?'라는 질문의 답을 구하면 $p=0.9$이므로 이 계산식은 다음과 같다.

$$P(X=3) = {}_5C_3(0.9)^3\ (0.1)^2$$

그러나 위의 계산식 그대로는 이항분포표를 이용할 수 없으므로 다음과 같이 변형한다. 어느 상품이 불량품이 아닐 확률을 p라 하면 $p=0.1$이 된다. 이때 다섯 개를 골라서 이 중에서 불량품이 아닌 것이 두 개일 확률을 구하면 결국은 원래의 문제와 같아지는데, 이를 식으로 표현하면 성공 확률 $p=0.1$이고 $q=0.9$, $x=2$이므로 다음과 같아진다.

$$P(X=2) = {}_5C_2\ (0.1)^2(0.9)^3$$

그런데 ${}_5C_2 = {}_5C_3$ 이므로 두 식은 결과적으로 동일한 식이 되며 그 결과도 0.0729로 일치한다. 따라서 p가 0.5 이상인 경우에는 문제를 변환시킨 후에 이항분포표를 이용하면 된다.

4) 이항분포표의 형태

이항분포는 n과 p값에 따라 분포 모양이 달라진다. n과 p가 서로 다른 두 확률분포의 모양을 나타내면 다음과 같다.

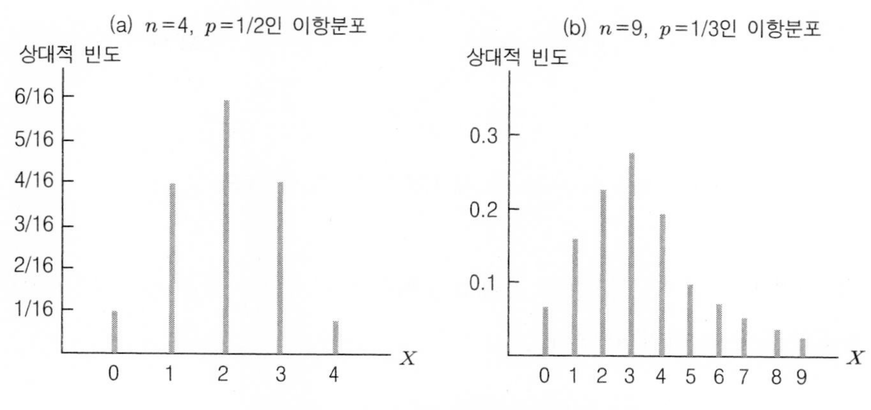

[그림 9-1] n과 p가 다른 이항분포의 모양

[그림 9-1]을 보면, 먼저 n의 크기에 따라 분포 범위가 결정되며, p의 크기에 따라 분포의 대칭 정도가 결정된다. $p=1/2$인 그림 (a)는 대칭분포를 이루지만 $p=1/3$인 그림 (b)는 오른쪽 꼬리분포를 가진 비대칭분포를 이룬다.

[그림 9-2]는 n이 일정하고 p가 서로 다를 때 이항분포의 모양이 어떻게 달라지는가를 비교한 것이고, [그림 9-3]은 p가 일정하고 n이 달라질 때의 이항분포의 모양을 비교한 것이다.

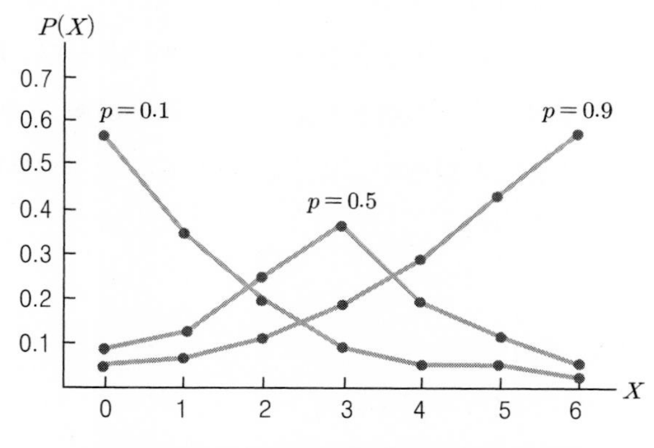

[그림 9-2] $n=6$일 때 서로 다른 p의 이항분포

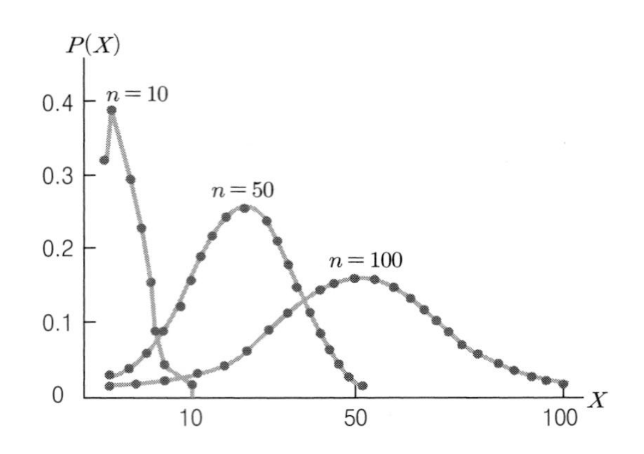

[그림 9-3] $p=0.1$일 때 서로 다른 n의 이항분포

[그림 9-2]와 [그림 9-3]을 보면, n과 p에 따라 달라지는 이항분포의 모양에 대해 다음과 같은 결론을 내릴 수 있다.

① 이항실험 횟수 n이 적더라도,
$p=0.5$일 때에는 확률분포는 언제나 대칭을 이룬다.
② $p=0.5$가 아니더라도,
이항실험 횟수 n이 늘어나면 확률분포는 대칭에 가까워진다.

5) 이항분포의 기대치와 변량

앞서 설명한 확률분포의 기대치와 변량의 식에 이항분포의 확률변인과 확률치를 대입해서 이항분포의 기대치와 변량을 구할 수 있다. 그러나 시행 횟수가 많은 이항분포에서는 일일이 계산하는 것이 불편하므로 공식을 이용하여 기대치와 변량을 구한다. 이항분포의 확률분포는 시행횟수 n과 p값에 의하여 결정되는데, 기대치와 변량을 구하는 공식은 다음과 같다.

기대치: $\mu = E(X) = np$

분산: $\sigma^2 = Var(X) = np(1-p) = npq$

표준편차: $\sigma = \sqrt{np(1-p)} = \sqrt{npq}$

이항분포에서 기대치와 변량을 구하는 또 다른 공식은 다음과 같다.

$$\mu = E(X) = \Sigma X_i \cdot P(X_i)$$

$$\sigma^2 = \Sigma (X_i - \mu)^2 \cdot P(X_i)$$

예를 들어, 동전을 두 번 던질 때의 확률분포는 다음의 〈표 9-3〉과 같으므로 이의 기대치와 변량을 계산하면 각각 1과 1/2이 된다. 기대치가 1이라는 것은 동전을 두 번 던질 때 평균적으로 앞면이 나온다는 것을 의미한다.

〈표 9-3〉 동전을 두 번 던질 때의 확률분포

X_i	$P(X_i)$	$X_i \cdot P(X_i)$	$X_i - \mu$	$(X_i - \mu)^2$	$P(X_i) \cdot (X_i - \mu)^2$
0	1/4	0	0−1=−1	1	1/4
1	2/4	2/4	1−1=0	0	0
2	1/4	2/4	2−1=1	1	1/4

$$\mu = E(X) = \Sigma X_i \cdot P(X_i) = 0 \times \frac{1}{4} + 1 \times \frac{2}{4} + 2 \times \frac{1}{4} = 1$$

$$\sigma^2 = \Sigma (X_i - \mu)^2 \cdot P(X_i) = \frac{1}{4} + 0 + \frac{1}{4} = \frac{1}{2}$$

공식에 의해 기대치는 1, 변량은 1/2이 나온다.

이항분포에서 기억할 점이 두 가지 있다. 하나는 이항분포를 확대시켰을 때의 이항계수는 그 항이 일어날 수 있는 가짓수를 말한다는 것이다. 또 다른 하나는 이항분포를 확장시켜 감에 따라 확률의 분포는 정규분포에 가까워진다는 것이다. 만일 n을 무한대로 한다면 경험적 상대빈도는 이론적인 상대빈도에 접근해 가며, 그리하여 정규분포의 원리가 적용될 수 있다.

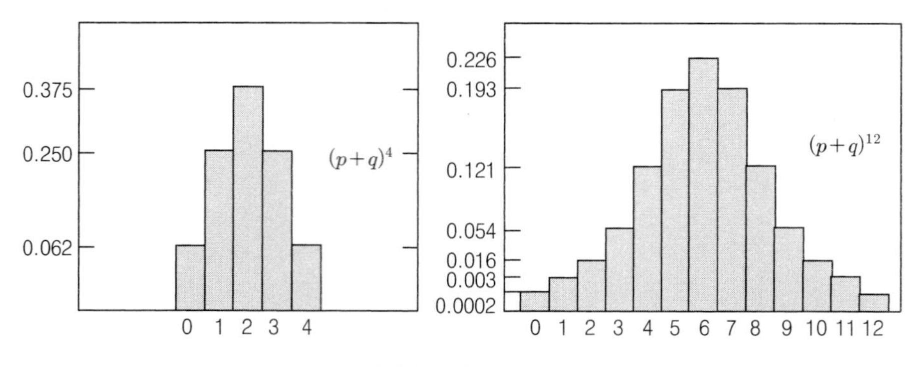

[그림 9-4] 이항분포의 확장에 따른 분포의 정규화

그러나 정규분포는 연속적인 것인 데 비하여 이항분포는 비연속적 변인이기 때문에 표집분포의 X대 위의 점은 여전히 비연속적인 함수의 것에 지나지 않는다. 이러한 결과로 비연속적인 이항분포에서 비율이나 확률을 알기 위하여 정규분포의 원리를 이용할 때는 연속성을 가지도록 비연속성을 교정할 필요성이 생긴다. 이것을 연속성을 위한 교정(correction continuity)이라 한다. 연속성의 교정을 하면 횡좌표(abscissa)를 연속함수로 취급할 수 있다.

예를 들어, 만일 동전의 앞면이 나올 수 있는 수가 10이라 한다면 이것을 연속적인 것으로 보기 위해서는 정확한계(exact limits)의 상하 간격을 9.5~10.5로 생각한다는 것이다. 예컨대 동전의 앞면이 열 번이나 그 이상 나오는 비율 또는 확률을 따지려면, 계산 공식에 10을 대입할 것이 아니고 9.5를 대입해야 한다. 그리고 단순히 열 번 나오는 확률은 9.5~10.5를 각기 대입하여 구한다.

연습문제

1. 다음의 확률에 관한 용어를 간단히 설명하라.

① 배반사건

② 조건부 확률

③ 덧셈법칙

④ 곱셈법칙

⑤ 조합

2. 다음의 확률을 계산하라.

① 한 개의 주사위를 2회 던졌을 때 1이 계속해서 나올 확률

② 한 개의 주사위를 3회 던졌을 때 1이 한 번만 나올 확률

③ 두 개의 주사위를 동시에 던졌을 때 나온 숫자의 합이 6 이하가 될 확률

3. 부산에 살고 있는 성인 남녀의 집합을 표본공간 S라 하자. 이 중에서 한 사람을 선발할 때 다음 표를 이용하여 $p(M \mid E)$를 구하라.

M: 남자가 선택되는 사건

E: 상업에 종사하는 사건

구분	상업 종사자(E)	상업 외 종사자($\overline{E}$)
남(M)	260	40
여(F)	100	120

4. 10명의 학생이 있는데 이 중 5명을 표집하여 운동부를 구성하려고 한다. 구성할 수 있는 방법의 수는 몇 가지인지 구하라.

5. 어느 대학 3학년에 다니는 한 학생이 교육평가 과목에서 합격 점수를 받을 확률은 2/3이고, 교육과정과 교육평가 두 과목에서 모두 합격 점수를 받을 확률은 1/2이다. 만일 그가 교육평가 과목에 합격했음을 알고 있다면, 교육과정 과목에서 합격 점수를 받을 확률은 얼마인지 구하라. 단, 두 과목의 합격 가능성은 서로 독립적이라고 가정한다.

6. A공장 제품은 70%만이 우량품이고, 30%는 불량품이라고 한다. 검사원이 임의로 100개를 선택했을 때 몇 개가 우량품일까? 기대치와 변량을 구하라.

7. 12명으로 구성된 동창회 모임에서 결혼한 사람이 5명이라고 한다. 결혼한 사람의 수를 확률변인 X로 하고 한 명씩 세 번 복원추출했다고 한다.

① X의 확률분포표를 작성하라.

② $E(X)$와 $Var(X)$를 구하라.

제10장 표집분포

연구의 실행에서 가장 중요한 사항 중 하나가 연구대상을 선정하고 그 대상을 표집하는 일이다. 추리통계에서는 사례 수가 아주 많은 모집단 전체를 분석하는 것은 거의 불가능하거나 실용적이지 못하기 때문에 추출이 가능한 표본의 사례만을 사용하게 된다.

이렇게 연구자가 어떤 연구를 수행하는 경우에 여러 이유로 연구의 전체 사례를 다루지 못하고 그 일부만을 뽑아서 연구하게 되는데, 연구의 전체대상을 모집단(population)이라고 하며, 실제 연구 대상으로 뽑힌 일부를 표본(sample)이라 부른다. 예를 들어, 우리나라 초등학교 5학년 학생의 몸무게 평균을 조사할 때 현실적으로 모든 학생의 몸무게를 조사할 수는 없다. 이런 경우에는 5학년 학생을 대표할 수 있는 표본을 추출하여 그 표본을 대상으로 우리나라 초등학교 5학년 학생의 몸무게 평균을 추정하는 것이 바람직하다.

이 장에서는 모집단과 표본의 관계, 그리고 표집오차와 표준오차, 중심극한정리, 표본의 크기에 대해서 알아본다.

1. 기본개념

1) 모집단 분포

모집단은 연구대상이 되는 사람 혹은 사물의 전체 집합을 말한다. 예를 들어, 우리나라 고등학교 3학년 학생의 수학능력을 연구한다면 모집단은 우리나라 고등학교 3학년 모두가 된다. 우리나라에 있는 고등학교 3학년에 재학 중인 학생들의 수학능력시험 점수를 그래프로 그린다면 평균 점수를 중심으로 좌우대칭으로 흩어져 있는 정규분포가 나타날 것이다. 또한 성인의 키와 체중 등 모집단 전체를 측정하여 그래프를 그려도 평균 μ를 중심으로 표준편차인 σ만큼 흩어진 정규분포가 나타날 것이다. 이와 같이 모집단의 속성은 평균이 μ이고 표준편차가 σ인 모수치로 대표되며 일반적으로 정규분포를 나타낸다. 그러나 많은 경우에 모집단의 방대함과 역동성 때문에 모수치를 알기란 쉽지 않다.

모집단 분포란 연구대상이 되는 전체의 속성을 나타내는 분포로 모수치인 μ와 σ에 의해 그려지며 다음 [그림 10-1]과 같다.

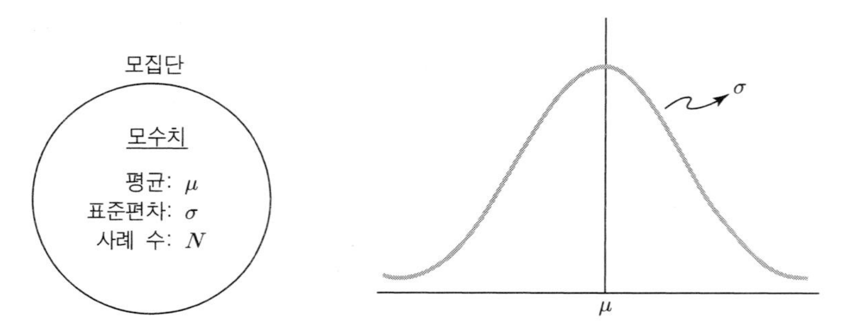

[그림 10-1] 모집단의 속성과 모집단 분포

2) 표집분포

모집단에서 표본을 뽑아 그 표본을 분석할 때, 뽑은 표본이 과연 집단을 대표할 수 있는가 하는 의문이 생긴다. 모집단의 특성을 추정하기 위해 표본을 대신 분석한다는 것은 표본이 포함하고 있는 오차를 추정해 낼 수 있다는 것을 의미한다. 만일 표본이 갖고 있는 오차를 추정할 수 없다면 표본은 소용없는 것이 된다. 표집분포는 뽑은 표본이 포함하고 있는 오차의 정도를 추정할 수 있게 해 준다.

한 모집단에서 n개의 크기를 가진 선택 가능한 표본을 모두 뽑는다고 가정한 다음 그 표본의 통계치의 분포를 분석해 봄으로써 표본이 그 분포에서 어떤 위치에 있는지, 더 나아가서는 모집단의 분포 및 특성은 어떠한지를 추론할 수 있다. 똑같은 크기의 표본을 여러 번 추출했을 때 각 표본의 특성치가 어떤 분포를 이루는가를 보여 주는 것을 표집분포라 한다.

표집분포(sampling distribution)란 어떤 모집단에서 일정한 크기의 사례 수로 표본을 뽑을 때 각각의 표본에서 나온 통계치(평균, 표준편차, 변량 등)의 확률적 분포를 의미한다. 다시 말해서, 어떤 모집단의 평균을 알려고 하는 경우에 일정한 크기의 표본을 무한적으로 추출해서 각각의 평균을 구하여 얻은 분포는 곧 무한표본에서 얻은 평균의 표집분포다. 그리고 무한표본에 대한 전체 평균은 바로 모집단의 평균이자 표집분포의 중심이 된다.

모집단의 모수치와 표본의 통계치로 구분하여 사용하는 것이 편리하다. 평균의 경우에는 모집단은 μ, 표본은 $\overline{X}$ 로 표기한다. 표준편차의 경우는 모집단은 σ, 표본은 S 또는 s, 그리고 사례 수는 모집단은 N, 표본은 n으로 표기한다.

2. 표집오차

대부분의 연구자가 모집단에 관한 질문의 답을 얻기 위해 표본에서 나온 제한된 자료에 의존한다. 예를 들면, 한 연구자가 열린수업 방식이 기존의 수업 방식보다 학습자에게 더 좋은 수업 방식이 되는가에 흥미를 갖고 있다고 하자. 이 연구자는 처치(열린수업)가 모집단에 어떤 영향을 미치는지, 혹은 전혀 미치지 않는지를 알고 싶어 한다. '만일 모집단의 모든 학습자가 열린수업 방식으로 수업을 하였다면 기존의 수업 방식으로 수업을 한 학습자와는 어떤 차이가 나는가?'에 대한 해답을 얻기 위해 연구자는 다음과 같은 실험을 할 수 있다. 첫째, 학습자를 무선적으로 두 집단으로 나누어, 한 표본집단의 학습자에게는 열린수업을 실시하고 다른 표본집단의 학습자에게는 기존의 수업 방식으로 수업을 실시하였다. 6개월 후, 모든 학습자를 대상으로 인

지적 또는 정의적 영역과 관련된 검사를 실시하여 그 결과를 측정하였다.

앞의 예에서 연구자는 두 모집단에 관한 정확한 정보를 제공하기 위해 두 집단의 표본에 의거하여야 한다. 그러기 위해서는 각각의 표본이 모집단의 매우 전형적인 보기를 제공한다고 가정하는 것이 합리적이라고 할 수 있다. 결국 표본은 모집단에서 무선적으로 선별되므로 전형적인 집단이라 할 수 있다. 그러나 각 표본에 있는 학습자는 단지 모집단의 작은 일부분일 뿐이다. 연구자가 얻은 자료는 각 표본에서 추출된 개개의 학습자에 의한 것이다.

표집분포의 속성으로 평균은 평균의 평균인 $\overline{X}_{\overline{X}}$가 되고 표준편차는 평균의 표준편차인 $\sigma_{\overline{X}}$가 된다. 그리고 표집이 완벽하였다면 표본의 평균은 표집분포의 평균과 일치할 것이다. 그러나 완벽한 표집은 실제로 불가능하므로 첫 번째 표집부터 K번째 표집까지 얻은 평균과 표집분포에서 평균 간의 오차가 e_1, e_2, $e_3, \cdots$, e_k로 발생한다. 이것은 대체로 표본이 자신의 모집단과 동일하지 않기 때문이며, 표본으로 계산한 통계치는 모집단에 상응하는 모수치와 다를 것이기 때문이다. 이것을 표집오차(sampling error)라 한다.

표집오차는 표본 평균과 모집단 평균의 차이를 말하며 이를 공식으로 쓰면 다음 (1)과 같다.

$$e_k = \overline{X_k} - \mu \quad \cdots\cdots (1)$$

구체적으로 예를 들어, 평균이 μ인 모집단에서 일정한 사례 수를 계속 표집하여 $\overline{X_1}$, $\overline{X_2}, \cdots\cdots, \overline{X_k}$의 평균을 얻었다면 μ와 얻어진 평균 간의 차이인 e를 평균의 표집오차라고 하며, 다음과 같이 나타낼 수 있다.

$$\begin{aligned} \overline{X_1} - \mu &= e_1 \\ \overline{X_2} - \mu &= e_2 \\ \overline{X_3} - \mu &= e_3 \\ &\vdots \\ \overline{X_k} - \mu &= e_k \end{aligned}$$

3. 표준오차

표준오차(standard error)를 알기 위해서는 표집분포와 표준편차의 정의를 먼저 알아야 한다. 표집분포는 어떤 모집단에서 모두 일정한 크기의 사례 수로 뽑은 각각의 표집에서 나온 통계치(평균, 표준편차, 변량 등)의 확률적 분포를 의미한다고 이미 설명하였다. 즉, 모집단에서 일정 크기의 표본을 무한 개 추출하여 그 표본의 통계치로 만든 분포다. 그리고 표준편차(standard deviation)는 한 분포를 구성하는 모든 사례 수의 원점수에서 그 분포의 평균점수를 빼서 나온 편차점수를 제곱하여 모두 더한 값을 그 분포의 사례 수나 자유도로 나눈 후 제곱근을 구한 값을 말한다. 즉, 변량의 제곱근이다. 이 표준편차의 값이 작을수록 그 분포는 동질적이라고 할 수 있다.

표집분포의 표준편차는 곧 표집오차들의 표준편차와 같다. 표준편차에서 일정한 값을 더하거나 빼더라도 그 값은 변화하지 않기 때문이다. 따라서 평균의 표준편차는 표집오차의 표준편차와 같기 때문에 평균의 표집분포의 표준편차를 평균의 표준오차(Standard Error of Mean: SEM)라 부른다.

공식으로 살펴보면, 표집분포의 표준편차는 통계치 평균의 표준편차이므로 이론적으로 다음 (2)에 의해 계산될 수 있다.

$$\sigma_{\overline{x}} = \sqrt{\frac{\sum_{k=1}^{k}(X_k - \mu_X)^2}{K}} \quad \cdots\cdots (2)$$

그리고 표집오차의 표준편차 공식도 다음 (3)과 같이 구할 수 있다.

$$\sigma_e = \sqrt{\frac{\sum_{k=1}^{k}(e_k - \overline{e})^2}{K}} = \sqrt{\frac{\sum_{k=1}^{k}(X_k - \mu_X)^2}{K}} \quad \cdots\cdots (3)$$

그러므로 표집분포의 표준편차는 표집오차의 표준편차라 할 수 있다.

추리통계에서 중요한 역할을 하는 표준오차(standard error)는 통계치의 표집분포에서 그 값의 표준편차를 계산하여 얻게 되며, 표집에서 얻은 어떤 통계치를 신뢰할 수 있는 정도를 뜻한다. 표집에서 얻을 수 있는 통계치에 대한 각각의 표집분포가 있을 수 있고, 이런 표집분포에서 계산한 표준편차는 해당 통계치의 표준오차가 된다. 추리통계에서는 평균의 표집분포의 표준편차인 평균의 표준오차가 가장 흔하게 사용된다.

평균의 표준오차는 사례 수의 크기에 따라 결정되며, 다음의 공식 (4)에서 알 수 있듯이 사례 수가 증가할수록 값이 감소한다. 모집단의 표준편차 σ를 아는 경우, 평균의 표준오차는 모집단의 표준편차를 표집 크기의 제곱근으로 나눈 것과 같다. 이를 계산식으로 나타내면 다음 (4)와 같다.

$$\sigma_{\overline{X}} = \frac{\sigma}{\sqrt{N}} \quad \cdots\cdots (4)$$

그러나 실제로 모집단의 표준편차를 아는 경우는 거의 없기 때문에 표본의 표준편차 S로서 모집단의 표준편차를 추정하게 되며, 추정한 표준오차는 $S_{\overline{X}}$로 표시한다. $S_{\overline{X}} = \frac{S}{\sqrt{n}}$를 사용하며, S는 표본의 표준편차다. 그런데 S는 표집분포의 표준편차이므로 편포 위험성이 있어서 자유도를 고려해야 한다.

자유도 개념은 표본에서 평균을 중심으로 한 편차의 합은 항상 0이 되어야 한다는 조건을 충족해야 한다. 이 조건을 충족하려면 몇 개의 측정치가 있든지, 그리고 몇 개가 동시에 변하든지 간에 나머지 하나는 편차의 합을 0으로 유도하기 위해서 제약을 받아야 한다. 이때 제약을 받지 않고 자유롭게 변할 수 있는 측정치(사례 수)의 합이 전체 측정치에 대한 자유도다. 즉, 자유도는 주어진 조건하에서(사례 수 N) 통계적 제한을 받지 않는 사례 수로, 일반적으로 df(degree of freedom)로 표시한다.

예를 들면, 사례 수가 20이고 평균이 60이라면, 평균이 60이 되어야 한다는 조건을 충족하기 위해서 최소한 1개의 값은 특정한 값을 취하도록 제한을 받는다. 이 제한을 받는 사례 수를 뺀 사례 수, 즉 $n-1$인 19가 자유도다.

자유도를 고려한 표본치의 표준편차는,

$S = \sqrt{\frac{\Sigma\chi^2}{n-1}}$ 이며, 이때 S=표본의 표준편차, $\Sigma\chi^2$은 편차자승화, n은 표본 사례 수다. σ를 모를 때 평균의 표준편차를 구하는 공식은 다음 (5)와 같다.

$$\sigma_{\overline{X}} = S_x = \frac{\sqrt{\frac{\Sigma\chi^2}{n-1}}}{\sqrt{n}} = \sqrt{\frac{\Sigma\chi^2}{n(n-1)}} \quad \cdots\cdots (5)$$

4. 중심극한정리

대개 가능성 있는 표본 평균을 모두 계산하고 모든 표본을 정리하는 것은 불가능하다. 그러므로 어떤 상황에서도 적용할 수 있는 표집평균분포의 일반적인 특성을 개발해야 한다. 다행히도 이런 특성은 중심극한정리로 알려진 수학적 명제로 명기될 수 있다.

중심극한정리란 모집단의 분포 모양과는 관계없이 평균 μ와 변량 σ^2인 모집단에서 일정한 사례 수 n의 독립적인 무선표집으로 얻은 평균의 표집분포는 표집의 사례 수가 증가함에 따라 정규분포에 접근하게 된다는 것이다. 이때 표집분포의 평균은 모집단의 평균과 일치하게 된다($\overline{X}_{\overline{X}} = \mu$). 그리고 표집분포의 표준오차는 모집단의 표준편차를 표본 크기의 제곱근으로 나눈 것과 같다($\sigma_{\overline{X}} = \frac{\sigma}{\sqrt{N}}$). 그러나 표집의 사례 수가 줄어들수록 표집분포는 정규분포에서 벗어난다. 따라서 표집의 사례 수가 적은 소표집에서는 통계치의 표집분포가 정규분포에서 벗어나게 되므로 정규분포에 기초한 통계적 추리는 불가능하게 된다. 대체로 사례 수가 30 이하이면 소표집, 30 이상이면 대표집으로 간주한다.

5. 표본의 크기

표본의 크기를 결정하는 통계적인 방법 중의 하나로 표집의 크기, 신뢰관계, 수용오차의 관계에서 정해질 수 있다. 즉, 이들의 사이에는 함수관계가 있으므로 이 중의 어느 둘이 정해지면 나머지는 자연히 결정된다. 그 절차는 다음과 같으며 단순무작위추출법의 경우에 사용된다(채서일, 1993).

첫째, 최대한으로 허용할 수 있는 오차의 양을 어느 정도로 할지를 결정한다. 이것은 곧 최대한으로 허용할 수 있는 표본 평균과 모집단 평균의 차이를 의미한다.

둘째, 신뢰한계(confidence limits)를 결정한다. 여기서 신뢰한계란 통계치를 가지고 모수치를 추정할 때, 그 추정이 어느 정도 맞을 것인가를 나타내는 확률의 범위를 의미한다.

셋째, 신뢰도 수준에 따른 Z값을 정한다. 95% 신뢰수준에서의 Z값은 1.96이다. 이것은 경우에 따라 90% 혹은 98% 등으로 정할 수 있다.

넷째, 모집단의 표본오차($\sigma_{\overline{X}}$)를 추정한다. 이 표본오차는 실제 조사를 하기 이전이므로 사전조사(pilot test)를 통하여 추정하거나 직관에 의하여 추정한다. 이때 표본의 최대치와 최소치의 차이를 6으로 나누어 추정하는 방법이 흔히 사용된다. 이는 $\pm 3\sigma$의 구간에 전 표본의 99.7%가 들어간다는 가정에서 추론된 것이다.

마지막으로, 표본의 크기를 결정한다.

최대허용오차를 구하는 공식은 다음 (6)과 같이 Z값과 표본오차($\sigma_{\overline{X}}$)의 곱으로 표시된다.

$$E = Z \cdot \sigma_{\overline{X}} = Z \cdot \frac{\sigma}{\sqrt{n}} \left(\because \ \sigma_{\overline{X}} = \frac{\sigma}{\sqrt{n}}\right) \quad \cdots\cdots (6)$$

그러므로 $n = \left(\frac{Z}{E} \cdot \sigma\right)^2$이 된다.

부산에 거주하는 현장 평교사의 평균 나이를 알고자 할 때, 필요한 표집의 수는 얼마로 해야 할지 예를 들어 설명해 보자. 임의로 현장 교사 30명을 간단한 표본으로 삼아 조사를 해 보니 가장 연장자가 62세이고 가장 연소자가 26세였다. 그러므로 최대치와 최소치의 차이는 36이며 이를 6으로 나누어 보면 σ는 6이 된다. 또한 허용 가능한 표본 평균과 모집단 평균의 차이(E)를 1.0이라고 하고 신뢰수준을 95%로 하면 Z값은 1.96이다.

즉, $n = \left(\frac{Z}{E} \cdot \sigma\right)^2 = \left(\frac{1.96}{1} \cdot 6\right)^2 \fallingdotseq 138.3$

그러므로 필요한 숫자는 약 139명 이상이 된다.

연습문제

1. 혜영이네 반 친구들이 하루 동안 인터넷에 접속하여 메일을 확인하는 횟수다. 이 자료의 평균과 표준오차를 구하라.

10, 9, 12, 11, 10, 9, 8, 9, 10, 12

2. 모집단의 평균이 150, 표준편차가 24로서 정규분포를 이루고 있다면, 여기에서 $n=36$씩 계속적으로 무선표집을 하였을 때의 표준오차를 구하라.

3. 어떤 모집단의 평균이 200이고 표준편차가 50이다. $n=25$인 표본의 평균이 220일 때의 표준오차를 구하라.

4. 모집단의 평균이 100, 표준편차가 20인 정규분포가 있다. 어떤 표본이 $n=4$, $\overline{X}=110$일 때의 표준오차를 구하라.

5. $\mu=100$, $\sigma=12$인 정규분포를 이루는 모집단이 있다. 36명으로 구성된 표본을 추출했을 때의 표준오차를 구하라.

6. 부산시 B고등학교 3학년 학생들의 수학 성적을 알아보기 위해 표준화 학력고사를 실시하고자 한다. 표준편차는 12, 신뢰한계는 95%, 수용오차를 3으로 잡으면 최소한의 표본 크기는 얼마가 되어야 하는지 구하라.

7. 표준편차가 0.05이고 오차의 허용 범위가 ±0.01을 초과하지 않고 95%의 신뢰도를 가지기 위해서는 표본의 크기를 얼마로 해야 하는지 구하라.

제11장
가설검정

어떤 연구자가 같은 학년의 학생들을 대상으로 열린수업을 한 학급과 그렇지 않은 학급의 차이를 알아보고자 할 때, 이를 구체적으로 검정하기 위해 가설을 세우고 검정을 하게 된다. 앞과 같은 연구 문제를 확인하기 위해서 모집단이 되는 그 학년의 전체 학생을 대상으로 모두 조사해야 하지만 그렇게 하는 데는 시간과 노력, 비용을 많이 투자해야 한다. 그래서 모집단에서 대표되는 표본을 선택하여 그 표본을 분석함으로써 모집단에 대한 가설이나 타당성 정도를 검토할 수 있다. 물론 모집단에서 추출한 표본은 모집단을 대표할 수 있는 정도의 사례 수여야 한다. 만약 연구가 단순히 어떤 현상을 기술하고 사실적 내용을 분석하는 것이라면 가설을 설정하지 않을 수도 있지만, 설명이나 예측을 위한 연구에서는 가설이 필요하다. 이렇게 가설을 세운 후 그 가설의 타당성을 검토하는 과정을 가설검정(hypothesis test)이라고 한다.

1. 기본개념

추상적 명제를 특정 연구에 연관시킴으로써 연구자는 명제를 변인 간의 관계에 관한 진술, 경험적으로 연구될 요소로 바꾸어 놓는다. 이러한 진술을 가설(hypothesis)이라고 한다. 연구 문제와의 관련이라는 측면에서 보면, 가설이란 '연구에서 제기된 연구 문제에 대한 연구자 나름대로의 잠정적인 해답'이라고 볼 수 있다. 또는 '경험적인 의미가 잠정적인 수준에 머물러 있는 아직 확인되지 않은 명제'라고 볼 수도 있다. 기본적인 성격에서 볼 때, 가설은 '연구를 통하여 그 진위를 검정할 수 있도록 정리를 특수화하고 구체화한 것'이라고 할 수 있다. 그리고 변인과의 관계를 중심으로 보면, 가설이란 '두 개 이상의 변인 간의 관계를 추측한 진술'이라고 정의되기도 한다. Good(1959)은 "가설은 연구를 이끄는 개념이며, 잠정적 설명이거나 혹은 가능성을 진술한 것이다. 이는 관찰을 시작하고 이끌도록 하는 것이며, 적절한 자료 및 다른 요건을 찾도록 하는 것이고, 어떤 결론이나 결과를 예언하는 것이다."라고 하였고, Good과 Scates(1954)는 "가설은 연구를 시작하기 이전에 관찰하는 사실이나 조건을 설명하고 앞으로의 연구를 이끌기 위하여 형성하는 예리한 짐작이나 추측이다."라고 하였다. 또한 Kerlinger(1967)는 "가설은 둘 이상의 변인 간의 관계에 대한 추리를 문장화한 것이다."라고 가설을 정의하였다.

이처럼 가설은 변인 간의 관계에 대해서 잠정적으로 내린 결론 또는 추측이며, 어떤 문제에 대한 예상된 해답이라고도 할 수 있다. 즉, 가설은 변인과 변인의 관계를 알아보기 위해서 실증 단계 이전에 행해진 잠정적인 진술이다.

2. 기본용어

1) 영가설과 대립가설

가설이란 실증적인 증명 단계 이전의 잠정적인 진술이다. 따라서 가설의 설정은 확신에 근거를 두고 이루어지는 것이 아니며, 단지 나중에 경험적 또는 논리적으로 검정될 수 있는 조건, 원리 또는 명제를 제시하는 것에 불과하다. 그러므로 검정대상이 된 가설은 연구조사의 결과에 따라 언제든지 수정될 수 있으며, 또한 기각될 수 있다.

가설은 두 가지로 구분된다. 연구과정에서 검정대상이 되는 가설이 영가설(null hypothesis)(귀무가설)이고 H_0으로 표시한다. 이 영가설이 받아들여질 수 없을 때 대신 받아들여지는 가설이 대립가설(alternative hypothesis)이고 H_1로 표시한다.

예를 들면 다음과 같다.

H_0: 남녀 간의 논술 능력에는 차이가 없다.
H_1: 남녀 간의 논술 능력에는 차이가 있다.

영가설이 옳을 때 영가설을 받아들이는 것은 옳은 결정이긴 하지만 연구자에게는 그리 의미 있는 결과가 되지 않는다. 대체로 연구 문제의 영가설은 거부하기 위해 설정되었다고 보아도 무방하기 때문이다. 가설검정을 한다는 것은 지금까지 알려진 모수치가 어떤 이유로 달라졌을 것이라는 근거가 있을 때 실시하기 때문에 이전의 모수치와 같다는 결론을 얻게 되면 연구결과가 새로운 정보를 주지 못하는 것이다. 따라서 영가설을 기각하는 것이 어쩌면 연구의 목적이기도 하다. 그러나 영가설을 기각하지 못하는 연구결과도 많이 있다. 영가설을 기각하지 못했을 때 연구자는 현재의 연구자료가 기각을 뒷받침하지 못했기 때문에 당분간 영가설의 기각을 유예한다는 입장이 된다. 이러한 이유로 통계학자 중에는 '영가설의 채택'이라는 표현보다는 '영가설 기각의 실패'라는 표현을 자주 사용하기도 한다.

2) 유의수준과 결정치

표본에서 계산된 통계치가 가설로 설정된 모집단의 성격과 현저한 차이가 있는 경우에는 모집단에 대해 설정한 영가설을 기각하게 된다. 이때 명확히 밝혀 두어야 할 두 가지가 있다. 첫째는 현저하게 차이가 난다는 것의 의미이고, 둘째는 모집단에 대해 설정한 가설을 채택 또는 기각하는 결정치(critical value)가 어떤 점이 되어야 하는가다. 검정하여야 할 하나의 문제에서 5%, 15.78% 등의 오류 가능성을 유의수준(significance level)이라 하며, 이를 $\alpha=0.05$(유의수준 5%), $\alpha=0.1578$(유의수준 15.78%) 등으로 표시한다. 또한 일정한 오류를 감수할 때 하나의 기준과 차이가 있다고 볼 수 있는 기준점을 결정치(또는 임계치)라고 한다. 따라서 결정치를 중심으로 영가설의 기각역(rejection area)과 채택역(acceptance area)이 결정된다. 그러므로 결정치란 주어진 유의수준에서 영가설의 채택 또는 기각에 관련된 의사결정을 할 때 그 기준이 되는 점이다.

3) 일방적 검정과 양방적 검정

영가설이 기각되면 대립가설이 채택된다. 그런데 우리가 알고 있지 못한 모집단의 특성, 즉 모수치(parameter)에 대한 가설검정을 할 때에는 다음과 같이 두 가지로 영가설과 대립가설을 나타낼 수 있다. 첫째는 모수 μ가 어떤 수(q)와 꼭 같다는 가설이며 다른 하나는 모수 μ가 어떤 수보다 크거나 또는 작다고 하는 가설이다.

① H_0 : $\mu = q$ H_1 : $\mu \neq q$

② H_0 : $\mu \geq q$ 또는 H_0 : $\mu \leq q$

H_1 : $\mu < q$ H_1 : $\mu > q$

①과 같이 영가설이 $\mu = q$로, 대립가설이 $\mu \neq q$로 설정되어 있는 경우를 생각해 보자. 이때 표본을 뽑아서 그 표본에서 얻은 통계치가 영가설 $\mu = q$와 매우 근접하여 있으면 영가설을 채택할 것이나, 그렇지 않고 검정을 위한 통계치가 q보다 매우 크거나 q보다 현저히 작을 때에는 영가설을 채택할 수 없게 된다. 따라서 영가설을 기각하는 영역은 확률분포의 양측에 있게 되는데, 이처럼 가설검정에서 기각 영역이 양쪽에 있는 것을 양방검정(two-tailed test)이라고 한다. 그러므로 유의수준 α도 양극단으로 갈라져 한쪽의 면적이 $\alpha/2$가 된다. 이에 대한 그림은 다음 [그림 11-1]과 같다.

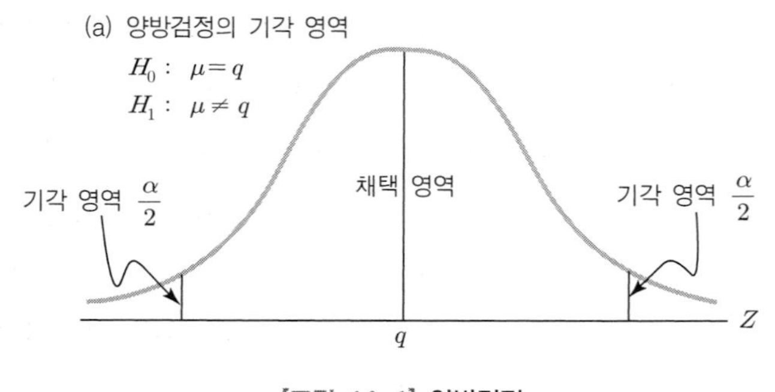

[그림 11-1] 양방검정

한편, ②와 같이 영가설을 $\mu \geq q$라 하고, 대립가설을 $\mu < q$라고 설정하여 가설검정을 할 때에는 선택된 표본의 통계치가 q보다 현저히 작지 않으면 영가설을 채택하게

된다. 따라서 확률분포의 오른쪽 극단에는 기각 영역이 없다. 다만, 통계치가 q보다 현저히 작을 때에만 영가설을 기각하게 된다. 따라서 α로 나타내는 기각 영역은 분포의 왼쪽 극단에만 존재하게 된다. 반대로 영가설을 $\mu \leq q$라 하고, 대립가설을 $\mu > q$로 할 때에는 위에서 설명한 것과 반대의 현상이 나타난다. 즉, 통계치가 q보다 현저히 클 때에만 영가설을 기각하게 되므로 기각 영역은 오른쪽에만 있게 된다. 이에 대한 그림은 다음 [그림 11-2]와 같다.

이렇게 가설검정에서 기각 영역이 어느 한쪽에만 있게 되는 경우를 일방검정(one-tailed test)이라고 한다.

모든 연구자가 일방검정이 양방검정과 다르다는 사실에 동의한다. 그러나 그 차이점을 해석하는 방법은 여러 가지다. 한 연구자 그룹은 일방검정이 H_0을 너무 쉽게 기각하므로 제1종 오류를 저지르기 쉽다고 주장한다. 제1종 오류란 다음 절에 나오지만, 실제로 영가설이 옳은데도 영가설을 기각하는 오류를 말한다. 양방검정은 H_0을 기각하기 위한 강한 증거가 있어야 하며, 처치 효과가 있었다는 점을 설득력 있게 증명할 수 있어야 한다. 이러한 이유로 학술지의 정기간행물에 실리는 과학 분야의 보고서에는 양방검정을 사용한다. 이러한 유형의 보고서는 설득력 있는 결과를 도출하는 반면, 제1종 오류를 범하지 말아야 한다.

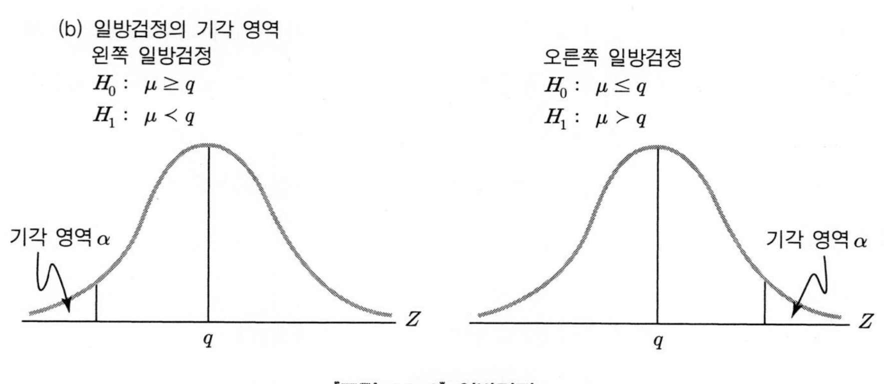

[그림 11-2] 일방검정

그러나 다른 연구집단은 일방검정의 장점을 중시하며, 앞에서 언급하였듯이 일방검정은 증거가 비교적 약해도 H_0을 기각할 수 있다. 즉, 일방검정은 처치 효과를 감지하는 데 훨씬 민감하다고 바꿔 말할 수 있다. 만일 가설검정을 처치 효과를 찾는 데 이용하는 감지장치로 생각한다면, 좀 더 민감성을 중시하는 실험에서는 분명히 큰 이점이 된다. 비록 이러한 검정이 많은 오류를 범한다 하더라도(제1종 오류) 중요한 처치 효과를 발견하기가 훨씬 용이하기 때문이다. 그러므로 연구자가 중요한 결과 중 하나라도 놓치지 않으려 하고 제1종 오류로 큰 손해를 보지 않는 상황에서는 일방검정이 아주 유용하다.

우리가 살펴본 이러한 이유 때문에 대부분의 연구자가 매우 제한된 상황을 제외하고는 일방검정을 사용하지 않는다. 비록 대부분의 실험이 처치 효과가 구체적인 방향을 지닐 것이라는 기대 속에 설계된다 할지라도 그 예측을 통계가설로 구체화할 수는 없다. 그럼에도 학술지에서 일방검정을 자주 볼 수 있고, 또한 우리가 사용해야 할 경우도 생기므로, 일방검정의 과정과 이론적 근거를 이해하고 있어야 한다.

3. 가설의 종류

1) 서술적 가설과 통계적 가설

다른 기준에 의하면, 가설을 통계적 가설과 서술적 가설로 구분한다. 서술적 가설(descriptive hypothesis)은 연구자가 검정하고자 하는 영가설이나 대립가설을 모두 언어로 표현한 것으로 연구가설이라고도 한다. 통계적 가설(statistical hypothesis)은 서술적 가설을 어떤 기호나 수로 표현한 가설을 말한다.

예를 들면, 교수법의 효과 연구에서 영가설과 대립가설을 서술적 가설로 나타내면 다음과 같다.

H_0: 교수법의 효과 연구에서 처치 전과 후는 차이가 없다.
H_1: 교수법의 효과 연구에서 처치 전과 후는 차이가 있다.

그리고 이를 통계적 가설로 나타내면 다음과 같다.

$H_0 : \mu_{전} = \mu_{후}$

H_1: $\mu_{전} \neq \mu_{후}$

통계적 가설의 형태로 영가설과 대립가설을 표기할 때, 이는 모집단의 분포나 모수치에 대한 잠정적 진술이므로 모수치에 대하여 표기하여야 한다. $\overline{X}$ (표본의 평균)나 S(표본의 표준편차)와 같은 통계치로 가설을 표현하는 경우가 종종 있는데 이는 타당하지 않다. 가설검정은 모집단의 속성을 추리하기 때문이다. 그래서 반드시 μ나 σ로 표기하여야 한다.

2) 영가설과 대립가설

연구자가 열린수업의 효과를 검정하고자 할 때, 열린수업을 기존의 수업과 비교 실시한 후 학습에 효과가 없거나 아니면 기존의 수업과 비교해 학습에 효과가 있다고 잠정적으로 결론을 내려 가설을 세우는데, 연구자는 두 개의 반대되는 가설을 세운다. 이 두 가설은 첫째는 '열린수업이 학습에 효과가 없다.'이고, 둘째는 '부정적이거나 긍정적인 효과가 있다.'다. 이러한 가설은 상반되며 전체 확률을 구성하게 된다. 최종적으로 세운 가설 중 하나는 잠정적으로 '진'으로 간주한다.

앞의 기본개념에서 설명하였지만 양방검정에서 잠정적으로 맞는 것으로 간주되고 직접검정의 대상이 되는 가설을 영가설(null hypothesis)이라고 하며 H_0으로 표시한다. 이것은 처치로 아무런 효과도 발생하지 않았다고 가설을 세우는 것이다. 열린수업의 효과에 대해 영가설은 '열린수업은 기존의 수업과 비교해 볼 때 학습에 더 나은 효과가 없다.'라는 것이다. 즉, 독립변인(열린수업)이 종속변인(학습)에 어떤 영향도 미치지 않는다고 예측하는 것이다. 이를 영가설의 서술적 가설과 통계적 가설로 나타내면 다음과 같다.

H_0: 열린수업은 기존의 수업에 비해 학습에 더 나은 효과가 없다.

H_0: $\mu_{열린} = \mu_{기존}$

또 하나의 가설은 영가설과 반대되는 것으로 대립가설(alternative hypothesis)이라 하고 H_1 또는 H_A로 표시한다. 대립가설은 영가설이 기각될 때 채택되는 가설로, 가설을 세워 보면, '열린수업은 기존의 수업에 비해 학습의 효과에 차이가 난다.'라는 것이다. 이를 대립가설로 나타내면 다음과 같다.

H_1 : 열린수업은 기존의 수업에 비해 학습의 효과에 차이가 있다.

$H_1 : \mu_{열린} \neq \mu_{기존}$

이는 독립변인(열린수업)이 종속변인(학습)에 어떤 영향을 준다고 예측하는 것이다.

왼쪽 일방검정일 때 두 가지 방법으로 가설을 세울 수 있는데, 다음과 같다. 만약 왼쪽으로 일방검정일 경우

H_0: $\mu_{열린} \geq \mu_{기존}$(또는 $\mu_{열린} - \mu_{기존} \geq 0$)

H_1: $\mu_{열린} < \mu_{기존}$(또는 $\mu_{열린} - \mu_{기존} < 0$)이 되며,

오른쪽 일방검정일 경우에는

H_0: $\mu_{열린} \leq \mu_{기존}$(또는 $\mu_{열린} - \mu_{기존} \leq 0$)

H_1: $\mu_{열린} > \mu_{기존}$(또는 $\mu_{열린} - \mu_{기존} > 0$)이 된다.

첫 번째 가설을 서술적 가설로 진술하면 다음과 같다.

H_0: 열린수업은 기존의 수업에 비해 학습에 효과가 크다.

H_1: 열린수업은 기존의 수업에 비해 학습에 효과가 작다.

또한 두 번째 가설을 서술적 가설로 진술하면 다음과 같다.

H_0: 열린수업은 기존의 수업에 비해 학습에 효과가 작다.

H_1: 열린수업은 기존의 수업에 비해 학습에 효과가 크다.

4. 가설검정의 오류

1) 제1종 오류와 제2종 오류

가설검정은 표본에서 뽑은 통계치를 기초로 하여 모집단의 특성을 알아보려고 하는 것이기 때문에 표본이 어떻게 선택되느냐에 따라 때로는 잘못된 결론을 내릴 수도 있다. 표본오차는 모집단의 일부분인 표본의 추출로 인한 오차로 언제나 발생하는 것이기 때문에 표본에 근거를 둔 가설검정에서도 항상 오류가 따르게 된다. 가설검정에 따르는 오류는 다음과 같이 두 가지로 나눌 수 있다.

- 제1종 오류(type I error): 실제로는 영가설이 옳은데도 검정 결과 영가설을 기각하는 오류를 말한다. α(alpha)−오류라고도 한다.
- 제2종 오류(type II error): 실제로는 영가설이 틀렸는데도 검정 결과 영가설을 옳은 것으로 채택하는 오류를 말한다. β(beta)−오류라고도 한다.

		진 리	
		H_0	H_1
의사결정	H_0	$1-\alpha$	2종 오류 β
	H_1	1종 오류 α	검정력 $1-\beta$

2) 통계적 검정력

통계적 검정력이란 영가설이 거짓일 때 기각하는 능력으로, 검정력이 높을 때 영가설이 거짓임을 발견할 수 있으며 연구가설 분포 내의$(1-\beta)$에 해당하는 면적을 말한다. 연구자들은 자신의 연구에서 나온 결정이 옳은 결정이 되기를 원하므로 당연히 통계적 검정력$(1-\beta)$을 높이는 데 관심을 갖는다. 통계적 검정력은 다음과 같은 네 가지 요인에 의해 결정되므로 이에 유의해야 한다.

(1) 영가설의 평균(μ_0)과 대립가설의 실제평균(μ_a) 간의 차이

검정력에 영향을 미치는 다른 요인이 동일한 조건일 때 영가설에서 '진'으로 가정한 평균인 μ_0과 대립가설에서의 실제평균인 μ_a 간의 차이가 클수록 검정력은 커진다. 즉, $(\mu_0 - \mu_a)$가 클 때는 영가설이 실제로 틀렸기 때문에 기각할 가능성이 커지므로 검정력이 커질 수밖에 없다. 그러나 대립가설의 실제평균을 알지 못하기 때문에 연구자는 이 차이를 통제할 수 없다. 단지 연구자가 자신이 연구하는 내용에 대해 많은 지식을 갖추어 적절한 영가설과 대립가설을 설정함으로써 결과적으로 검정력을 높일 수밖에 없다.

(2) 표본의 크기

표준편차가 σ인 모집단에서 뽑힌 표본 평균의 표준오차는 $\sigma_e = \sigma / \sqrt{n}$이다. 따라서 표본의 크기 n이 크면 표준오차는 당연히 작아진다. 표준오차가 작아지면 영가설이 '진'일 때의 표본분포와 대립가설이 '진'일 때의 표본분포는 겹치는 부분이 작아져서 β오차도 작아지므로 당연히 통계적 검정력인 $1-\beta$는 커진다. 표본의 크기를 크게 할수록 검정력뿐만 아니라 추정치의 신뢰도가 높아지지만 그렇다고 해서 n을 무조건 크게 할 수는 없다. n을 크게 할수록 필요한 비용과 노력이 커지기 때문이다. 그러나 표본의 크기는 검정력을 높이기 위하여 연구자가 조정할 수 있는 가장 용이한 요인이다.

(3) 모집단의 변량

표본의 크기 n을 고정하고 모집단의 표준편차 σ를 작게 하여도 σ_e는 역시 작아지므로 오차가 작아져서 검정력이 커진다. σ^2은 모집단의 변량이므로 많은 경우 연구자가 마음대로 작게 할 수는 없으나, 연구자가 관찰치를 정확하게 측정하고 연구조건을 통제하면 변량이 작아질 수도 있다. 변량은 관찰치의 특성 때문에 생기는 것과 관찰치를 잘못 측정해서 생기는 오차변량으로 구성되므로 오차변량의 원인이 되는 여러 가지 요인을 제거하는 것이다.

(4) 유의수준

다른 조건이 동일하다면 α를 크게 할수록 β는 작아져서 검정력 $1-\beta$가 높아진다. 그러나 검정력을 높이기 위해 β를 작게 하고 α를 크게 할 수는 없다. α와 β 모두 될 수 있는 한 줄여야 할 오류이기 때문이다. 따라서 β를 줄이기 위해 α를 늘리기보다는 표본의 크기를 크게 한다든가, 연구조건을 통제하여 변량을 줄인다든가 하는 방식을 택한다.

5. 통계적 검정의 절차

통계적 검정(statistical test) 혹은 유의도 검정(significance test)이란 표본에서 얻은 사실을 기초로 하여 모집단에 대한 가설이 맞는지 혹은 틀리는지를 통계적으로 검정하는 것을 의미한다. 여기서는 통계적 검정의 절차를 다섯 단계로 나누어 설명한다.

1) 가설의 설정 및 진술

연구에서는 변인 간의 어떤 관계에 대한 사실을 잠정적 진리로 두고 그 잠정적 진리에 대하여 기각하거나 채택하는데, 이와 같이 연구에서 유도하는 잠정적 진리를 가설이라고 한다. 따라서 각 연구에서는 두 개의 진리인 사실을 가설이라 하며, 이 두 개의 진리인 사실을 영가설과 대립가설로 설정한다.

연구자가 통계적 가설의 형태로 영가설과 대립가설을 진술할 때 유의할 점은 모집단의 특성에 대한 잠정적 진술이므로 항상 모수치로 표기해야 한다는 것이다. 이는 가설검정이 모집단의 특성을 추리하는 것이기 때문이다.

2) 통계적 방법의 선택

연구자는 가설검정을 위하여 가장 적절한 통계적 방법을 선택하여야 한다. 연구문제의 성격과 자료의 특성에 따라 그에 알맞은 통계적 방법이 다를 수 있기 때문이다. 통계적 방법으로는 모집단의 특성과 관련하여 모수적 통계방법과 비모수적 통계방법을 적용할 수 있다. 모수적 통계방법은 모집단의 정규분포라는 가정이 필요하며, 대체로 사용되는 자료가 연속적 변인의 자료일 경우에 적용할 수 있다. 반면에 비모수적 통계방법은 모집단의 분포 형태에 대한 가정이 필요하지 않으며, 질적 자료나 비연속적 변인의 자료일 경우에 많이 적용된다.

3) 유의수준의 결정

연구문제의 성격에 따라 유의도 수준(α)이 정해지며, 이에 따라 영가설의 기각역도 정해진다. 일반적으로 사회과학 분야에서는 $\alpha=0.05$ 또는 $\alpha=0.01$의 유의도 수준을 택하지만, 제1종 오류와 제2종 오류를 고려하여 결정하는 것이 바람직하다. 물론 연구의 이론적 배경이 강하면 유의도 수준을 더 낮출 수도 있다.

의사결정의 기준이 되는 유의도 수준은 연구가 시작되기 전에 미리 연구자에 의하여 결정되어야 한다. 그리고 일단 유의도 수준이 정해지면 가설검정에서 결정치를 중심으로 영가설의 기각역과 채택역이 결정된다.

4) 검정 통계치의 계산

이는 수집된 자료에 적절한 통계적 방법을 적용하여 검정 통계치를 실제로 계산하는 단계다. 예를 들어, 표본의 표집분포가 어떤 분포($Z \cdot t \cdot F \cdot \chi^2$ 등)를 이루느냐에 따라서 그에 알맞은 검정 통계치를 계산한다. 특히 두 평균의 차이에 대한 유의도 검정을 할 경우에는 표집한 표본이 독립적인가 또는 종속적인가를 고려해야 한다. 표본 간의 독립성 여부에 따라 두 평균 간의 차이에 대한 표준오차를 계산하는 방식이 달라지기 때문이다.

5) 가설의 검정 및 해석

이 단계에서는 표본에서 나온 검정 통계치가 설정해 놓은 기각역에 속하면 영가설을 기각하고 대립가설을 채택하는 반면에, 채택역에 속하면 영가설을 채택해야 한다. 이렇게 표본의 검정 통계치가 기각역 또는 채택역에 속하는지를 확률에 따라 판단한 후 연구자는 '몇 %의 수준에서 통계적으로 유의하게 다르다 또는 다르지 않다.' 라고 보고하게 된다.

여기서 유의해야 할 점은 통계적 유의성(statistical significance)과 실제적 유의성(practical significance)이 반드시 일치하는 것은 아니라는 점이다. 통계적 유의성이란 연구자가 얻은 어떤 검정 통계치가 자신이 설정한 유의도 수준에 입각하여 판단해 볼 때 영가설을 기각할 만큼 유의한 것을 뜻한다. 이에 반해 실제적 유의성이란 실제적 상황에서 얻은 통계치가 의미가 있는 것을 말한다. 경우에 따라 통계적으로 유의한 차이가 있는 것이 반드시 실제적으로 유의하다는 것을 의미하지는 않는다.

연습문제

1. 다음의 용어를 정의하라.

① 유의수준 ② α-오류 ③ β-오류

2. 통계적 검정력을 높이기 위한 네 가지 요인을 설명하라.

3. 교육학과의 김 교수는 5년 동안 '교육통계' 과목을 강의하였다. 이 기간에 평균 수강생 수는 $\mu=28.6$, $\sigma=8.2$로 정규분포를 이루었다. 이번 학기에는 '교육통계이론과 활용'으로 강의명을 바꾸었더니 단 15명만이 수강신청을 하였다. 강의명 변경이 수강신청에 영향을 주었는지에 대한 영가설과 대립가설을 설정하라.

4. 토론식 교수법이 강의식 교수법보다 학습에 영향을 주는지에 대한 연구다.

① 의사결정 시의 두 종류의 오류를 기술하라.

② 영가설과 대립가설을 통계적 가설 형태로 기술하라.

5. 다음의 각 경우에 제1종 오류를 범했는지 제2종 오류를 범했는지 판단하라.

① 실제로 지능이 같을 때, 두 학생집단의 지능이 같다는 가설을 기각하는 것

② 실제로 두 집단의 지능이 같지 않을 때, 두 집단의 지능이 같다는 가설의 기각에 실패하는 것

③ 실제로 두 집단의 지능이 같지 않을 때, 두 집단의 지능이 같다는 가설을 기각하는 것

6. 다음의 보기를 보고 영가설과 대립가설을 통계적 가설 형태로 기술하라.

① 멀티미디어를 활용한 수업이 설명식 수업보다 학습에 효과적이다.

② 교육학과 대학원생의 영어 점수가 영어영문과 대학원생의 영어 점수와 같다.

제12장
Z검정

Z검정은 Z분포에 의하여 가설을 검정하는 통계적 방법이다. Z검정은 대표본 검정법이라고도 하는데, 그것은 표본 수가 30 이상인 대표본에 적용하는 통계법임을 의미한다. 따라서 대표본은 정규분포를 전제할 수 있기 때문에 정규분포의 원리를 이용할 수 있다. 이러한 Z검정은 단일 모집단의 평균이나 비율을 추리하기 위해서 활용될 수 있으며, 두 모집단 간의 평균이나 비율의 차이를 검정하기 위해서 이용되는 경우가 많다. 이 장에서는 단일표본 Z검정, 두 독립표본 Z검정, 두 종속표본 Z검정에 대해 알아보도록 한다.

1. 기본개념

Z검정은 Z분포에 의하여 가설을 검정하는 통계적 방법으로 모집단의 표준편차(σ)를 아는 경우에 사용된다. Z분포 혹은 표준정규분포(standard normal distribution)는 제11장에서 공부한 바와 같이 하나의 봉우리를 가진 종 모양의 좌우대칭적인 분포로 평균과 표준편차라는 두 가지 수치에 의해서 규정된다. 한편, Z검정은 표본 수가 30 이상인 대표본에 적용하는 통계법으로 정규분포를 이룬다고 전제할 수 있으므로, 정규분포의 원리를 이용하여 우리가 알고 싶어 하는 모평균이나 기타의 모수치

를 추정해 볼 수 있다. 이와 같이 Z검정의 과정에서는 모집단 평균과 표본 평균 간의 차이를 표준오차의 비율로 계산하기 때문에 CR(critical ratio)검정이라고도 한다.

Z검정은 자료가 등간적 또는 비율적인 것일 때 적용할 수 있으며 명명척도나 서열척도의 자료에는 사용할 수가 없다. 그리고 모집단의 표준편차를 알고 있는 경우 단일평균을 추정하고자 할 때나 두 집단 간의 평균을 비교하고자 할 때 사용되는 기법이다.

2. 가 정

Z검정은 Z분포에 의하여 가설을 검정하는 통계적 방법으로 세 가지 가정을 충족할 때 사용이 가능하다.

① 종속변인이 양적변인이어야 한다. 양적변인은 양의 크기를 나타내기 위하여 수량으로 표시되는 변인이다.

② 모집단의 변량 혹은 표본의 변량을 알아야 한다. 변량(Variance)은 σ^2 혹은 S^2으로 표기한다. 변량을 계산하는 공식은 다음 (1)과 같다.

$$S^2 = \frac{\Sigma(X - \overline{X})^2}{n} \quad \cdots\cdots (1)$$

③ 동변량 가정(equal variance assumption)을 충족해야 한다. 두 모집단을 비교할 경우 두 모집단의 변량이 같아야 한다.

3. 단일표본 Z검정

단일 모집단에서 모집단을 대표하도록 추출된 평균과 연구자가 이미 알고 있는 통계치를 비교하는 방법으로, 이 공식은 다음 (2)와 같다.

$$Z = \frac{\overline{X} - \mu}{\sigma_{\overline{x}}} = \frac{\overline{X} - \mu}{\frac{\sigma}{\sqrt{n}}} \quad \cdots\cdots (2)$$

예를 들어, 부산시 내 중학교 2학년 학생들의 영어 능력을 측정하기 위하여 중학생 중 100명을 무선표집하여 모의고사를 실시한 결과 평균이 70점으로 나왔다. 이때 전국 중학교 2학년의 영어 평균점수는 75점이고 표준편차는 15점이었다고 가정해 보자. 유의수준 0.05에서 부산시 내 중학교 2학년 학생들의 영어 능력과 전국 중학교 2학년 학생들의 영어 능력이 같은지 혹은 다른지를 판단하고자 한다. 이 연구를 위한 연구가설의 영가설과 대립가설은 다음과 같다.

H_0: 부산시 내 중학교 2학년 학생들의 영어 모의고사 평균점수는 75점이다.
H_1: 부산시 내 중학교 2학년 학생들의 영어 모의고사 평균점수는 75점이 아니다.

앞의 영가설과 대립가설을 통계적인 영가설과 대립가설로 표현하면 다음과 같다.

H_0: $\mu = 75$
H_1: $\mu \neq 75$

유의도는 0.05이며, 표준편차 $\sigma = 15$, 표본 $n = 100$일 때 영가설에서 중심극한정리에 의한 표집분포를 살펴보면 평균은 75이고, 표준오차는 다음과 같다.

$$\sigma_{\overline{X}} = \frac{\sigma}{\sqrt{n}} = \frac{15}{\sqrt{100}} = 1.5$$

따라서 Z값은 다음과 같다.

$$Z = \frac{\overline{X} - \mu}{\sigma_{\overline{x}}} = \frac{70 - 75}{\frac{15}{\sqrt{100}}} = \frac{-5}{1.5} \fallingdotseq -3.33 = -3.33$$

유의수준 0.05에서 양방검정 시 기각값은 ±1.96이 된다. Z통계치 −3.33은 기각역에 포함되므로 영가설을 기각한다(그림 [12−1] 참조).

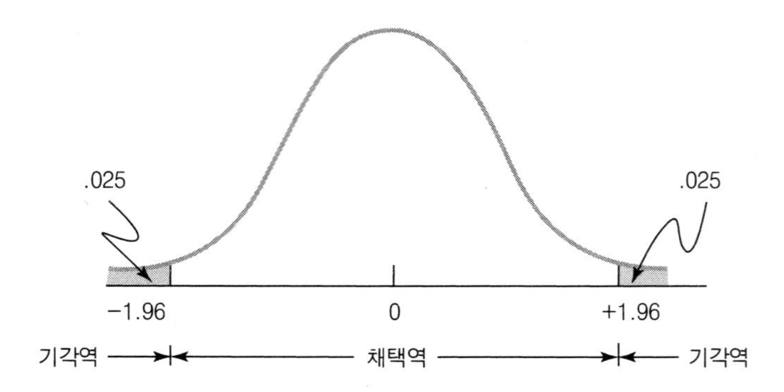

[그림 12−1] Z분포에 의한 기각역과 채택역, Z통계치의 위치

따라서 '유의수준 0.05에서 부산시 내 중학교 2학년 학생들의 영어 점수는 75점이 아니다.' 혹은 '유의수준 0.05에서 부산시 내 중학교 2학년 학생들의 영어 능력은 전국 중학교 2학년 학생들과 다르다.'라고 결론을 내릴 수 있다.

4. 두 독립 · 종속 표본 Z검정

1) 두 독립표본 Z검정

비교하고자 하는 두 집단의 속성을 알지 못할 때 각 모집단에서 독립적인 표본을 가지고 평균을 비교하여 검정하는 통계적 방법으로 이 공식은 다음 (3)과 같다.

$$Z = \frac{\overline{X_1} - \overline{X_2}}{\sigma_{\overline{x_1} - \overline{x_2}}} \quad \cdots\cdots (3)$$

이때 $\sigma_{\overline{x}_1-\overline{x}_2} = \sqrt{\frac{\sigma_1^2}{n_1}+\frac{\sigma_2^2}{n_2}}$ 이다.

예를 들어, 어느 초등학교의 5학년 여학생과 남학생 각 50명에게 실시한 표준화사회성검사의 결과를 알아보았더니 〈표 12-1〉과 같았다. 그리고 이 사회성검사의 표준편차가 두 모집단에서 모두 5로 나왔을 때, 학생들의 사회성검사 결과에 차이가 있는지 유의도 0.05 수준에서 검정하는 경우를 생각해 보자.

〈표 12-1〉 초등학교 5학년 성별 표준화사회성검사 결과

여학생	남학생
$n_1=50$	$n_2=50$
$\overline{X_1}=83$	$\overline{X_2}=86$
$\sigma_1=5$	$\sigma_2=5$

이를 유의도 수준 0.05에서 양방검정하기로 하고, 요구 문제에 대한 영가설과 대립가설을 세우면 다음과 같다.

H_0: 초등학교 5학년 여학생과 남학생의 사회성검사 점수는 차이가 없다.
H_1: 초등학교 5학년 여학생과 남학생의 사회성검사 점수는 차이가 있다.

이 영가설과 대립가설을 통계적인 영가설과 대립가설로 표현하면 다음과 같다.

H_0: $\mu_1=\mu_2$
H_1: $\mu_1\neq\mu_2$

$(\overline{X_1}-\overline{X_2})$분포의 표준오차를 $\sigma_{\overline{x}_1-\overline{x}_2}$라 하고, $\sigma_{\overline{x}_1-\overline{x}_2}=1$이 된다.

$$\sigma_{\overline{x}_1-\overline{x}_2} = \sqrt{\frac{\sigma_1^2}{n_1}+\frac{\sigma_2^2}{n_2}} = \sqrt{\frac{25}{50}+\frac{25}{50}} = 1$$

이때 표본의 값을 가지고 Z값을 계산하면 다음과 같다.

$$Z = \frac{\overline{X_1} - \overline{X_2}}{\sigma_{\overline{x_1} - \overline{x_2}}} = \frac{\overline{X_1} - \overline{X_2}}{\sqrt{\frac{\sigma_1^2}{n_1} + \frac{\sigma_2^2}{n_2}}} = \frac{83 - 86}{1} = -3 \text{이다.}$$

계산된 Z값은 결정치인 -1.96보다 작으므로 영가설을 기각한다. 따라서 초등학교 5학년 여학생과 남학생의 사회성검사 점수는 차이가 있다는 결론을 내린다.

2) 두 종속표본 Z검정

앞의 예에서 여학생과 남학생의 표본을 추출할 때 다음과 같은 가정을 할 수 있다. 남녀 학생을 먼저 친한 학생끼리 짝지은 후 이들을 표본으로 선정하여 두 모집단을 비교하는 것이다. 이 경우 표본의 여학생과 남학생은 상호 독립적이 아니므로 두 종속표본 Z검정이라 할 수 있다. 두 표본 간에 상관이 있게 되는 경우는 이미 Z검정에서 본 바와 같이 다음의 세 가지 경우다.

① 두 표본에 같은 개인이 동시에 포함되어 있을 경우
② 짝 지어진 표본인 경우
③ 사전, 사후 검사 혹은 반복측정 실험 설계인 경우

이를 검정하는 절차는 표준오차를 구하는 것을 제외하고 앞에서 언급한 바와 같이 두 독립표본 Z검정과 같다. 두 종속표본 Z검정을 실시하는 기본적인 개념과 절차는 두 독립표본 Z검정과 동일하다. 다만, 두 표본 평균의 차이의 표준편차, 즉 표준오차를 계산하는 공식이 다르다. ρ(rho)는 두 모집단의 상관계수로 이론적 혹은 경험적으로 알 수 없을 때는 두 표본에서 얻은 상관계수 r로 대치할 수 있다. 표준오차 공식은 다음 (4)와 같다.

$$\sigma_{\overline{x}_1-\overline{x}_2}=\sqrt{\frac{\sigma_1^2}{n_1}+\frac{\sigma_2^2}{n_2}-2r\frac{\sigma_1}{\sqrt{n_1}}\cdot\frac{\sigma_2}{\sqrt{n_2}}} \quad \cdots\cdots (4)$$

두 독립표본 Z검정 시 표준오차를 유도하는 공식에서 표준오차는 각 모집단 변량을 표본의 크기로 나눈 값을 더한 수의 제곱근이었다. 이는 두 표본이 상호 독립적이었기 때문에 두 표본 평균의 상관이 0이었다. 그러나 두 표본이 상관이 있을 경우 두 표본 평균차의 계산 공식은 다음 (5)와 같다.

$$Z=\frac{\overline{X_1}-\overline{X_2}}{\sigma_{\overline{x}_1-\overline{x}_2}}=\frac{\overline{X_1}-\overline{X_2}}{\sqrt{\frac{\sigma_1^2}{n_1}+\frac{\sigma_2^2}{n_2}-2r\frac{\sigma_1}{\sqrt{n_1}}\cdot\frac{\sigma_2}{\sqrt{n_2}}}} \quad \cdots\cdots (5)$$

예를 들면, H여자고등학교 2학년생 81명을 표집하여 이들에게 국어 시험과 수학 시험을 실시하고 각기 평균과 표준편차를 계산한 결과는 다음 〈표 12-2〉와 같다. 두 시험 간에 유의한 차이가 있는지를 유의수준 0.05에서 알아보자.

〈표 12-2〉 H여자고등학교 2학년생 시험 성적의 예

	국 어	수 학
$\overline{X}$	60	54
σ	10	8

$r=.33$

첫째, 연구문제에 대한 영가설과 대립가설을 설정하면 다음과 같다.

H_0: $\mu_1=\mu_2$

H_1: $\mu_1\neq\mu_2$

둘째, $\alpha=0.05$로 두고 $\overline{X_1}-\overline{X_2}$를 계산하면 다음과 같다.

$\overline{X_1}-\overline{X_2}=60-54=6$

셋째, 표준오차를 구하면 다음과 같다.

$$\sigma_{\overline{x_1}-\overline{x_2}} = \sqrt{\frac{(10)^2}{81}+\frac{(8)^2}{81}-2\times 0.33\times\frac{10}{\sqrt{81}}\times\frac{8}{\sqrt{81}}}$$

$$= \sqrt{\frac{164-52.8}{81}} \fallingdotseq 1.17$$

넷째, Z검정을 하면 다음과 같다.

$$Z=\frac{6}{1.17}\fallingdotseq 5.13$$

계산된 Z값은 5.13으로 결정치인 +1.96보다 크므로 H_0을 기각한다. 따라서 유의수준 0.05에서 H여자고등학교 2학년 학생들의 두 과목 성적은 통계적으로 유의하게 다르다고 결론 내린다.

연습문제

1. 어느 대학 신입생들의 수학능력시험 평균점수가 300점, 표준편차는 20점이라고 하자. 이때 100명의 신입생을 무선표집하여 수학능력시험 점수를 조사하였더니 평균이 306점이었다. 유의수준 .05에서 신입생들의 수학능력시험 평균점수가 300점인지 검정하라.

2. 작년 어느 고등학교 신입생의 연합고사 평균점수가 약 170점이었다고 하자. 올해는 그보다 높을 것이라고 생각하고 임의로 100명을 골라 평균과 표준편차를 알아보았더니 각각 176점과 65점이었다. 유의수준 .05에서 평균점수 170점에 대한 가설을 검정하라.

3. 부산시의 25세 남녀 100명씩을 무선표집하여 몸무게를 측정하였더니, 남자의 평균 몸무게는 65㎏이고 여자는 50㎏이었다고 하자. 또한 25세 남자 모집단의 몸무게 표준편차는 10㎏이고 여자 모집단의 몸무게 표준편차는 9㎏이라면, 25세의 성인 남녀 간에 성별에 따른 몸무게 차이가 있는지 유의수준 .05에서 검정하라.

4. 어느 고등학교 1학년을 대상으로 문과를 지원하는 학생 중 50명의 국어 점수를 알아보았더니 평균 85점, 표준편차 5의 분포로 나타났다. 반면, 이과 지원 학생 중에서 64명을 뽑아 국어 점수를 알아보니 평균 80점, 표준편차 8이었다. 문과 지원 학생의 국어 점수가 더 좋다는 가설을 유의수준 .10에서 검정하라.

5. 어떤 장난감 공장의 근로자 중 50명을 무선표집하여 1개월 평균생산량을 조사한 결과 평균 1,570박스이고 표준편차는 120이었다. 모집단 평균생산량을 μ라 하면, H_0: $\mu =$ 1,600, H_1: $\mu \neq$ 1,600을 유의수준 .05에서 검정하라.

6. 어느 고등학교에서 취미 활동으로 배드민턴을 하는 학생 중 임의로 50명을 뽑아 키를 재어 보았더니 평균이 173㎝, 표준편차는 2.5였다. 그리고 동아리 활동을 하지 않는 학생 중에서 50명을 임의로 뽑아 키를 재어 보니 평균 171㎝, 표준편차 2.8이었다. 배드민턴 동아리 소속 학생의 키가 동아리 활동을 하지 않는 학생보다 큰지를 유의수준 .05에서 검정하라. 단, 두 모집단의 표준편차는 같다.

7. 초등학교의 수업시간에 파워포인트를 활용하였더니 학생들의 성적이 향상된 것 같아, 이를 확인하기 위해 두 학급을 추출하여 각각 파워포인트 활용 방식과 기존의 수업 방식으로 수업한 후 시험을 실시하였다. 기존의 수업 방식을 사용한 학급의 평균은 66점, 표준편차 12였고 파워포인트를 활용한 학급의 평균은 74점, 표준편차는 16이었다. 파워포인트 활용 방식이 효과가 있었는지를 유의수준 .05에서 검정하라. 단, 기존의 수업 방식을 사용한 학급의 인원은 60명, 파워포인트를 활용한 학급의 인원은 62명이고, 모집단의 변량은 같다.

제13장 t검정

Z검정, t검정은 종속변인이 양적일 때 집단 간 평균 비교를 위한 통계적 방법으로 두 집단 이하를 비교할 때 사용한다. Z검정이 모집단의 표준편차를 아는 경우에 사용했다면, t검정은 모집단의 변량이나 표준편차를 알지 못할 때 모집단을 대표하는 표본에서 추정된 변량이나 표준편차를 가지고 검정하는 방법이다. 여기서는 t분포에 의한 단일표본 t검정, 두 독립표본 t검정, 두 종속표본 t검정을 살펴본다.

1. 기본개념

대부분의 연구에서 연구자가 표본 자료를 수집한다면, 특히 모집단의 평균(μ), 표준편차(σ) 등의 모집단 관련 정보는 갖고 있지 못하다. 모집단에 대한 정확한 정보 없이 연구자는 어떻게 Z점수로 가설을 검정할 수 있을까? 결론을 내리면 표준오차를 계산할 수 없기 때문에 Z검정 통계치를 이용할 수 없다. 다만, 표본 자료를 이용해 표준오차를 추정하면 구조적으로 Z점수와 유사한 검정 통계치를 계산할 수 있다. 그러나 이것은 사례 수가 큰 경우일 때만 가능하다. 보통 사례 수는 $df=30$이지만, $df=100$ 또는 $df=120$의 경우에 좀 더 정확한 접근을 할 수 있다.

그러나 많은 경우 표본이 이보다 작으며, 모집단의 표집오차가 작은 표본에서 계산된 표집오차로 추정될 때가 있다. 이 경우 표준정규분포는 충분히 정확한 확률을 제공하지 못하므로, 이러한 상황에 맞게 만든 표집분포를 t분포라 하고 이 검정 통계치를 t통계치라고 한다.

1) t분포

t검정은 모집단의 표준편차(σ)를 모를 경우에 사용되며, 정규분포가 아닌 t분포를 근거로 통계적 추리를 하게 된다. t분포는 종 모양으로 $t=0$에서 좌우대칭을 이루며, t분포의 모양을 결정하는 것은 자유도(degree of freedom: df, ν)다. 이 자유도는 자료에 의해 주어진 조건하에서 독립적으로 자유롭게 변화할 수 있는 점수를 뜻하는데, t분포의 형태는 자유도에 따라서 달라지며, 자유도가 커질수록 표준정규분포에 가깝게 된다. 자유도가 2, 5 및 ∞(무한대)인 경우의 t분포는 다음의 [그림 13-1]과 같다.

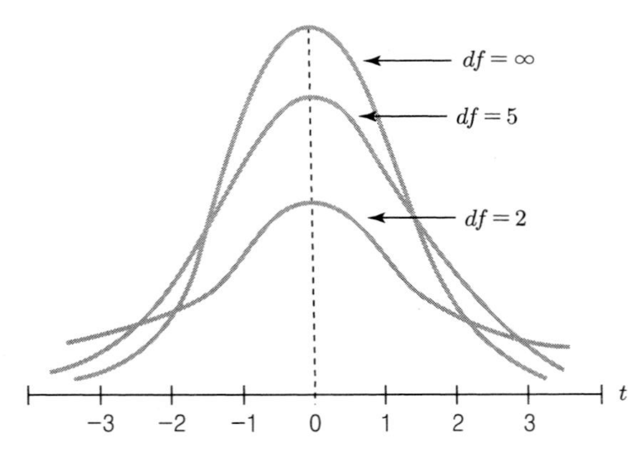

[그림 13-1] 사례 수가 다른 세 가지 경우의 t분포

그림에서 보듯이 t분포는 자유도에 의해서 결정되는 분포로, 정규분포에 비하여 분포의 양쪽 끝은 약간 올라간 반면에 분포의 중앙부는 정규분포보다 다소 낮은 모양을 나타낸다. 특히 자유도가 무한한 경우($df=\infty$), 다시 말해서 사례 수가 무한히 클 경우의 t분포는 정규분포와 일치하는 반면에, 자유도가 줄어들면 t값은 증가하면서 정규분포에서 이탈되어 간다. 대체로 자유도가 100 이상이면 t분포와 정규분포는 별 차이가 없는 반면에 100 이하가 되면서 차이가 생기고, 자유도가 30 이하인 소표본에서는 큰 차이가 있다.

t분포의 특징은 세 가지다. 첫째, 자유도에 따라 분포의 모양이 달라진다. 둘째, 평균이 0이고 표준편차는 1보다 크다. 셋째, 좌우대칭의 정규분포 모양이다. t분포를 나타내는 표가 [부록]의 〈수표 5〉에 나타나 있다.

2. 가 정

t검정을 사용하기 전에는 다음의 세 가지 가정을 먼저 충족해야 한다.

첫째, 측정치가 적어도 등간척도 혹은 비율척도로 측정되어 얻어진 값이어야 한다.

둘째, 모집단이 정규분포를 이루어야 한다. 특히 두 모집단이 정규분포이거나 두 표본을 비교적 크게, 즉 30이나 그 이상으로 한다면 이 분포들은 정규분포이고 가정은 만족된다고 볼 수 있다. 일반적으로 이 가정은 쉽게 만족되므로 대부분의 연구에서 심각하게 고려할 요인이 되지 않는다. 그러나 모집단이 형태상 정규분포와 거리가 멀다고 의심이 되면 표본이 비교적 크다고 확신할 때까지 표본을 보충해야 한다.

셋째, 평균의 차이를 검정할 경우에는 이 두 모집단이 서로 동질적, 즉 동일한 변량(homogeneity of variance: 동변량성)을 지녀야 한다. 이 가정은 변량의 동질성이라고 하며 비교할 두 모집단이 같은 변량을 가져야 함을 말한다. 변량의 동질성 가정이 위배되면 독립표본 실험 자료의 의미 있는 해석을 할 수 없기 때문에 이 가정을 충족하는 것은 매우 중요하다. 특히 변량의 동질성 조건이 전제되지 않고서는 t통계치의 정확한 해석을 할 수 없고 가설검정도 의미 없게 된다.

변량의 동질성이 만족되었는지는 대부분 간단히 분포 모양을 눈으로 살펴봄으로써 확인할 수 있다. 즉, 표본의 변량을 살펴봄으로써 그들이 유사한지 아닌지를 판단할 수 있다. 구체적으로는 한 표본변량이 다른 표본변량의 4배 이상으로 크면 변량의 동질성 조건이 위배된 것으로 보고, 그렇지 않다면 두 모집단의 변량에 대한 가설검정을 진행할 수 있을 정도로 비슷한 것이라고 본다.

3. 단일표본 t검정

1) 정 의

모집단의 변량을 알지 못할 때 모집단에서 추출된 표본의 평균과 연구자가 이론적 배경이나 경험적 배경에 의하여 설정한 특정한 수를 비교하는 방법이다. 실제 연구에서는 모집단의 변량을 알지 못하므로 단일표본 t검정이 자주 쓰인다. 예를 들어, 어떤 연구자가 국어 수업에 적용할 멀티미디어 보조학습을 개발하여 고등학교 2학년 학급에서 수업을 실시한 후, 그 학생들의 국어 점수 평균이 경험적 배경에 의하여 설정한 고등학교 2학년 학생들의 평균이라 생각하는 점수와 같은지를 알아보는 경우다. 즉, 새로운 교수법이 효과가 있는지 없는지를 검정하기 위하여 고등학교 2학년을 대표할 수 있는 표본을 추출하여 멀티미디어 보조학습을 실시한 후, 그 표본에서 얻은 평균과 표준편차를 가지고 검정하는 방법이다.

2) 검정 절차

어떤 표본에서 나온 평균과 그 표본이 속한 모집단의 평균 간의 차이에 대한 유의성 검정, 다시 말해서 평균의 표집분포가 t분포를 이룰 경우에 단일평균에 대한 모수치의 추정을 위한 계산 공식은 다음 (1)과 같다.

$$t = \frac{\overline{X} - \mu}{s_{\overline{x}}} = \frac{\overline{X} - \mu}{\frac{s}{\sqrt{n}}} \quad \cdots\cdots (1)$$

예를 들어, 연구자가 고등학교 2학년 학생 20명에게 멀티미디어 보조학습을 적용하여 수업을 한 후 국어 시험을 실시한 결과, 평균은 48점이고 표준편차가 5였다. 멀티미디어 보조학습을 실시한 연구대상의 모집단 평균이 50점과 같은지를 유의수준 0.05에서 검정하고자 한다.

첫째, 영가설과 대립가설은 다음과 같다.

$H_0: \mu = 50$

$H_1: \mu \neq 50$

둘째, t통계치를 계산하면 다음과 같다.

$$t = \frac{\overline{X} - \mu}{\frac{s}{\sqrt{n}}} = \frac{48 - 50}{\frac{5}{\sqrt{20}}} = -1.8$$

셋째, t분포표에서 알 수 있듯이 유의도 수준 0.05 및 자유도($df = n - 1$) 19에서의 t결정치는 ±2.09로 t통계치인 −1.8은 채택역에 속하므로 영가설을 채택해야 한다.

따라서 '유의수준 0.05에서 멀티미디어 보조학습을 적용했을 때 고등학교 2학년 학생들의 국어 점수 평균은 50점이다.'라고 결론 내릴 수 있다.

SPSS 실행

단일표본 t검정은 메뉴 [분석－평균 비교－일표본 T검정]을 눌러 실시한다.

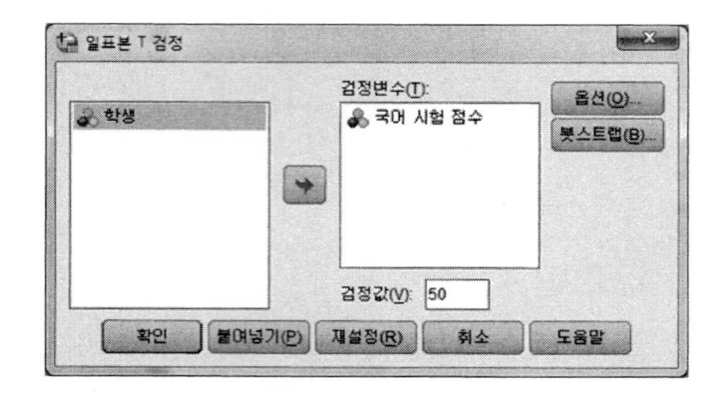

분석결과

고등학교 2학년 학생 20명의 표본을 가지고 멀티미디어 보조학습 이후의 국어 시험 점수를 확인한 결과(평균 48점, 표준편차 5)를 통해 단일표본 t검정을 실시하였다. 이때 연구대상 모집단의 평균이 50점과 같은지를 비교 검정한 결과, t통계값은 −1.740, 자유도는 19이고 유의확률은 .098로 나타났다.

일표본 검정

	검정값=50					
	t	자유도	유의확률 (양쪽)	평균차	차이의 95% 신뢰구간	
					하한	상한
국어 시험 점수	-1.740	19	.098	-2.000	-4.41	.41

4. 두 독립표본 t검정

1) 정 의

각기 다른 두 모집단의 속성인 평균을 비교하기 위하여 두 모집단을 대표하는 표본을 독립적으로 추출하고 표본 평균의 비교를 통하여 모집단 간의 유사성을 검정하는 방법이다. Z검정과의 차이점은 두 모집단의 변량을 알지 못할 때 독립적으로 추출한 두 표본의 평균을 가지고 두 모집단의 평균을 비교하기 때문에 표준오차 계산이 다르다는 것이다.

2) 통합변량 계산 방법

표준오차를 구하기 위해서는 통합변량을 계산해야 하는데, 주의할 점은 추리통계에서 변량을 계산할 때 불편파추정값(unbiased estimates)을 사용하여야 한다는 것이다. 그러므로 통합변량 계산 시 표본의 크기가 아니라 표본의 크기에서 1을 뺀 자유도에 대한 가중치가 부여되어야 한다. 그에 따른 통합변량의 계산 공식은 다음 (2)와 같다.

$$S_p^2 = \frac{(n_1-1)S_1^2 + (n_2-1)S_2^2}{(n_1-1)+(n_2-1)} \quad \cdots\cdots (2)$$

만약 두 표본의 크기가 같다면 두 표본의 변량을 대표하는 통합변량은 두 표본변량의 합을 2로 나누면 될 것이다. 이를 공식으로 나타내면 다음 (3)과 같다.

$n_1 = n_2 = n$이라 가정하면,

$$S_p^2 = \frac{(n_1-1)S_1^2 + (n_2-1)S_2^2}{(n_1-1)+(n_2-1)} = \frac{(n_1-1)S_1^2 + (n_2-1)S_2^2}{n_1+n_2-2}$$

$$= \frac{(n_1-1)(S_1^2+S_2^2)}{2(n-1)} = \frac{S_1^2+S_2^2}{2} \quad \cdots\cdots (3)$$

결론적으로 표준오차를 계산할 때 앞의 식에 의한 통합변량은 표본의 크기로 각기 나눈 값에 의하여 계산됨을 알 수 있다. 그러므로 유의수준과 자유도에 따른 기각값을 구할 때 자유도를 고려해야 한다. 두 독립표본 t검정에서 표준오차 계산을 위하여 사용되는 표본의 변량은 통합된 변량으로 두 표본의 크기가 모두 고려된다. 두 독립표본 t검정의 기각값을 찾기 위한 자유도는 $(n_1-1)+(n_2-1)=n_1+n_2-2$로 첫 번째 표본의 자유도 df_1과 두 번째 표본의 자유도 df_2를 더한 값이 된다.

3) 표준오차 계산

두 독립표본에서 두 모집단의 변량을 알지 못하므로, 합리적으로 표준오차를 구할 수 있는 방법은 첫 번째 모집단에서 추출된 표본에서 얻은 변량을 첫 번째 모집단의 변량으로 대치하고 두 번째 모집단에서 추출된 표본에서 계산된 변량으로 두 번째 모집단의 변량을 대치하는 방법이 될 것이다. 즉, 다음의 공식 (4)와 같다.

$$S_{\overline{x_1}-\overline{x_2}} = \sqrt{\frac{s_1^2}{n_1} + \frac{s_2^2}{n_2}} \quad \cdots\cdots (4)$$

그러나 두 모집단에서 추출된 두 집단을 비교할 때 동변량 가정을 충족해야 하므로 첫 번째 모집단의 변량과 두 번째 모집단의 변량이 같다는 것을 가정한다면, 첫 번째 모집단에서 추출된 표본의 변량이나 두 번째 모집단에서 추출된 표본의 변량이 궁극적으로 동일함을 기대하게 된다.

그러므로 표준오차를 계산하기 위하여 모집단의 변량 대신에 그의 추정치로 사용된 첫 번째 표본의 변량과 두 번째 표본의 변량의 대표치를 모집단의 변량 추정치로 사용하는 것이 더욱 합리적이다. 표준오차를 계산하기 위해 두 표본의 변량을 통합하여 계산한 변량을 사용한다. 이를 통합변량(pooled variance)이라 하고 $S_p{}^2$이라 표기하면, 표준오차 계산 공식은 다음 (5)와 같다.

$$S_{\overline{x_1}-\overline{x_2}} = \sqrt{\frac{s_p^2}{n_1} + \frac{s_p^2}{n_2}} = \sqrt{s_p^2\left(\frac{1}{n_1} + \frac{1}{n_2}\right)} \quad \cdots\cdots (5)$$

예를 들어, 전통적 교수법과 멀티미디어 보조학습을 적용한 교수법 간에 차이가 있는지를 유의수준 0.05에서 비교하고자 한다. A 지역에서 5명, B 지역에서 7명의 고등학교 2학년 학생을 무선추출하여 5명에게는 전통적 교수법을, 7명에게는 멀티미디어 보조학습을 적용한 교수법을 실시한 후 수학능력검사를 실시하였다. 검사결과는 다음 〈표 13-1〉과 같다.

〈표 13-1〉 교수법에 따른 차이의 예

전통적 교수법	멀티미디어 보조학습을 적용한 교수법
$n_1=5$	$n_2=7$
$\overline{X_1}=18$	$\overline{X_2}=20$
$S_1^2=7.00$	$S_2^2=5.83$

첫째, 영가설과 대립가설을 설정하면 다음과 같다.

H_0: $\mu_1=\mu_2$

H_1: $\mu_1 \neq \mu_2$

둘째, 각 집단의 평균과 변량은 다음과 같다.

$\overline{X_1}=18$ $\overline{X_2}=20$

${S_1}^2=7.00$ ${S_2}^2=5.83$

셋째, 표준오차를 계산하기 위해서는 먼저 통합변량을 알아야 한다.

$$S_p^2=\frac{(n_1-1)\,S_1^2+(n_2-1)\,S_2^2}{(n_1-1)+(n_2-1)}$$

$$=\frac{(5-1)7+(7-1)5.83}{10}=6.298$$

넷째, 표준오차를 계산하면 다음과 같다.

$$S_{\overline{x_1}-\overline{x_2}}=\sqrt{6.298\left(\frac{1}{5}+\frac{1}{7}\right)}=1.47$$

다섯째, t통계치를 계산하면 다음과 같다.

$$t=\frac{18-20}{1.47}=-1.36$$

따라서 유의수준 0.05인 양방검정과 자유도 10에서 기각치를 찾아보면 다음과 같다. 우선 [부록]의 〈수표 5〉를 보면 t분포표의 가로행은 한쪽의 유의수준값을 말하며, 세로열은 자유도를 말한다. 그러므로 자유도 10이고, 유의수준 0.05인 양방검정의 경우 한쪽의 확률은 0.025가 되어, 0.025와 자유도 10이 만나는 ±2.228이 기각치가 된다. 따라서 영가설을 기각하지 못하므로 '전통적 교수법과 멀티미디어 보조학습을 적용한 교수법에 따른 학습 효과에는 차이가 없다.'라고 결론을 내린다.

5. 두 종속표본 t검정

1) 정 의

두 모집단 평균차의 검정은 비교될 만한 가치가 있는 상이한 두 모집단에서 각각 표본을 추출한 다음, 각 표본을 대상으로 동일한 변인을 측정하여 나온 검정 통계치의 차이를 가지고 두 모집단 간에도 차이가 있는지를 검정하는 것이다. 요컨대 상이한 두 집단 간에 동일 변인의 차이 여부를 검정하는 것이라고 할 수 있다. 이와 유사하게 t검정을 통하여 두 집단 간 차이를 검정하면서도 검정 통계치의 산출과정이 조금 다른 경우가 있다. 즉, 하나의 표본집단을 대상으로 상이한 두 상황을 조사하여 두 상황 간에 차이가 있는지를 검정하는 방법이다. 이러한 검정방법을 '두 종속표본 t검정'이라고 하는데 한 가지 표본의 두 측면을 비교한다는 뜻이다.

즉, 두 종속표본 t검정이란 알지 못하는 각기 다른 두 모집단의 속성인 평균을 비교하기 위하여 두 모집단에서 표본을 추출하여 표본의 평균을 비교함으로써 모집단의 평균을 비교하는 통계적 방법이다. 이때 각기 모집단에서 추출된 두 표본은 서로 독립적인 것이 아니라 어떤 관계가 있는 종속적인 것이어야 한다.

두 종속표본 t검정은 상관표본(correlated sample), 결합표본(matched sample), 반복측정(repeated measure) 등의 유형으로 나누어 볼 수 있다. 첫째, 상관표본은 형제간의 지능 차이나 부부간의 태도 차이 등을 연구하기 위해 두 집단을 짝을 지어 표본으로 하는 방법이다. 형제간 또는 부부간의 어떤 특정 차이를 연구하기 위해서는 형 또는 남편을 표본으로 할 때 다른 사람의 형 또는 남편을 표본으로 한다면 의미가 없고 반드시 그 동생, 그 부인을 상대 표본으로 해야만 한다. 이런 경우에는 반드시 상관표본이 이루어져야 한다. 둘째, 결합표본이란 두 집단의 동등성을 보장하기 위하여 종속변인에 영향을 줄 수 있다고 생각되는 변인(관계변인)에서 두 집단이 동등할 수 있도록 표본화하는 방법이다. 예를 들어, 두 학습방법 A, B가 학력에 어떤 영향을 주는가를 비교하고자 하는 실험에서 두 실험집단의 지능 수준이 크게 다르다면 실험 후 두 집단의 학력 차이가 학습방법의 효과인지 지능의 차이에 의한 것인지를 구별하기 어렵게 된다. 즉, 실험 전에 두 집단이 관계변인에서 동등하지 못하다면 학습방법이라는 독립변인이 학력이라는 종속변인에 어떠한 영향을 미치는지를 엄격하게 추리할 수 없게 된다. 따라서 두 집단을 비교하기 전에 종속변인에 영향을 줄 수 있는 관계변인을 중심으로 두 집단이 동등해질 수 있도록 관계변인을 통제해야 하며, 이를 위해 적용되는 표본방법이 결합표본이다. 결합표본이란 지능이 120인 한 학생을 실험집단 A에 할당하였다면 이와 동등한 지능의 다른 한 학생을 표본으로 실험집단 B에도 할당하는 방식이다. 결합표본에서는 하나 또는 여러 개의 관계변인이 동시에 고려될 수 있다. 셋째, 반복측정이란 동일한 집단을 서로 다른 두 실험 조건에 사용하는 방법이다. 예컨대, 연구에 두 집단을 사용하지 않고 한 집단에 실험 처치를 가하여 결과를 얻은 다음에 또 다른 실험 처치를 가하여 그 두 결과를 비교할 수 있다. 그러나 동일한 집단을 사용하는 실험연구에서는 이전의 실험 효과가 다음의 실험 처치에 영향을 주지 않는다는 가정을 할 수 있어야 할 것이다(임인재, 김신영, 박현정, 2003).

2) 검정 절차

두 종속표본 t검정을 계산하는 방법에는 두 가지가 있다. 첫째는 짝 지어진 두 표본 평균의 차에 의한 방법이고, 둘째는 두 종속표본 간 상관계수에 의한 방법이다.

먼저 짝 지어진 두 표본 평균의 차에 의한 방법은 짝 지어진 표본의 차에 대한 검정으로서 그 차이가 모집단에서 0이 되느냐 아니냐를 검정하게 된다. 이는 두 표본이 종속되었기에 두 표본에서 얻어진 자료를 짝을 지어 결국 차이를 계산한 단일표본의 검정으로 대치되는 것이다. 즉, 단일표본 t검정으로 대치하며 종속변인이 두 변인의 차이값이 된다. 표준오차를 계산하는 공식은 다음 (6)과 같다.

$$\overline{D} = \frac{\sum D}{n} = \overline{X_1} - \overline{X_2}$$

$$S_D = \sqrt{\frac{\sum(D-\overline{D})^2}{n-1}}$$

$$S_{\overline{D}} = \frac{S_D}{\sqrt{n}} \quad \cdots\cdots (6)$$

t통계치를 구하는 공식은 다음 (7)과 같다.

$$t = \frac{\overline{D}}{S_{\overline{D}}} = \frac{\overline{D}}{\frac{S_D}{\sqrt{n}}} \quad \cdots\cdots (7)$$

두 종속표본 간 상관계수에 의한 방법을 이용할 경우, 표준오차를 계산하는 공식은 다음 (8)과 같다.

$$S_{\overline{x}_1 - \overline{x}_2} = \sqrt{\frac{S_1^2}{n_1} + \frac{S_2^2}{n_2} - 2r\frac{S_1 S_2}{n}} \quad \cdots\cdots (8)$$

t통계치를 구하는 공식은 다음 (9)와 같다.

$$t = \frac{\overline{X}_1 - \overline{X}_2 - (\mu_1 - \mu_2)}{\sqrt{\frac{S_1^2}{n_1} + \frac{S_2^2}{n_2} - 2r\frac{S_1 S_2}{n}}} \quad \cdots\cdots (9)$$

예를 들어, 쌍생아 집단을 대상으로 서로 다른 교수방법의 효과에 관한 실험을 하였다. 열 쌍의 쌍생아를 두 집단으로 나누어 한 집단은 방법 A로 수업하고 또 다른 집단은 방법 B로 가르친 후 학업성취도 검사를 한 결과가 다음 〈표 13-2〉와 같다고 하자. 두 교수법의 효과에 차이가 있는지 유의수준 0.05 수준에서 검정하고자 한다.

〈표 13-2〉 쌍생아 집단에 대한 서로 다른 교수법의 결과의 예

쌍생아 짝	교수법 A	교수법 B	D
1	6	7	−1
2	7	5	2
3	3	5	−2
4	9	8	1
5	4	6	−2
6	4	4	0
7	8	9	−1
8	5	3	2
9	2	4	−2
10	6	6	0

먼저 짝 지어진 두 표본 평균의 차에 의한 방법으로 계산하는 절차를 살펴보자.

첫째, 영가설과 대립가설은 다음과 같다.

H_0: $\mu_d = 0$

H_1: $\mu_d \neq 0$

둘째, 두 평균의 차의 평균 $\overline{D}$와 S_D를 계산하면 다음과 같다.

$$\overline{D} = 5.4 - 5.7 = -0.3$$

$$S_D = \sqrt{\frac{\Sigma(D - \overline{D})^2}{n-1}} = 1.56$$

셋째, t통계치를 계산하면 다음과 같다.

$$t = \frac{\overline{D}}{\frac{S_D}{\sqrt{n}}} = \frac{-0.3}{\frac{1.56}{\sqrt{10}}} = -0.60$$

넷째, 자유도 9, $\alpha = 0.05$ 수준에서 기각치는 ±2.262이므로 영가설을 기각할 수 없다.

따라서 쌍생아 집단에 대한 서로 다른 교수법에 유의한 차이가 없다고 결론을 내린다.

다음으로 두 종속표본 간 상관계수에 의한 방법으로 계산하는 절차를 살펴보자.

첫째, 영가설과 대립가설은 다음과 같다.

$H_o:\ \mu_1 = \mu_2$

$H_1:\ \mu_1 \neq u_2$

둘째, 두 평균의 차의 표준오차 $S_{\overline{x_1}-\overline{x_2}}$와 t 통계치를 구하면 다음과 같다.

$r = 0.72$

$$S_{\overline{x_1}-\overline{x_2}} = \sqrt{\frac{S_1^2}{n_1} + \frac{S_2^2}{n_2} - 2r\frac{S_1S_2}{n}}$$

$$= \sqrt{\frac{4.93}{10} + \frac{3.37}{10} - 2\times.72\ \frac{(2.22)(1.87)}{10}}$$

$$= 0.496$$

$$t = \frac{\overline{X_1} - \overline{X_2}}{\sqrt{\frac{S_1^2}{n_1} + \frac{S_2^2}{n_2} - 2r\frac{S_1S_2}{n}}}$$

$$= \frac{5.4 - 5.7}{0.496} = -0.60$$

셋째, 자유도 9, $\alpha = 0.05$ 수준에서 기각치는 ± 2.262이므로 영가설을 기각할 수 없다. 따라서 쌍생아 집단에 대한 서로 다른 교수법에 유의한 차이가 없다고 결론을 내린다.

결론적으로, 두 방법으로 계산했을 때 동일한 결론에 도달하게 됨을 알 수 있다.

SPSS 실행

두 종속표본 t검정은 메뉴 [분석－평균 비교－대응표본 T검정]을 눌러 실시한다.

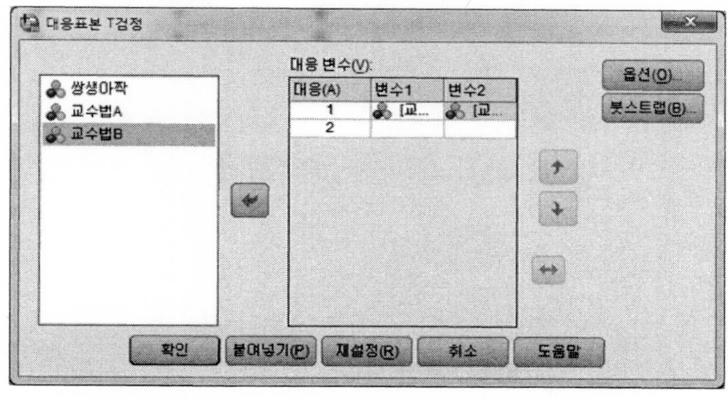

'대응표본 T검정' 대화상자에서 검정할 두 변수를 선택하여 대응 변수의 변수1, 변수2로 지정한 뒤 [확인]을 누른다.

분석결과

〈표 13-2〉의 쌍생아 집단에 대한 서로 다른 교수법의 결과에 관한 자료는 다음과 같이 나타난다. 교수법 A와 교수법 B에 따른 평균점수의 차이와 표준편차는 각각 −.300, 1.567, t통계값은 .605, 자유도는 9로 나타나 〈표 13-2〉에서 계산한 결과와 동일하다. 자유도 9, $\alpha=0.05$ 수준에서 기각치는 ±.262이므로 영가설을 기각할 수 없고, 따라서 '쌍생아 집단에 대한 서로 다른 교수법 A, B에 유의한 차이가 없다.'라고

결론을 내린다.

대응표본 통계량

		평균	N	표준편차	평균의 표준오차
대응1	교수법A	5.40	10	2.221	.702
	교수법B	5.70	10	1.889	.597

대응표본 검정

	대응차					t	자유도
	평균	표준편차	평균의 표준오차	차이의 95% 신뢰구간			
				하한	상한		
대응1 교수법A - 교수법B	-.300	1.567	.496	-1.421	.821	-.6054	9

연습문제

1. CAI 교수법이 학습자의 이해력에 영향을 주는지 알아보고자 단순무선표집한 50명을 대상으로 측정하였더니 평균이 75점, 표준편차가 3이었다. CAI 교수법의 이해력은 70점일 것이라는 가설을 유의수준 .01에서 검정하라.

2. 통계학 수업을 듣는 학생 중 25명을 뽑아 이들에게 새로운 교수법으로 수업을 한 후 통계 시험을 치른 결과 평균이 72점, 표준편차가 5였다. 새로운 교수법으로 수업을 받은 표본집단의 평균점수와 연구대상인 모집단의 평균점수 68점의 차이에 대하여 유의수준 .01에서 검정하라.

3. N고등학교 1학년 학생들에게 A, B 두 종류의 시험을 실시하였는데 그 결과는 다음 표와 같다. r=0.46일 때, 이 두 종류 간에 차이가 있는지 유의수준 .05에서 검정하라.

A	B
$n=27$	$n=27$
$\overline{X_1}=44$	$\overline{X_2}=40$
$S_1=2.6$	$S_2=3.1$

4. 갑학교의 초등학생 중에서 16명을 뽑아 IQ를 조사했더니 평균이 107점, 표준편차가 10이었다. 을학교에서는 14명을 뽑아 조사했더니 평균이 112점, 표준편차가 8이었다. $\sigma_1=\sigma_2$를 가정하여 유의수준 .01에서 두 학교의 평균 IQ 차이에 대하여 검정하라.

5. 수학 시험을 실시한 후 갑반의 학생 중 12명을 뽑아 평균점수를 구해 보니 78점, 표준편차는 6이었다. 을반 학생 중 15명을 뽑아 조사한 결과 평균점수 74점, 표준편차가 8이었다. $\sigma_1 = \sigma_2$를 가정하여 유의수준 0.10에서 어느 반이 더 우수한지 검정하라.

6. A반과 B반의 기말 영어 시험 점수를 비교하고자 A반에서 6명, B반에서 10명을 뽑아 시험 점수를 비교하였다. B반이 A반보다 우수한지 유의수준 .05에서 검정하라.

A반: 90, 84, 77, 79, 83, 82
B반: 94, 92, 85, 75, 90, 80, 95, 79, 90, 85

제14장
χ^2검정

지금까지 알아본 Z검정과 t검정은 모집단의 분포가 정규분포를 이루며 변량이 같다는 가정하에서 이루어졌다. 그렇다면 연구 자료가 등간척도 이하의 척도, 즉 서열척도나 명명척도로 측정되었거나 모집단에 대한 가정이 명백하게 충족될 수 없는 경우, 즉 모집단의 분포가 정규분포를 이루지 않는 경우에는 Z검정과 t검정 등을 이용할 수 없다. 결국, 현실적으로 모집단의 분포를 알 수 없거나, 표본을 선택하여 통계처리를 하더라도 모집단의 분포에 대한 막연한 가정으로 오류가 발생한다는 것이다. 이때는 비모수적 방법을 사용하여야 한다. 여기서는 대표적 비모수통계로 χ^2(chi-square)검정을 소개한다.

대표적인 모수통계로 사용되는 Z검정, t검정, F검정은 모집단의 분포가 정규분포이고 변량이 동일하다는 가정이 필요하다. 이 모든 검정은 모수(parameter)에 관련되어 있고 모수에 관한 가정을 요구하기 때문에 모수검정(parametric test)이라고 한다.

모수검정의 다른 일반적 특징은 표본 내의 각 값에 대한 수치 점수가 필요하다는 것이다. 점수는 더하고 제곱하고 평균을 내는 등의 기초적인 계산을 이용하여 다루어진다. 척도의 관점에서 모수검정은 등간척도나 비율척도의 자료를 요구한다.

종종 연구자들은 모수검정이 요구하는 것과 일치하지 않는 상황에 부딪히게 된다. 이럴 때는 모수검정을 시도하지 말아야 한다. 검정의 가정에 위배되면 그 검정은 자료의 잘못된 해석을 유도할 수 있기 때문이다. 그러나 다행히 모수검정을 대치할 몇 가지 가설검정 방법이 있다. 이런 대안을 비모수검정(nonparametric test)이라고 한다. 비모수검정은 대개 구체적인 모수에 관한 가설을 세우지 않고 모집단 분포에 관한 가정도 거의 하지 않는다. 후자의 이유 때문에 비모수검정을 분포에 무관한 검정(distribution free test)이라고 한다. 이는 점수가 정규분포에서 나왔다는 가정을 요구하지 않기 때문이다.

비록 모집단에 관한 가정을 할 수 없기 때문에 비모수적 검정이 자주 사용되기는 하지만 연구자는 다른 이유 때문에도 비모수적 방법을 선택할 수 있다. 즉, 서열척도 혹은 명명척도로 수집된 자료를 다룰 때가 이에 해당하는데, 이러한 경우에는 보통 모수적 검정이 적절하지 못하다. 측정이 명명척도 혹은 서열척도의 성질을 띤다면 비모수적 검정이 적합하다. 예를 들어, 순위 간의 상관을 알고자 할 때 Karl Pearson의 r보다는 상관 정도에 관한 비모수적 지표가 더 적절하며 이때 사용하는 것이 Spearman의 등위상관이 된다.

1. 기본개념

Pearson에 의해 소개된 카이자승법(chi-square)은 관찰된 빈도가 기대되는 빈도와 유의하게 다른지를 검정하기 위하여 사용된다. χ^2분포를 기초로 한 χ^2검정은 표준정규분포에서 만들어진다. 자료가 빈도로 주어졌을 때, 특히 명명척도 자료의 분석에 사용된다. χ^2은 동질성 검정과 독립성 검정의 두 유형으로 분류되며, 두 유형 모두 관찰빈도와 기대빈도를 비교하여 검정한다. 단일변인을 분석하는 동질성 검정에서는 어떤 집단의 관찰빈도와 그에 대응하는 집단의 기대빈도 또는 이론빈도가 비교된다. 동질성 검정에서 가설은 '변인의 분포가 이항분포나 정규분포와 동일하다.'로 설정된다. 어떤 모집단의 표본이 그 모집단을 대표하는지를 검정하는 데 사용하는 것이 동질성 검정이다.

변인이 두 개 이상일 때에는 독립성 검정이 사용되며, 관찰빈도와 기대빈도의 비교는 동질성 검정과 동일하다. 독립성 검정에서 기대빈도는 '두 변인이 서로 상관이 없고 독립적'이라고 기대하는 것을 함축하며, 관찰빈도와의 차이에 의해 기대빈도의 진위를 밝힌다.

χ^2검정은 수집된 자료가 빈도로 주어졌을 때 적용할 수 있는 통계적 검정방법으로, 가장 대표적인 것은 분할표(contingency table)를 이용하여 검정하는 것이다. 분할표란 연구대상 전체를 두 가지 분류 기준에 의하여 구분하고, 각 칸(cell)에 해당하는 빈도를 조사하여 기록한 표다. $r \times c$ 분할표라 하면 한 분류 기준에 의한 r개의 행(row)과 다른 분류 기준에 의한 c개의 열(column)로 구분한 표를 의미한다.

χ^2검정은 χ^2분포에 기초한 통계적 방법으로 χ^2분포는 t분포와 마찬가지로 하나의 자유도에 의하여 결정되는 분포다. 분할표를 사용한 χ^2분포의 자유도를 결정하는 것은 분할표 칸의 수로, 자유도 산출 공식은 다음 (1)과 같다.

$$df = (r-1) \times (c-1) \quad \cdots\cdots (1)$$

r : 행(row)의 수
c : 열(column)의 수

χ^2분포에서는 자유도가 낮을수록 크게 편포되는 비대칭 모양을 이루고 오른쪽으로 긴 꼬리를 가지며 항상 양수의 값만을 가진다. 즉, 정적편포의 형태를 이룬다. 그리고 자유도가 높을수록 χ^2분포는 대칭적이며 종 모양의 분포에 가깝게 된다. 특히 자유도가 30 이상이면 정규분포의 형태를 취하게 된다. 이는 다음의 [그림 14-1]에 잘 나타나 있다.

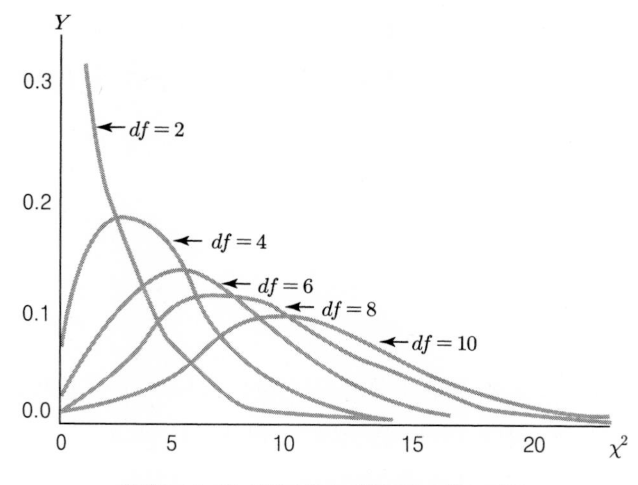

[그림 14-1] 여러 가지 자유도에 따른 χ^2분포

자유도가 2 이상일 경우 χ^2통계치의 계산 공식은 다음 (2)와 같다.

$$\chi^2 = \sum_{i=1}^{k} \frac{(O_i - E_i)^2}{E_i} \quad \cdots\cdots (2)$$

O_i : i번째 교차 부분에서의 관찰빈도(observed frequency)

E_i : i번째 교차 부분에서의 기대빈도(expected frequency)

k: 교차 부분의 수

df : $k-1$

그러나 자유도가 1인 경우에는 χ^2분포의 연속성을 위한 교정을 해야 하며, 이러한 문제를 해결하기 위한 예이츠 교정(Yates' correction)이 있다.

χ^2검정은 빈도의 연속성과 정규성을 가정한다. 그런데 빈도가 5 이하인 경우, 이 연속성과 정규성의 가정이 성립되지 않는다. 그래서 연속성을 위한 교정을 한 다음에 다음 공식 (3)과 같이 χ^2을 계산해야 한다.

$$\chi^2 = \sum_{i=1}^{k} \frac{(|O_i - E_i| - \frac{1}{2})^2}{E_i} \quad \cdots\cdots (3)$$

앞의 공식에서 보듯이 χ^2은 관찰빈도(O)와 기대빈도(E)의 차이를 제곱한 것을 각각의 기대빈도로 나누어서 합한 것이다. 관찰빈도는 각 칸에 해당하는 실제 빈도이며, 기대빈도는 그 칸이 속하는 행의 합과 열의 합을 곱하여 전체 빈도로 나누어 구하면 된다. 관찰빈도와 기대빈도의 차이가 크면 클수록 χ^2값이 커지는 반면에 두 빈도간의 차이가 작으면 작을수록 χ^2값은 작아진다.

2. 가 정

특정한 통계적 방법이 모든 상황에 통용되는 것은 아니므로 χ^2분포를 사용하여 통계적 검정을 실시할 때 기본가정과 제한점을 고려하여야 한다.

1) 변인의 제한

χ^2분포에 의하여 검정을 실시하기 위해서는 종속변인이 명명변인에 의한 질적변인이거나 최소한 범주변인이어야 한다.

2) 무선표집

다른 추리통계방법에서 보아 온 대로 연구되는 표본은 관계되는 모집단에서 무선으로 추출되었음을 가정한다.

3) 기대빈도의 크기

χ^2검정을 실시하기 위해서는 또한 각 범주에 포함할 수 있는 기대되는 빈도인 기대빈도(또는 기대도수)가 5 이상이어야 한다. 따라서 기대빈도의 수가 5보다 적으면 사례 수를 증가시켜야 한다.

예이츠 교정 방법 외에 기대빈도가 5 미만일 때는 연속적인 χ^2분포에 접근할 수 있게 하기 위하여 기대빈도 수를 증가시킨다. 이를 위해서 인접 유목을 결합하거나 표본의 크기인 n을 증가시켜야 한다. 예를 들어, 부모의 학력을 조사했는데 초졸(4명), 중졸(12명), 고졸(11명), 대졸(7명), 대학원졸(5명)일 경우, 기대빈도가 5 미만인 초졸을 중졸 유목과 합하여 16명을 만듦으로써 비연속적인 한계를 벗어나 연속적인 분포로 만든다는 것이다.

4) 관찰의 독립

각 칸에 떨어져 있는 빈도는 각각 독립적이어야 한다. 예를 들어, 성별로 분류하고 전공계열로 분류할 때와 같이 어떤 칸에 해당하는 사례는 다른 칸에 해당하는 사례와 상관이 없는 독립적인 관계여야 한다.

3. 동질성 검정

동질성 연구는 여러 모집단의 속성이 같은지를 알아보는 것으로, 여러 모집단에서 각각 표본을 추출하여 하나의 종속변인을 관찰한 다음 유사성을 검정하는 것이다.

예를 들어, 교육통계 강의에 등록한 학생 수가 40명이다. 영가설은 강의에 등록한 여학생과 남학생 수가 같다는 것이다. 이 연구문제를 영가설과 대립가설로 나타내면 다음과 같다.

H_0 : 집단 간 차이가 없다.

H_1 : 집단 간 차이가 있다.

그러나 실제(관찰)로 등록한 남학생 수는 25명이고, 여학생 수는 15명이었다. 이에 대한 기대빈도는 각 20명으로 다음의 〈표 14-1〉과 같다.

〈표 14-1〉 관찰빈도와 기대빈도의 예

	남	여	합계
관찰(O)	25	15	40
기대(E)	(20)	(20)	40

$$\chi^2_{기대치(0.05,1)} = 3.84146 > \chi^2_{관찰치} = 2.025$$

χ^2분포의 값을 구하기 위해 [부록]의 〈수표 6〉을 참고한다.

이 경우에는 자유도가 1이므로 예이츠 교정법을 사용하여 검정하면 다음과 같다.

$$\chi^2 = \sum_{i=1}^{k} \frac{(|O_i - E_i| - \frac{1}{2})^2}{E_i}$$

$$= \frac{(|25-20| - \frac{1}{2})^2}{20} + \frac{(|15-20| - \frac{1}{2})^2}{20}$$

$$= \frac{(4.5)^2}{20} + \frac{(4.5)^2}{20} = 2.025$$

$\chi^2_{관찰치} = 2.025$가 표의 χ^2인 3.841을 초과하지 못하므로 영가설이 기각되지 않는다. 남학생이 여학생보다 교육통계 강의에 많이 등록했다고 결론을 내릴 만한 충분한 근거가 없다. 따라서 연구자는 유의수준 0.05에서 교육통계 강의에 등록한 여학생 수와 남학생 수는 같다는 결론을 내린다.

SPSS 실행

χ^2검정을 시행하기 위해 〈표 14-1〉의 자료를 입력하고, 메뉴 [분석-비모수 검정-레거시 대화 상자-카이제곱검정]의 순으로 선택하면 '카이제곱 검정' 대화상자가 나타난다.

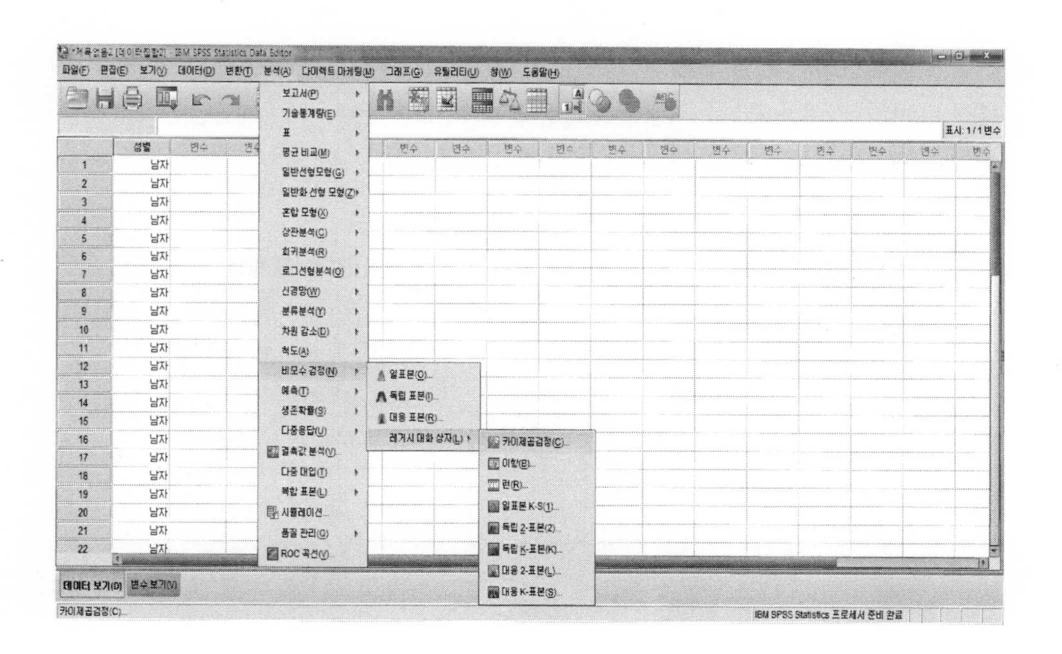

'카이제곱 검정' 대화창의 좌측에 있는 변수 중 분석을 실행하고자 하는 변수를 우측의 검정변수로 옮긴다. 여기서 '성별' 변수를 우측으로 이동시킨다. 변수를 이동시킨 후 [확인]을 클릭하면 분석이 실행된다.

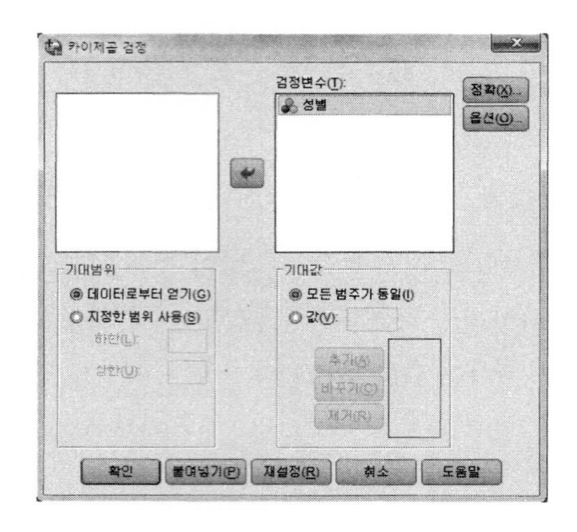

분석결과

〈표 14-1〉의 자료를 바탕으로 카이제곱검정을 실시한 결과는 다음과 같다.

빈도분석에는 성별 변수의 각 변수값에 대한 관찰빈도(관측수)와 기대빈도, 그리고 관찰빈도와 기대빈도 간의 차이가 제시되어 있다. 관찰빈도와 기대빈도 간 차의 통계적 유의성에 대한 결과는 '검정 통계량'을 살펴보면 된다. 카이제곱값은 2.500이며, 근사 유의확률은 .114로 영가설이 기각되지 않는다.

카이제곱검정

빈도분석

성별

	관측수	기대빈도	잔차
남자	25	20.0	5.0
여자	15	20.0	-5.0
합계	40		

검정 통계량

	성별
카이제곱	2.500[a]
자유도	1
근사 유의확률	.114

a. 0셀(0.0%)은(는) 5보다 작은 기대빈도를 가집니다. 최소 셀 기대빈도는 20.0 입니다.

4. 독립성 검정

χ^2검정은 특히 두 유목변인 간의 독립성을 검정하는 데 흔히 사용된다. 즉, 두 유

목변인이 서로 의미가 있는 상관관계에 있는지 혹은 관계가 없고 독립적인지를 검정한다. 따라서 이런 경우의 영가설과 대립가설은 다음과 같이 진술한다.

H_0 : 두 변인은 서로 독립적으로 상관이 없다.

H_1 : 두 변인은 서로 독립적이 아니고 상관이 있다.

다음에는 2 × 2 분할표로서 자유도가 1인 경우의 예를 들어 보자. 한 지역교육청에서 남자 고등학생 200명 중 100명을 무선표집하여 금연 프로그램을 3주간 적용한 후 재흡연 · 금연 학생 수를 조사한 결과가 다음의 표와 같다고 하자. 연구자는 금연 프로그램 적용 여부가 재흡연과 관계가 있는지 혹은 없는지 검정하고자 하며, 그 결과는 다음 〈표 14-2〉와 같다.

〈표 14-2〉 금연 프로그램 처치와 흡연 발생의 관찰 및 기대빈도

	프로그램 적용	미적용	합 계
재흡연	22(44)	66(44)	88
금연	78(56)	34(56)	112
합계	100	100	200

자유도가 1이므로 다음과 같다.

$$\chi^2 = \sum_{i=1}^{k} \frac{(|O_i - E_i| - \frac{1}{2})^2}{E_i}$$

$$= \frac{(|22-44| - \frac{1}{2})^2}{44} + \frac{(|66-44| - \frac{1}{2})^2}{44}$$

$$+ \frac{(|78-56| - \frac{1}{2})^2}{56} + \frac{(|34-56| - \frac{1}{2})^2}{56}$$

$$= 10.51 + 10.51 + 8.25 + 8.25$$

$$= 37.52$$

앞의 계산에서 얻은 χ^2통계치는 37.52로 자유도가 1이고 유의도 수준 0.05에서의 χ^2결정치인 3.84보다 크기 때문에 기각역에 속하여 영가설을 기각하게 된다. 따라서 연구자는 금연 프로그램 처치와 재흡연 여부 간에 서로 상관이 있다고 결론을 내릴 수 있다. 즉, 금연 프로그램의 효과를 인정할 수 있다.

한편, 두 질적변인의 범주 혹은 수준이 2개 이상인 경우 2 × 2 이상의 분할표인 $r \times c$ 분할표를 사용해야 하는데, $r \times c$ 분할표는 Cramer가 제안한 계수 V(상관추정치, mean square contingency coefficient)를 따른다. χ^2통계치를 이용하여 Cramer가 제안한 V를 계산하는 공식은 다음 (4)와 같다.

$$V = \sqrt{\frac{\chi^2}{mn}} \quad \cdots\cdots (4)$$

여기에서 n은 사례 수를, m은 $r-1$과 $c-1$의 자유도 중에서 작은 수를 말한다. 예를 들어, 대학생 200명을 대상으로 성별과 전공계열 간의 관계를 조사하여 아래의 분할표를 얻었다면 이 변인들 간의 검정결과는 다음 〈표 14-3〉과 같다.

〈표 14-3〉 성별 · 전공계열에 대한 관찰 및 기대빈도

	인문계	자연계	예체능계	합계
남자	25(27)	73(60)	22(33)	120
여자	20(18)	27(40)	33(22)	80
합계	45	100	55	200

$$\chi^2 = \sum_{i=1}^{k} \frac{(O_i - E_i)^2}{E_2} = \frac{(25-27)^2}{27} + \frac{(20-18)^2}{18} + \cdots + \frac{(33-22)^2}{22}$$

$$= 0.15 + 0.22 + \cdots + 5.55$$

$$= 16.59$$

$$\therefore V = \sqrt{\frac{\chi^2}{mn}} = \sqrt{\frac{16.59}{1 \times 200}} \fallingdotseq 0.29$$

이 경우에 자유도는 산출 공식에 따라 (2−1)×(3−1)=2가 되고 유의수준 0.05에서 χ^2결정치가 5.99임을 [부록]의 〈수표 6〉에서 알 수 있다. 따라서 χ^2통계치는 16.59로 결정치인 5.99보다 크기 때문에 기각역에 속하여 영가설을 기각하게 된다. 그러므로 연구자는 성별과 전공계열 간에 서로 상관이 있다고 결론을 내릴 수 있다.

SPSS 실행

두 집단의 독립성 검정을 실시할 때에는 메뉴 [분석−기술통계량−교차분석]을 통해 진행한다. '교차분석' 대화상자를 열어서 행(성별)과 열(전공계열)에 각각 분석할 변수를 지정한 다음, [통계량]을 누른다.

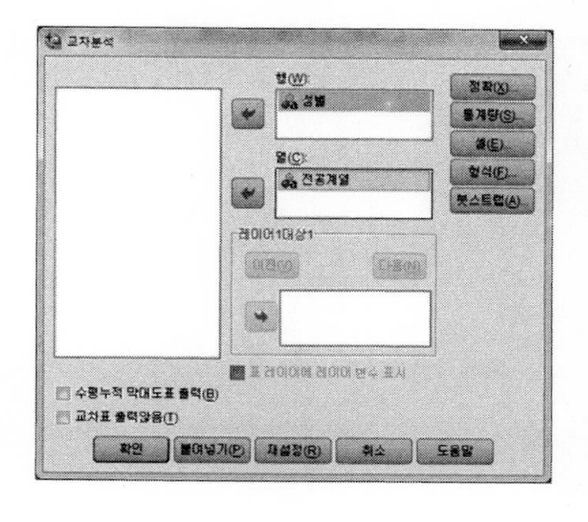

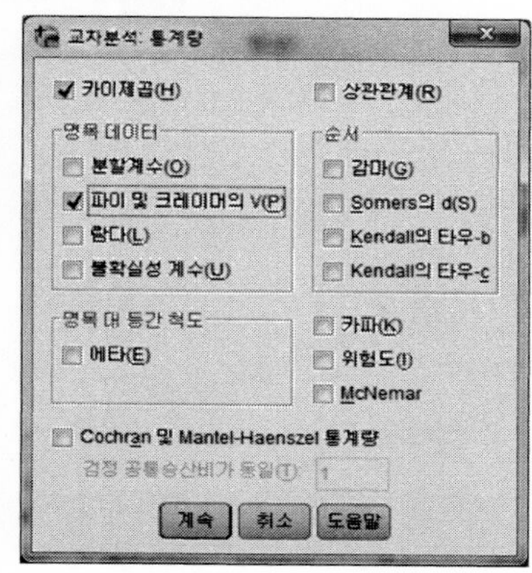

'통계량' 대화상자가 열리면 카이제곱과 명목 데이터 중 '파이 및 크레이머의 V'를 설정하고, [계속]을 눌러 '교차분석' 대화상자로 돌아온 다음 [확인]을 누르면 된다. 다집단 상관성 분석도 마찬가지로 같은 절차에 의한다.

분석결과

〈표 14-3〉의 성별 및 전공계열에 대한 관찰결과를 이용하여 분석한 결과는 다음과 같다. 카이제곱(χ^2)값이 16.579로 결정치인 5.99보다 크기 때문에 기각역에 속하여 영가설을 기각하게 된다. 그러므로 성별과 전공계열 간에는 서로 상관이 있다고 결론을 내릴 수 있다.

카이제곱검정

	값	자유도	접근 유의확률 (양측검정)
Pearson 카이제곱	16.579[a]	2	.000
우도비	16.695	2	.000
유효 케이스 수	200		

a. 0셀(0.0%)은(는) 5보다 작은 기대빈도를 가지는 셀입니다. 최소 기대빈도는 18.00입니다.

연습문제

1. 한 서점에서 책을 사러 온 60명에게 책 a, b, c 중 어느 책을 선택할지 결정하게 했다. 그 결과, a는 24명, b는 22명, c는 14명이 선택하였다. 다음의 선호도를 유의수준 .05에서 검정하라.

2. 교육학과 학생 136명을 대상으로 선호하는 전공과목을 조사하였다. 그 결과, a과목은 43명, b과목은 38명, c과목은 41명, d과목은 14명이 선택하였다. 선호의 차이가 유의한지 유의수준 .05에서 검정하라.

3. 한 연구자는 색깔 선호와 성별의 관계를 조사하고자 하였다. 1,000명을 표집하여 성별과 색깔 선호를 조사하고 다음과 같이 분류하였다. 유의수준 .05에서 검정하라.

	흰색	파란색	노란색	전체
남	320	70	10	400
여	580	10	10	600
전체	900	80	20	1,000

4. 다음은 어느 대학 총학생회장 후보로 출마한 후보자 4명에 대한 남녀 집단 선호도의 차이를 검정하기 위해 남자 170명, 여자 180명을 무선표집하여 조사·면접한 결과다. 유의수준 .05에서 검정하라.

	A후보	B후보	C후보	D후보	전체
남	38	29	43	60	170
여	18	22	14	126	180
전체	56	51	57	186	350

5. 전문 분야에 따른 학생들의 사회참여 필요성을 조사하고자 400명을 무선표집하여 조사한 결과가 다음과 같다. 유의수준 .01에서 검정하라.

	학생의 사회참여 필요성			전체
	필요 없음	필요함	매우 필요함	
언론계	46	82	72	200
과학계	42	38	20	100
경제계	52	40	8	100
전 체	140	160	100	400

6. 남녀 대학생을 대상으로 무선표집하여 이들이 선호하는 도서 분야를 조사하니 다음과 같다. 성별에 따른 도서 분야별 선호도의 차이가 있는지 유의수준 .01에서 검정하라.

	시사	문학소설	과학	수필	예술	기타	전체
남	73	56	39	15	22	15	220
여	12	60	10	80	25	17	204
전체	85	116	49	95	47	32	424

제15장 일원변량분석

지금까지 두 모집단의 평균을 비교하기 위하여 Z검정과 t검정을 사용하였다. 그러나 어떤 연구에서는 여러 모집단의 평균을 동시에 비교해야 할 경우가 생긴다. 예를 들면, 동일한 학년의 각각 다른 세 가지 교수법에 의한 수학 점수 평균을 비교하고자 할 때나 서울, 대전, 부산 지역 학교의 수업시간 중 교사의 인터넷 사용률을 비교하고자 하는 경우다.

이렇게 세 집단 이상을 비교할 때 Z검정이나 t검정과 같이 두 집단을 비교하는 방법을 사용하면 검정을 세 번 실시해야 하는 번거로움이 생긴다. 그리고 두 집단을 여러 번 비교하게 되면 영가설이 맞는데도 잘못하여 기각하는 위험률인 α(alpha)가 커지는 문제가 생긴다. 따라서 비교집단이 두 개일 때는 물론 그 이상 여러 개일 때 이들의 평균차를 비교하기 위해 변량분석법을 사용하게 되는데, 여기에 사용되는 통계적 연구방법이 변량분석(analysis of variance)이며, 간단히 ANOVA 혹은 분산분석이라고도 한다.

1. 기본개념

변량분석(analysis of variance)은 R. A. Fisher에 의해 독립변인을 몇 개의 수준 또는

범주로 나누어 각 수준에 따라 나누어진 집단 간의 평균차를 검정하는 것이다. 그리고 일원변량분석이란 하나의 독립변인을 두 개 이상의 수준으로 나누어 독립변인의 수준에 따라 각 집단의 평균의 차이가 유의한지를 검정하는 것으로 t검정의 확대형이라고 할 수 있다. 변량분석의 목적은 표본 간의 차이가 단지 우연(표집오차, sampling error)에 의한 것인지, 아니면 연구자의 처치로 인한 구조적 처치 효과(systematic effect)에 의한 것인지를 결정하는 것이다. 변량분석의 장점은 수많은 집단의 값을 한꺼번에 검정해 보고 그 값의 차가 통계적으로 유의한지 아닌지를 종합적으로 판정해 볼 수 있다는 데 있다.

예를 들어, 동일한 세 집단에 각기 다른 처치를 가하여 집단마다 다른 결과가 나왔을 때 집단 간의 차이에 따른 변량이 있을 수 있고, 집단 내에서 피험자 간의 변량이 발생할 수 있다. 즉, 실험으로 인한 종속변인의 총 변화량은 처치에 의한 집단 간 변화량과 집단 내에서의 개인차인 집단 내 변화량으로 양분될 수 있다. 만약 처치에 효과가 있다면 세 집단은 서로 다른 평균을 가지므로 집단 간 변량이 클 것이고, 처치 효과가 없다면 집단 간 차이가 없으므로 변량은 적을 것이다.

변량분석의 유의도 검정을 위한 기준으로 F통계치를 사용하며, 공식은 다음 (1)과 같다.

$$F = \frac{{\sigma_b}^2}{{\sigma_w}^2} = \frac{\text{집단 간 변량}}{\text{집단 내 변량}} \quad \cdots\cdots (1)$$

앞의 공식에서 보면, F검정은 집단 내 변량에 비추어 집단 간 변량의 비율을 계산하여 결론을 유도한다. 즉, 집단 내 변량에 비하여 집단 간 변량이 커진다면 집단 간의 차이가 있다고 할 수 있다. 실험연구에서 각기 다른 처치를 가하였다면 처치 효과가 있다고 할 수 있으며, 사회조사연구에서는 집단 간의 특성에 따라 차이가 있다고 볼 수 있다. 그러나 집단 간의 변량의 크기를 고려하여 집단 간의 차이 유무를 결정할 때 집단 간 변량의 크기를 임의로 설정할 수는 없다. 그러므로 집단 간의 변량이 집단 내 피험자의 변량에 비추어 그 크기가 클 때 집단 간의 차이가 있다고 결론을 유도할 수 있게 된다. 집단 내 변량에 대한 집단 간 변량의 비율을 F값이라 부르며, 이 F값이 F분포에 의한 기각치보다 클 때 집단 간의 유의한 차이가 있다고 결론을 내리게 된다.

2. 가 정

변량분석은 두 집단 비교를 확대한 것으로 세 집단 이상을 비교하는 방법이므로 두 집단의 비교를 위한 Z검정과 t검정을 실시할 때와 동일한 가정을 갖는다. 변량분석을 위한 기본가정은 다음과 같다.

1) 각 집단에 해당하는 모집단의 분포가 정규분포여야 한다

정규분포에 대한 가정에서는 각 모집단이 정규분포에서 상당히 벗어났다고 해도 각 집단의 표본 크기 n을 크게 하면 중심극한정리에 의해 추론의 결과에 미치는 영향이 크지 않다. 따라서 모집단이 정규분포에서 많이 벗어났을 것이라고 예상된다면 표본의 크기를 늘려야 한다.

2) 각 집단에 해당하는 모집단의 변량이 같아야 한다

변량에 대한 가정에서는 만일 각 집단의 표본 크기 n이 같다면 이 가정이 만족되지 않아도 결론에 심각한 영향을 미치지 않는다. 반면에 표본의 크기가 서로 다른 경우에 각 모집단의 변량이 같다는 가정이 만족되지 않으면 추정 결과에 심각한 영향을 초래할 수 있다. 따라서 각 집단의 모집단 변량이 동일하다는 가정을 할 수 없을 때는 가능한 한 각 집단의 표본 크기가 같도록 하는 것이 중요하다.

3) 각 모집단 내에서의 오차나 모집단 간의 오차는 서로 독립적이다

각 관찰치의 오차가 독립적이지 않을 때는 정규분포와 변량에 대한 가정이 충족되지 않으므로 오차가 독립적이라는 가정은 아주 중요하다. 그러므로 통계적 추론에서는 표본을 뽑을 때 확률표본의 방식을 사용하여 분석 자료가 독립관찰치가 되도록 하는 것이 중요하다.

결국 세 가지 가정을 충족하기 위해서는 각 관찰치가 독립적으로 뽑혀야 하며, 각 표집의 변량은 같고 정규분포를 이루어야 한다.

3. F분포와 F검정

가령 평균 μ, 변량 σ^2인 정규분포의 모집단에서 두 개의 표본을 n_1, n_2의 사례 수로 각각 추출하였다고 했을 때 얻어지는 두 표본의 변량을 각각 ${s_1}^2$, ${s_2}^2$이라고 하자. 이들의 변량비와 그 분포를 각각 F값 및 F분포라고 하는데, F검정은 집단 간 및 집단 내 변량을 비교하는 과정을 통하여 이루어진다.

F분포는 두 개의 자유도 df_1과 df_2에 의하여 결정되는 분포로 df_1과 df_2는 각각 변량비의 분자와 분모의 자유도를 나타낸다. 다음의 [그림 15-1]은 자유도가 다른 여러 경우의 F분포를 나타낸다.

F표본분포의 중요한 특성은 다음과 같이 요약할 수 있다.

① 표본 수가 증가하면 분포의(변량) 평균은 1.0에 가까워진다.
② F분포는 일봉분포(unimodal)다.
③ F분포는 하한계가 영이므로, 표본분포는 정적편포분포다.
④ F분포는 t분포와 마찬가지로 분포가 자유도에 따라 달라진다.

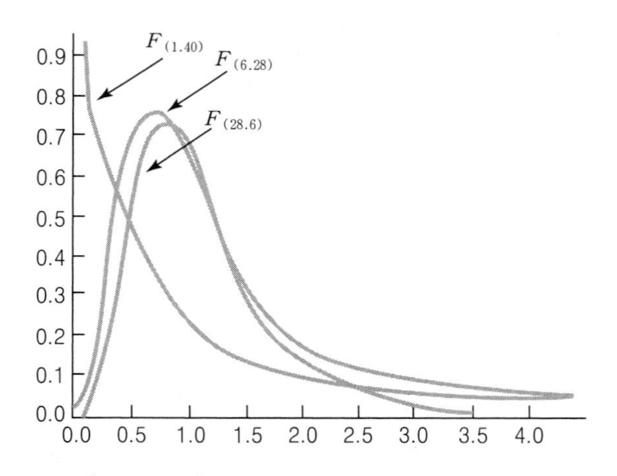

[그림 15-1] 자유도가 다른 세 가지 경우의 F분포

4. 일원변량분석의 과정

일원변량분석에서 만약 J개의 표본 평균 간에 차이가 없고 이들 평균이 모집단의 평균과 같다는 영가설과, 표본 평균과 모집단 평균 간에 차이가 있다는 대립가설을 통계적 가설로 나타내면 다음과 같다.

H_0: $\mu_1 = \mu_2 = \mu_3 = \cdots = \mu_j = \mu$

H_1: $\mu_j \neq \mu_j{}'$ (어떤 j와 j' 표본에 대하여)

J개 집단에서 각 집단의 사례 수를 각각 $n_1, n_2, \cdots, n_j$로 표기한다면 $n_1 + n_2 + \cdots + n_j = N$(전체 사례 수)이 될 것이다. 따라서 X_{ij}는 j번째 집단 i번째 사람의 측정치를 나타내게 된다. 예컨대, X_{34}는 네 번째 집단 세 번째 사람에 대한 측정치를 의미한다.

변량분석은 각각 산출된 두 모집단의 추정변량 간의 비교에 근거를 두고 있다. 첫째 변량은 집단 내(within group)로 각각의 측정치가 개별 집단의 평균으로부터의 변량을 의미하며, 둘째 변량은 집단 간(between group)으로 각 집단의 평균이 모든 측정치의 전체 평균($X..$)에 대하여 가지는 변량을 나타낸다.

첫 번째 변량은 각 측정치가 소속 집단의 평균에서 가지는 편차를 제곱하여 합한 것으로 이를 집단 내 제곱합(within group sum of squares: SS_w)이라고 부른다. 그리고 집단마다 $(n-1)$개의 자유도를 가진다면 J개 집단의 자유도는 $J(n-1) = nJ - J = N - J$가 된다. 그리고 집단 내 제곱합을 J개 집단을 합한 자유도(df_w)인 $(N-J)$로 나누게 되면 집단 내 제곱평균(within group mean square: MS_w)을 구할 수 있다.

두 번째 변량은 각 집단의 평균과 전체 평균 간의 편차를 제곱하여 합한 것으로 이를 집단 간 제곱합(between group sum of squares: SS_b)이라고 한다. 그리고 J개의 집단이 있다면 $(J-1)$개의 자유도가 생기므로 집단 간 제곱합을 $(J-1)$의 자유도(df_b)로 나눈 것이 집단 간 제곱평균(between group mean square: MS_b)이 된다. 앞의 첫 번째 변량과 두 번째 변량, 즉 집단 내 변량과 집단 간 변량을 합하면 전체 변량을 구할 수 있다. 다시 말해서, 모든 측정치와 전체 평균 간의 편차를 제곱하여 더함으로써 전체 제곱합(total sum of squares: SS_t)이 된다. 전체 제곱합을 $(N-1)$의 자유도(df_t)로 나누면 전체 변량(total variance)을 얻게 된다.

전체, 집단 간, 집단 내 제곱합 및 자유도 간에는 다음과 같은 관계가 있다.

$$SS_t = SS_w + SS_b$$
$$df_t = df_w + df_b$$

지금까지 설명한 변량분석의 과정을 간단하게 표로 만들어 볼 수 있는데 이를 변량분석표(ANOVA Table)라고 한다. 변량분석표는 회귀분석에서의 회귀분석표와 마찬가지이며, 일원변량분석에서의 변량분석표는 다음 〈표 15-1〉과 같다.

〈표 15-1〉 변량분석표

변량원	제곱합	자유도	제곱평균	F값	η^2
집단 간	$SS_b = \sum_{j=1}^{I} n_i (\overline{X_j} - \overline{X})^2$	$J-1$	$MS_b = \frac{SS_b}{J-1}$	$\frac{MS_b}{MS_w}$	$\frac{SS_b}{SS_t}$
집단 내	$SS_w = \sum_{j=1}^{I}\sum_{i=1}^{n} (X_{ij} - \overline{X_j})^2$	$N-J$	$MS_w = \frac{SS_w}{N-J}$		
합계	$SS_t = \sum_{j=1}^{I}\sum_{i=1}^{n} (X_{ij} - \overline{X})^2$	$N-1$			

오른쪽에 있는 F값은 집단 간 변량 MS_b를 집단 내 변량 MS_w로 나눈 것이다. 이 F값은 각 집단이 정규분포인 모집단에서 추출되었으며, 각 모집단의 변량은 동일하다는 가정하에 계산된 것이다.

그러나 실제 계산에서는 원점수를 직접 이용하는 공식을 사용하는 것이 편리하며, 원점수를 이용하여 제곱합을 구하는 공식은 다음 (2)와 같이 간단하게 나타낼 수 있다.

$$SS_t = \sum_{j=1}^{I}\sum_{i=1}^{n} X_{ij}{}^2 - \frac{(\sum_{j=1}^{I}\sum_{i=1}^{n} X_{ij})^2}{N}$$

$$SS_b = \sum_{j=1}^{I}\left[\frac{(\sum_{i=1}^{n} X_{ij})^2}{n_j}\right] - \frac{(\sum_{j=1}^{I}\sum_{i=1}^{n} X_{ij})^2}{N}$$

$$SS_w = \sum_{j=1}^{I}\sum_{i=1}^{n} X_{ij}{}^2 - \sum_{j=1}^{I}\left[\frac{(\sum_{i=1}^{n} X_{ij})^2}{n_j}\right] \quad \cdots\cdots (2)$$

구체적인 F검정 통계치를 구하는 공식은 다음 (3)과 같으며, 주어진 유의도 수준에서 두 개의 자유도에 근거한 결정치를 찾아 이 값들을 비교함으로써 가설검정을 하면 된다. F분포값은 [부록]의 〈수표 7〉에 나타나 있다.

$$F = \frac{MS_b}{MS_w} \quad \cdots\cdots (3)$$

예를 들어, 어떤 연구에서 연령에 따른 남북정책 지지 정도를 알아보기 위하여 연령 집단별로 각각 성인 5명을 무선표집하였다고 하자. 다음의 표와 같은 자료를 바탕으로 이 세 집단의 남북정책에 대한 평균 간의 F검정을 유의수준 0.05에서 하였더니 그 결과가 다음 〈표 15-2〉와 같다.

〈표 15-2〉 세 연령 집단에 따른 남북정책 지지도

20~30대(집단 1)	40~50대(집단 2)	60대 이상(집단 3)
20	24	27
18	22	35
21	30	28
26	32	31
19	28	33
$\Sigma X_{i1} = 104$	$\Sigma X_{i2} = 136$	$\Sigma X_{i3} = 154$

$$\sum_{j=1}^{I}\sum_{i=1}^{I} X_{ij}{}^2 = 20^2 + 18^2 + \cdots + 31^2 + 33^2 = 10758$$

$$(\sum_{j=1}^{I}\sum_{i=1}^{I} X_{ij})^2/N = (20+18+\cdots+31+33)^2/15 = 10349.1$$

$$\sum_{j=1}^{I}\left[(\sum_{i=1}^{n} X_{ij})^2/n_j\right] = \frac{(104)^2}{5} + \frac{(136)^2}{5} + \frac{(154)^2}{5} = 10605.6$$

앞서 주어진 자료를 이용하여 나온 결과를 종합한 변량분석표는 〈표 15-3〉에 나타나 있다.

다음의 변량분석표에서 얻은 F통계치는 10.09이며, $df_b=2$, $df_w=12$일 때 유의도 수준 0.05에 해당하는 F결정치는 부록 〈수표 7〉에서 알 수 있듯이 3.89가 된다. 그러므로 연구자는 '연령 집단에 따른 남북정책 지지도의 차이는 없다.'라는 영가설을 기각해야 한다. 즉, 연령이 남북정책 지지도에 영향을 미친다고 결론을 내릴 수 있다.

SPSS 실행

일원분산분석의 사후비교분석은 메뉴 [분석-평균 비교-일원배치 분산분석]을 통해 진행한다. 〈표 15-2〉에 제시된 연령 집단에 따른 남북정책 지지도의 차이를 비교 검정하기 위해 '일원배치 분산분석' 대화상자를 연다.

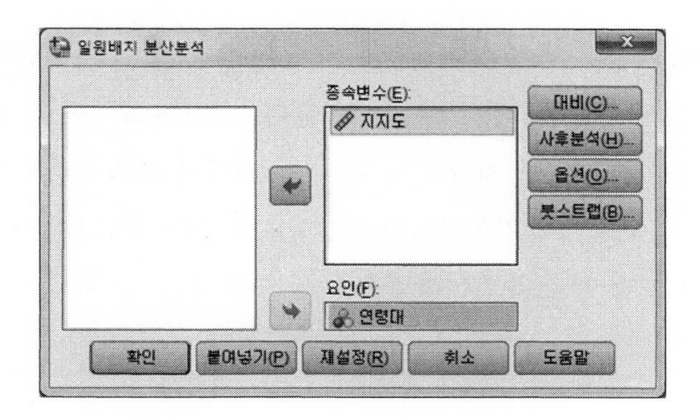

분석결과

일원분산분석 결과로 제시된 분산분석표를 보면 F통계값은 10.10이고 유의확률은 .003으로, 유의수준 0.05에서 '연령에 따라 남북정책 지지도에 차이가 있다.'라고 결론 내릴 수 있다.

일원배치 분산분석

지지도

	제곱합	*df*	평균 제곱	*F*	유의확률
집단-간	256.533	2	128.267	10.100	.003
집단-내	152.400	12	12.700		
합계	408.933	14			

〈표 15-3〉 변량분석표

변량원	제곱합(SS)	자유도(df)	제곱평균(MS)	F	η^2
집단 간	$SS_b = 10605.6$ $-10349.1 = 256.5$	$df_b = (J-1)$ $= 2$	$MS_b = 256.5/2$ $= 128.1$	MS_b/MS_w $= 10.09^*$	SS_b/SS_t $\fallingdotseq 0.624$
집단 내	$SS_w = 10758$ $-10605.6 = 152.4$	$df_w = (N-J)$ $= 12$	$MS_w = 152.4/12$ $= 12.7$		
전체	$SS_t = 10758$ $-10349.1 = 408.9$	$df_t = (N-1)$ $= 14$			

$^*p < 0.05$

그리고 η^2(에타 제곱)은 총편차 제곱합 중에 집단 간 차이, 즉 독립변인에 의한 부분이 얼마인가를 설명하는 중요한 정보를 나타낸다. 이것은 R^2, 즉 상관비 혹은 결정계수의 개념과 동일한 의미를 지닌다. η^2이 ≒0.624이기 때문에 남북정책 지지도 총변화량의 62.4%가 연령대에 기인한다는 사실을 나타낸다. 즉, 나이가 미치는 영향이 전체 총변화량의 많은 부분에 기여하였음을 알 수 있다.

5. 사후검정

사후검정(post hoc test)은 변량분석 이후에 행해지는 것이다. 영가설이 기각되었을 때 즉, 변량분석의 모집단 평균이 같다는 가설이 부정되었을 때 실시하는 방법으로, 집단 간의 차이가 있는지를 일차 검정한 후 차이가 있는 대비를 찾아내는 방법이 사후검정이다. 좀 더 구체적으로 살펴보면, 사후비교는 그 차이가 어떤 집단의 평균에서 왔는지를 알고자 할 때 실시하는데 여기에서 특정한 집단 평균 간의 차이에 더 관심을 가지면 사후비교가 더욱 용이하다.

사후검정은 실험에서 영가설이 기각되었을 때, 그러면서 세 가지 이상의 처치가 실험에서 실시되었을 때 사용한다. 처치가 두 가지인 경우는 그 두 가지의 처치만 비교하면 되는 반면, 세 가지 이상의 처치가 실험에 적용되면 가설에서 평균에 차이가 있다고 하지만 그 차이가 어느 것과의 차이인지를 모른다. 그래서 그 세 변인 간의 관계를 검정하는 것이 사후검정이다. 그러나 영가설이 기각되어 사후검사를 실시할 때 연구자가 가능한 모든 대비에 대한 차이 검정을 실시할 필요는 없고, 관심의 대상이 되는 대비만 검정할 수 있다.

일반적으로 사후검정은 개별 처치를 한 번에 두 개씩 비교할 수 있게 한다. 통계용어로는 짝비교(pairwise comparisons)라고 한다. 예를 들어, μ_1과 μ_2를 비교하고 μ_2와 μ_3을, 그리고 μ_1과 μ_3을 비교한다. 각 경우에서 3개의 집단이 있을 때, 유의한 평균차를 찾는다.

이러한 사후검정은 변량분석법의 다음 단계로서 만약 영가설을 기각하게 되면 하게 되는 것으로, 개별비교법의 대표적인 것으로 Scheffé와 Tukey의 검정법이 있다.

영가설과 대립가설을 대비에 의해 통계적 가설로 표현하면 다음과 같다.

H_0 : 모든 $\psi = \sum_{j=1}^{I} w_i \mu_j = 0$

H_1: 최소한 하나의 대비 $\psi \neq 0$

μ_j: j집단의 평균

w_j: 모집단의 대비계수

1) Scheffé검정

Scheffé검정은 제1종 오류의 위험을 줄이기 위해 사용하므로 사후검정에서 가장 많이 사용되는 것 중의 하나다. Scheffé검정이라고 하는 것은 영가설이 기각된 후 관심 있는 대비(contrast: C, ψ)의 통계치를 계산하여 그 대비의 유의한 차이 여부를 검정하기 위하여 Scheffé가 기각치를 찾는 방법을 제시하였기 때문이다.

고정된 유의수준에서 영가설이 기각되었다는 사실은 고정된 유의수준을 비교 가능한 모든 대비가 분할하여 소유하고 있기 때문에 각 대비에 해당하는 유의수준 α를 가능한 모든 대비 수로 나누게 된다. 그러므로 각 대비에 해당하는 기각치는 개념적으로 $F_{v_1, v_2, (\alpha/\text{모든 대비 수})}$가 될 것이다. 그러나 대비에 대한 검정은 두 집단의 비교를 위한 t검정과 같은 원리가 적용되므로 기각치도 개념적으로 도출된 $F_{v_1, v_2, (\alpha/\text{모든 대비 수})}$ 값의 제곱근이 되어야 한다. 그러므로 Scheffé가 제시한 사후비교분석을 위한 기각치는 $S = \pm\sqrt{v_1 F_{v1, v2, \alpha}}$가 된다.

예를 들면, 앞서 제시한 연령 집단에 따른 남북정책 지지도의 차이를 변량분석 후 사후비교분석을 위한 Scheffé검정의 기각치는 다음과 같다.

〈표 15-4〉 변량분석표

변량원	제곱합 (SS)	자유도 (df)	제곱평균 (MS)	F	η^2
집단 간	256.5	2	128.1	10.09*	.624
집단 내	152.4	12	12.7		
합계	408.9	14			

*$p < 0.05$

$$S = \pm\sqrt{2(F_{2,12,0.05})} = \pm\sqrt{2(3.89)} = \pm 2.79$$

연구자가 가능한 모든 대비의 사후비교를 실시하려면 집단 간의 차이인 ψ와 그에 따른 표준오차를 다음의 공식 (4)에 의하여 계산하여야 한다.

$$\Psi = \sum_{j=1}^{I} w_j \overline{X_j}$$

$$SE_\psi = \sqrt{MS_w \sum_{j=1}^{I} \frac{w_j^2}{n_j}} \quad \cdots\cdots (4)$$

대비의 표준오차를 계산하는 공식은 두 독립표본 t검정의 공식과 기호만 다르지 내용은 같음을 알 수 있다. 그러므로 사후비교분석은 t검정의 일종으로 기각치 역시 t통계치에 기인하여야 하기 때문에 Scheffé가 F값을 구한 후 제곱근을 취한 이유를 이해할 수 있을 것이다. 대비에 대한 t통계치의 계산 공식은 다음 (5)와 같다.

$$t_\psi = \frac{\psi}{SE_\psi} = \frac{\sum_{j=1}^{I} w_j \overline{X_j}}{\sqrt{MS_w \sum_{j=1}^{I} \frac{w_j{}^2}{n_j}}} \quad \cdots\cdots (5)$$

사후비교분석의 예로 연령 집단에 따른 남북정책 지지도(〈표 15-2〉 참조)의 차이를 비교하는 대비를 검정하기 위한 각 집단 간의 평균과 대비 ψ를 구하는 공식은 다음 (6)과 같다.

〈표 15-5〉 각 집단의 평균

집단	집단 1	집단 2	집단 3
평균($\overline{X}$)	20.8	27.2	30.8

$$\psi = (1)X_{비교\ a} + (-1)X_{비교\ b} \quad \cdots\cdots (6)$$

이 공식을 이용하여 계산하면

$$\psi = (1)X_{집단1} + (-1)X_{집단2} = 20.8 - 27.2 = -6.4$$

다음 대비의 표준오차를 계산하기 위해서는 〈표 15-3〉에서 구한 MS_w가 12.7인 값을 찾고, 비교집단으로 집단 1과 집단 2에 의한 각 집단의 사례 수와 대비계수를 이용하여야 한다. 집단 1의 대비계수는 1이 되고, 집단 2의 대비계수는 −1이며, 각 집단의 사례 수는 5명이다.

그러므로 SE_ψ의 계산은 다음과 같다.

$$SE_\psi = \sqrt{MS_w \sum_{j=1}^{I} \frac{w_j^2}{n_j}} = \sqrt{(12.7)\left[\frac{1^2}{5} + \frac{(-1)^2}{5}\right]} = 2.25$$

이로써 t통계치는 다음과 같다.

$$t_\psi = \frac{\psi}{SE_\psi} = \frac{-6.4}{2.25} \fallingdotseq -2.84$$

t통계치가 −2.84로 Scheffé 기각치인 −2.79보다 크므로 영가설을 기각한다. 따라서 집단 1과 집단 2의 연령에 따른 남북정책 지지도에 유의한 차이가 있다고 결론을 내린다. 이와 같은 방법으로 집단 2와 3, 집단 1과 3을 비교하면 다음의 〈표 15-6〉과 같다.

〈표 15-6〉 연령 집단에 따른 남북정책 지지도의 사후비교

ψ	집단 1	집단 2	집단 3	ψ	SEψ	t
1	1	−1	0	−6.4	2.25	−2.84*
2	0	1	−1	−3.6	2.25	−1.60
3	1	0	−1	−10.0	2.25	−4.44*

*$p < 0.05$

앞의 결과표를 보면 집단 1과 집단 2, 집단 1과 집단 3의 값이 −2.84와 −4.44로 기각치의 −2.79보다 크므로 영가설을 기각한다. 따라서 집단 1(20∼30대)과 집단 2(40∼50대), 그리고 집단 1(20∼30대)과 집단 3(60대 이상) 간에는 남북정책 지지도에 유의한 차이가 있다고 결론을 내린다.

SPSS 실행

일원분산분석의 사후비교분석에서 다양한 대비를 검정하려면 메뉴 [분석－평균비교－일원배치 분산분석]에서 대비 를 눌러 대화상자를 연다. 〈표 15－2〉에 제시된 연령 집단에 따른 남북정책 지지도의 차이를 비교 검정하기 위해 '대비' 대화상자에서 상관계수를 입력하고, 다음 버튼을 눌러 집단 간 대비에 대한 계수를 입력한다. 이때 대비별 계수의 합은 반드시 0이어야 하며, 여기서는 〈표 15－6〉에 제시된 대비 계수를 사용하였다.

또한 '일원배치 분산분석'의 대화상자에서 사후분석 을 눌러 Scheffé검정을 선택할 경우에는 모든 짝비교 검정이 가능하다.

분석결과

〈표 15-2〉의 연령 집단에 따른 남북정책 지지도의 사후비교 분석을 위한 모든 가능한 대비를 검정한 결과는 다음과 같다. 20~30대와 30~40대 사이의 t통계치 값이 −2.840, 20~30대와 40~50대 사이의 t통계치 값이 −4.437로 영가설을 기각하며, 각 집단 간에 유의한 차이가 있다고 결론을 내릴 수 있다.

대비검정

		대비	대비값	표준오차	t	df	유의확률 (양측)
지지도	등분산 가정	1	- 6.40	2.254	- 2.840	12	.015
		2	- 3.60	2.254	- 1.597	12	.136
		3	- 10.00	2.254	- 4.437	12	.001
	등분산을 가정하지 않습니다.	1	- 6.40	2.319	- 2.759	7.423	.027
		2	- 3.60	2.383	- 1.511	7.658	.171
		3	- 10.00	2.045	- 4.891	7.959	.001

SPSS 프로그램에서는 Scheffé검정을 통해 연령대별로 짝비교한 결과도 다음과 같이 정리하여 보여 준다.

다중 비교

종속변인: 지지도
Scheffé

(I) 연령대	(J) 연령대	평균차(I-J)	표준오차	유의확률	95% 신뢰구간	
					하한값	상한값
20~30대	30~40대	-6.400*	2.254	.046	-12.68	-.12
	40~50대	-10.000*	2.254	.003	-16.28	-3.72
30~40대	20~30대	6.400*	2.254	.046	.12	12.68
	40~50대	-3.600	2.254	.315	-9.88	2.68
40~50대	20~30대	10.000*	2.254	.003	3.72	16.28
	30~40대	3.600	2.254	.315	-2.68	9.88

* 평균차는 0.05 수준에서 유의합니다.

2) Tukey의 HSD검정

이 방법은 스튜던트 범위를 이용하는 것으로, 스튜던트 범위란 k개의 처치 평균이 있을 때 처치 집단의 평균 중에서 가장 큰 것과 가장 작은 것의 차이를 한 개의 처치 평균에서 표준오차로 나눈 값을 말한다. 즉, 표본 평균 값은 모평균 μ인 같은 모집단에서 나온 것이라고 영가설을 설정하기 때문에 F 대신 Q를 쓸 수 있다.

모든 집단의 사례 수가 같고 모든 집단 간의 평균을 일대일로 비교할 경우 다른 사후비교 방법보다 통계적 검정력이 강하다. 이 방법을 사용하기 위해서는 먼저 영가설을 기각할 수 있는 경계치(임계치)를 결정한다. 두 표본 평균 간의 차이가 임계치보다 크면 두 집단의 평균이 같다는 영가설은 기각되는데, 이 값은 차의 유의도 또는 HSD(Honestly Significant Difference)라고 하며 두 개의 처치 조건을 비교하는 데 사용한다. 만약 평균차가 J. W. Tukey의 HSD를 초과하면 처치 간에 유의한 차가 있다고 결론을 내리고, 그렇지 않으면 처치가 유의하게 다르다고 결론을 내릴 수 없다. 이 검정은 양방검정이며 0.05나 0.01의 유의도 수준이 사용될 수 있다. Tukey의 HSD 공식은 다음 (7)과 같다.

$$HSD = q\sqrt{\frac{MS_w}{n}} \quad \cdots\cdots (7)$$

q값은 Tukey의 q검정수표를 이용해야 하며(〈수표 8〉 참고), MS_w는 변량분석의 처치 내 변량, n은 각 처치의 점수 개수다. Tukey의 검정은 표본 크기 n이 모든 처치에서 같아야 한다. q의 적당값을 찾기 위해서는 유의도 수준, 집단 내 자유도, 집단의 수준을 선택해야 한다. Tukey의 HSD에 쓰이는 q값은 표준화된 범위통계치(studentized range statistic)라고 한다.

세 연령 집단에 따른 남북정책 지지도에 대한 예를 사용하여 Tukey의 HSD검정을 하면, $MS_w = 12.7$, $df_w = 12$, $k = 3$이므로 〈수표 8〉을 찾아보면 유의도 수준 0.05에서 $q = 3.77$이며 다음과 같이 나온다.

$$HSD = q\sqrt{\frac{MS_w}{n}} = 3.77\sqrt{\frac{12.7}{5}} \fallingdotseq 6.01$$

세 집단 평균 간의 상호 비교를 해 보면 다음 〈표 15-7〉과 같다.

〈표 15-7〉 세 집단 평균 간의 상호 비교

평균($\overline{X}$)		집단 1	집단 2	집단 3
		20.8	27.2	30.8
집단 1	20.8	0	−6.4*	−10.0*
집단 2	27.2		0.0	−3.6
집단 3	30.8			0.0

*$p < 0.05$

두 표본 평균 간의 차이가 결정치보다 크면 두 집단의 평균이 같다는 영가설은 기각된다. 따라서 집단 1과 집단 2, 집단 1과 집단 3의 값은 −6.4와 −10으로 기각치인 −6.01보다 크므로 서로 유의한 차이가 있다고 결론을 내린다. 따라서 집단 1(20~30대)과 집단 2(40~50대), 그리고 집단 1(20~30대)과 집단 3(60대 이상)은 남북정책 지지도에서 유의한 차이가 있다고 결론을 내릴 수 있다.

연습문제

1. 다음의 자료를 이용하여 물음에 답하라.

	처리 1	처리 2	처리 3
1	28	24	15
2	22	17	22
3	21	20	20
4	29	19	19
합계	100	80	76

① 변량분석표를 작성하라.

② H_0: $\mu_1 = \mu_2 = \mu_3$을 $\alpha = 0.05$ 수준에서 검정하라.

2. 수업을 시행하는 네 가지 방법의 효과를 비교하기 위해 자료를 조사해 본 결과 다음과 같다.

수업 방법 1	수업 방법 2	수업 방법 3	수업 방법 4
$\overline{X_1} = 34.5$	$\overline{X_2} = 45$	$\overline{X_3} = 29.5$	$\overline{X_4} = 40$
$S_1^2 = 21.5$	$S_2^2 = 19.31$	$S_3^2 = 15.05$	$S_4^2 = 25.10$
$n_1 = 7$	$n_2 = 10$	$n_3 = 8$	$n_4 = 7$

① 변량분석표를 작성하라.

② 수업 방법의 효과가 같은지 $\alpha = 0.05$ 수준에서 검정하라.

3. 연구자가 하루에 외국어를 학습한 시간에 따라 회화 능력의 차이가 있는지를 알아보기 위해 대학생 16명을 무선할당하여 6주 동안 외국어 학습을 실시하였다. 16명을 4개의 집단에 할당하여 첫 번째 집단은 하루에 15분, 두 번째 집단은 30분, 세 번째 집단은 1시간, 네 번째 집단은 2시간씩 외국어 학습을 6주간 실시한 후 20점 만점의 회화 능력 검사를 실시하였더니 다음과 같았다.

	15분	30분	1시간	2시간
1	8	9	13	18
2	9	9	15	19
3	10	11	16	20
4	8	10	14	17

(1) 유의수준 .01에서 H_0이 기각되었다. 사후검정을 실시하는 것이 가능한지 검정하라.

(2) 만약 영가설을 기각하였다면 하루에 15분과 30분, 30분과 1시간, 1시간과 2시간을 학습하는 여러 집단 중 어느 집단 간에 회화 능력의 차이가 있는지 사후분석비교를 실시하라.

① Scheffé의 검정법을 사용하여 사후분석비교를 하라.

② Tukey의 HSD검정법을 사용하여 사후분석비교를 하라.

4. 부산광역시 수영구, 해운대구, 동래구 3개 지역의 중학교 3학년 수학 수업 1시간당 집중 시간에 따른 학습능률도를 25점 만점으로 하여 알아보니 다음의 표와 같았다. 다음의 결과를 보고 유의수준 .01에서 변량분석하라.

	수영구	해운대구	동래구
1	8	9	16
2	12	14	17
3	16	14	18
4	15	17	20
5	16	17	20
6	17	18	22
7	17	19	23
8	17	7	23
9	7	20	24
10	18	20	
11	21		

5. 국어 능력을 측정하기 위해 같은 수준으로 구성된 8개의 동형 문항을 세진, 명선, 광모, 노연, 영희에게 10점 만점으로 실시한 결과 얻은 점수가 다음의 표와 같다. 다음의 표를 이용하여 Tukey의 검정법으로 유의수준 .01에서 사후검정하라.

ψ	실시 학생				
	세진	명선	광모	노연	영희
1	5.8	6.0	6.3	6.4	5.7
2	5.1	6.1	5.5	6.4	5.9
3	5.7	6.6	5.7	6.5	6.5
4	5.9	6.5	6.0	6.1	6.3
5	5.6	5.9	6.1	6.6	6.2
6	5.4	5.9	6.2	5.9	6.4
7	5.3	6.4	5.8	6.7	6.0
8	5.2	6.3	5.6	6.0	6.3

변량원	*SS*	*df*	*MS*	*F*
집단 간	3.48	4	.87	10.72**
집단 내	2.84	35	.08	
합계	6.32	39		

$^{**}p < 0.01$

제16장 이원변량분석

제15장에서 다룬 일원변량분석은 독립변인과 종속변인이 각각 하나씩이며, 그 독립변인을 몇 개의 수준 혹은 범주로 나누었을 때 각 수준 혹은 범주에 따라 나누어진 집단 간의 평균차를 검정하는 것이다. 예를 들어, 교수법에 따른 고등학교 3학년 학생들의 과학 점수의 차이나 광고매체의 종류에 따른 매출 효과 등을 연구하는 것이 해당한다.

이원변량분석이라는 통계기법은 그와 달리 하나의 독립변인뿐만 아니라 두 개 이상의 독립변인을 다루는 경우에도 적용된다. 예를 들어, 교수법이 성별에 따라 고등학교 3학년 학생의 과학 점수에 어떤 영향을 주는지를 알고자 하는 경우 독립변인은 교수법의 종류와 성별 두 가지가 된다. 독립변인이 두 개일 경우 독립변인마다 일원변량분석을 각각 실시하는 것이 아니라 이원변량분석(two-way analysis of variance: two-way ANOVA)을 실시할 수 있다. 독립변인이 세 개 이상일 때는 다원변량분석을 사용하게 되는데 이 책에서는 이원변량분석까지만 다룬다. 다원변량분석은 계산만 좀 더 복잡할 뿐 기본개념은 이원변량분석과 같다.

1. 기본개념

이원변량분석이란 독립변인이 두 개일 경우 변량의 원인이 어디에 있는지를 밝힘으로써 두 독립변인의 영향이 있는가를 알아보는 통계적 기법이다. 그뿐만 아니라 두 변인 간의 상호작용도 알 수 있으므로 이원변량분석은 두 변인의 영향을 한꺼번에 알 수 있다는 편리함 외에도 일원변량분석으로는 검정할 수 없는 상호작용의 영향에 대한 가설도 검정할 수 있다.

교수법과 성별에 따라 학업성취도가 어떻게 변하는가를 살펴보는 연구를 예로 들자면, 이 경우 독립변인은 교수법과 성별 두 가지다. 교수법에 따른 차이를 검정하기 위해서 일원변량분석을 실시할 수 있고, 또 성별에 따른 차이를 검정하기 위해 일원변량분석을 실시할 수 있다. 그러나 이원변량분석을 사용할 경우 두 가지 독립변인의 영향을 동시에 분석할 수 있으며, 이때 두 변인의 효과를 알아보는 것을 주효과(main effect)분석이라고 한다.

이원변량분석은 이렇게 두 변인의 영향, 즉 주효과를 동시에 분석한다는 편리함 외에도 2개의 주효과 간의 상호작용 효과(interaction effect)를 알아볼 수 있다는 장점이 있다. 두 변인의 주효과를 알아보기 위해 일원변량분석을 두 번 실시한다고 해도 두 변인의 상호작용 효과는 알 수 없다.

2. 이원변량분석의 내용

1) 자료의 배치

이원변량분석에서는 독립변인이 두 가지이므로 자료는 두 가지 요인으로 분류된다. A와 B 두 가지 요인이 있고, A의 수준 수와 B의 수준 수를 각각 J개, K개라고 하면 이를 $J \times K$ 이원변량분석이라고 한다. 관찰치는 X_{ijk}로 표시하는데 i는 집단 내의 위치를 나타내고 j는 첫 번째 독립변인의 수준을, 그리고 k는 두 번째 독립변인의 수준을 나타낸다. 예를 들어, X_{132}는 첫 번째 독립변인의 세 번째 수준과 두 번째 독립변인의 두 번째 수준에 해당하는 집단에서의 첫 번째 대상자의 관찰치를 말한다.

예를 들어, 어떤 연구에서 교수법과 성별에 따라 자료를 수집하고 분류한다고 할 때, 첫 번째 독립변인인 교수법(A)은 세 가지 수준(J)으로 나누어지고, 두 번째 독립변인인 성별(B)은 남녀 두 가지 유목(K)으로 나누어진다고 하자. 따라서 이 자료는 통틀어 여섯 개의 구획(3×2=6)으로 나뉘게 된다. 이 연구에서 종속변인은 X로 표기되는 학업성취도이고, 각 구획에 3명씩 배정한다면 모두 18명의 남녀 학생이 연구에 참여하게 되는 셈이며 이들은 〈표 16-1〉과 같이 배열될 것이다.

〈표 16-1〉 이원변량분석 자료의 이원분류표

교수법(A) / 성별(B)	A_1	A_2	A_3	$\overline{X}_{..k}$
B_1	X111 X211 X311	X121 X221 X321	X131 X231 X331	$\overline{X}_{..1}$
$\overline{X}_{.jk}$	$\overline{X}_{.11}$	$\overline{X}_{.21}$	$\overline{X}_{.31}$	
B_2	X112 X212 X312	X122 X222 X322	X132 X232 X332	$\overline{X}_{..2}$
$\overline{X}_{.jk}$	$\overline{X}_{.12}$	$\overline{X}_{.22}$	$\overline{X}_{.32}$	
$\overline{X}_{.j.}$	$\overline{X}_{.1.}$	$\overline{X}_{.2.}$	$\overline{X}_{.3.}$	$\overline{X}_{...}$

2) 수리적 모형

이원변량분석에서의 관심은 두 가지 독립변인의 수준(또는 범주)별 점수가 과연 체계적인 차이를 보이는가에 있다. 앞에서 예로 든 교수법(A)과 성별(B)에 따른 학업성취도에 관한 연구는 남학생과 여학생 중에서 어느 쪽의 학업성취도가 더 높은지, 그리고 세 가지 교수법 중에서 어느 것이 효과적인지를 결정하는 일이 된다.

제15장에서 소개한 일원변량분석의 선형 모형은 다음과 같다.

$$X_{ij} = \mu + \alpha_j + e_{ij}$$

여기서 X_{ij}라는 개인의 점수는 전체 평균 μ, 독립변인의 효과에 의한 점수 α_j, 개인의 오차 e_{ij}로 구성되어 있다. 이를 기초로 이원변량분석의 선형 모형을 구성하면 다음 (1)과 같다.

$$X_{ijk} = \mu + \alpha_j + \beta_k + e_{ijk} \quad \cdots\cdots (1)$$

그러나 여기서 우리는 A와 B 두 독립변인의 효과 α_j와 β_k만 고려하였을 뿐, A와 B 두 독립변인의 조합 효과인 상호작용 효과를 고려하지 못하였다. 두 독립변인 A와 B의 상호작용 효과를 r_{jk}라 하여 다시 선형 모형을 구성해 보면 다음 (2)와 같은 공식이 된다.

$$X_{ijk} = \mu + \alpha_j + \beta_k + r_{jk} + e_{ijk} \quad \cdots\cdots (2)$$

X_{ijk}: A 변인의 j 수준과 B 변인의 k 수준의 i번째 피험자의 종속변인
μ: 전체 평균
α_j: 독립변인 A의 효과
β_k: 독립변인 B의 효과
r_{jk}: 두 독립변인 A, B의 상호작용 효과
e_{ijk}: 개인의 오차

위의 공식을 통계치로 표현하면 다음 (3)과 같다.

$$\begin{aligned} X_{ijk} = & X_{...} + (X_{.j.} - X_{...}) + (X_{..k} - X_{...}) \\ & + (X_{.jk} - X_{.j.} - X_{..k} + X_{...}) + (X_{ijk} - X_{.jk}) \quad \cdots\cdots (3) \end{aligned}$$

$X_{...}$: 전체 평균
$X_{.j.}$: 독립변인 A의 j 수준의 평균
$X_{..k}$: 독립변인 B의 k 수준의 평균
$X_{.jk}$: 독립변인 A의 j 수준, 독립변인 B의 k 수준의 평균

개인 점수 X_{ijk}의 두 번째 항과 세 번째 항을 살펴보면 각각 독립변인 A의 j 수준의 평균에서 전체 평균을 뺀 것, 독립변인 B의 k 수준의 평균에서 전체 평균을 뺀 것으로, 이는 각각 독립변인 A의 j 수준에 속함으로써 얻는 효과, 독립변인 B의 k 수준에 속함으로써 얻는 효과를 뜻한다. 또한 네 번째 항인 $(\overline{X}_{.jk} - \overline{X}_{.j.} - \overline{X}_{..k} + \overline{X}_{...})$는 독립변인 A의 j 수준과 독립변인 B의 k 수준에 있음으로 해서 얻는 두 변인의 상호작용 효과이며, 마지막 항의 $(X_{ijk} - \overline{X}_{.jk})$는 개인이 지니는 오차를 나타낸다.

공식 (3)에서 우측의 전체 평균을 좌측으로 이항하면 다음 (4)와 같이 총편차를 구할 수 있는 공식이 된다. 우측에 있는 각 항은 다시 독립변인 A에 의한 편차, 독립변인 B에 의한 편차, 두 독립변인 A, B의 상호작용에 의한 편차, 그리고 개인편차라는 말로 바꿀 수 있다.

$$X_{ijk} - \overline{X}_{...} = (\overline{X}_{.j.} - \overline{X}_{...}) + (\overline{X}_{..k} - \overline{X}_{...}) + (\overline{X}_{.jk} - \overline{X}_{.j.} - \overline{X}_{..k} + \overline{X}_{...}) + (X_{ijk} - \overline{X}_{.jk})$$

총편차(dr) = A변인에 의한 편차(d_A)+B변인에 의한 편차(d_B)+
AB 상호작용에 의한 편차(d_{AB})+개인편차(d_w) ····· (4)

이원변량분석에서 변량의 원인이 어디에 있는지를 분석하기 위해서는 모든 피험자의 총편차가 A변인에 의한 편차인지, B변인에 의한 편차인지, 혹은 상호작용편차나 개인편차에 의한 것인지를 분석해야 한다. 그러나 편차의 합은 항상 0이므로 공식 (4)의 각 항은 모두 0이고 그 합 또한 0이 된다. 이를 해결하기 위해서 편차를 제곱하여 더한 값을 각 변인에 의한 영향으로 분석할 수 있다.

이원변량분석에서의 총편차 제곱합(Sum of Square Total deviation: SS_T)은 일원변량분석과 마찬가지로 A독립변인에 의한 편차제곱합(SS_A), B독립변인에 의한 편차제곱합(SS_B), 두 변인 A, B의 상호작용에 의한 편차제곱합(SS_{AB}), 개인에 의한 편차제곱합(SS_W)으로 이루어지며 이 공식은 다음 (5)와 같이 표현할 수 있다.

$$SS_T = SS_A + SS_B + SS_{AB} + SS_W \quad \cdots\cdots (5)$$

이 공식을 구성하는 SS_T, SS_A, SS_B, SS_{AB}, SS_W를 구하는 공식은 다음 (6) (7) (8) (9) (10)과 같다.

$$SS_T = \sum_k \sum_j \sum_i (X_{ijk} - \overline{X}_{...})^2 \quad \cdots\cdots (6)$$

$$SS_A = \sum_k \sum_j \sum_i (\overline{X}_{.j.} - \overline{X}_{...})^2 \quad \cdots\cdots (7)$$

$$SS_B = \sum_k \sum_j \sum_i (\overline{X}_{..k} - \overline{X}_{...})^2 \quad \cdots\cdots (8)$$

$$SS_{AB} = \sum_k \sum_j \sum_i (\overline{X}_{.jk} - \overline{X}_{.j.} - \overline{X}_{..k} + \overline{X}_{...})^2 \quad \cdots\cdots (9)$$

$$SS_W = \sum_k \sum_j \sum_i (X_{ijk} - \overline{X}_{.jk})^2 \quad \cdots\cdots (10)$$

앞의 편차의 제곱합을 해당 자유도로 나눔으로써 제곱평균(Mean Square: MS), 즉 평균자승을 구할 수 있는데, 여기에서는 제곱평균이라고 하겠다. 각 독립변인에 대한 F통계치는 각 독립변인에 해당하는 제곱평균(MS_B)을 집단 내 제곱평균(MS_W)으로 나눈 값이다.

이제까지의 내용은 개념 전개에 의한 이론적 공식이며, 실제 계산에서는 원점수를 직접 이용하는 공식을 사용하는 것이 편리하다. 원점수를 활용하여 SS_T, SS_A, SS_B, SS_{AB}, SS_W를 구하는 공식은 다음 (11) (12) (13) (14) (15)와 같다.

$$SS_T = \sum_k \sum_j \sum_i X_{ijk}{}^2 - \frac{X_{...}{}^2}{IJK} \quad \cdots\cdots (11)$$

$$SS_A = \sum_j \frac{X_{.j.}{}^2}{IK} - \frac{X_{...}{}^2}{IJK} \quad \cdots\cdots (12)$$

$$SS_B = \sum_k \frac{X_{..k}{}^2}{IJ} - \frac{X_{...}{}^2}{IJK} \quad \cdots\cdots (13)$$

$$SS_{AB} = \sum_j \sum_k \frac{X_{.jk}{}^2}{I} - \sum_j \frac{X_{.j.}{}^2}{IK} - \sum_k \frac{X_{..k}{}^2}{IJ} + \frac{X_{...}{}^2}{IJK} \quad \cdots\cdots (14)$$

$$SS_W = \sum_k \sum_j \sum_i X_{ijk}{}^2 - \sum_k \sum_j \frac{X_{.jk}{}^2}{I} \quad \cdots\cdots (15)$$

이상의 내용을 이원변량분석표로 요약하면 다음 〈표 16-2〉와 같다.

〈표 16-2〉 이원변량분석표

변량원	제곱합	자유도	제곱평균	F
A	SS_A	J−1	SS_A / (J−1) = MS_A	MS_A/MS_W
B	SS_B	K−1	SS_B / (K−1) = MS_B	MS_B/MS_W
AB	SS_{AB}	(J−1)(K−1)	SS_{AB} / (J−1)(K−1) = MS_{AB}	MS_{AB}/MS_W
집단 내	SS_W	N−JK	SS_W / (N−JK) = MS_W	
총	SS_T	N−1		

〈표 16-2〉에서 A, B를 주효과(main effect), AB를 상호작용 효과(interaction effect)라고 한다. 일원변량분석과 달리 이원변량분석에서는 각 독립변인의 주효과뿐만 아니라 두 독립변인의 상호작용 효과를 볼 수 있다는 이점을 이미 언급하였다. 상호작용 효과에 대한 설명은 다음에서 구체적으로 다루고자 한다.

3) 상호작용 효과

일반적으로 변량분석에서 연구자들은 독립변인이 어떤 영향을 끼치는지, 즉 주효과에 관심을 둔다. 그런데 독립변인이 둘 이상인 경우 변량분석에서는 주효과의 조합에 의한 효과가 발생한다. 이원변량분석에서는 두 개의 주효과(A, B)가 있으므로 상호작용 AB가 존재한다. 상호작용 효과가 있을 경우에는 주효과의 검정 결과에 대한 해석이 제한된다.

여기서 상호작용의 효과를 좀 더 쉽게 이해하기 위해 앞서 예로 든 교수법과 성별에 따른 학업성취도의 차이 연구를 살펴보자. 교수법(A_1, A_2, A_3)과 성별(B_1, B_2)에 따른 학업성취도의 상호작용을 [그림 16-1] [그림 16-2]와 같은 가상적인 도표로 표현해 볼 수 있다.

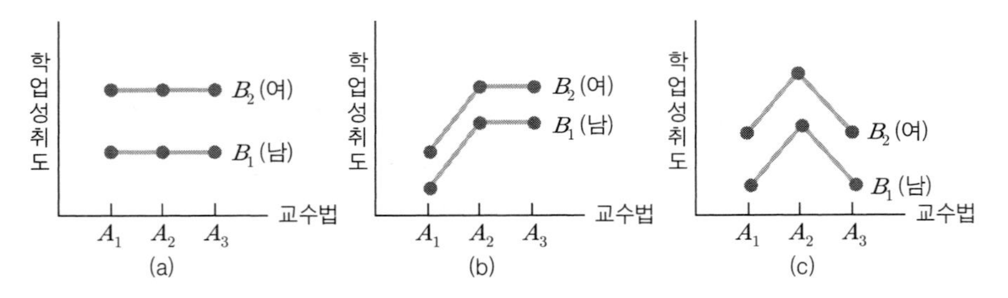

[그림 16-1] 상호작용 효과가 없는 경우

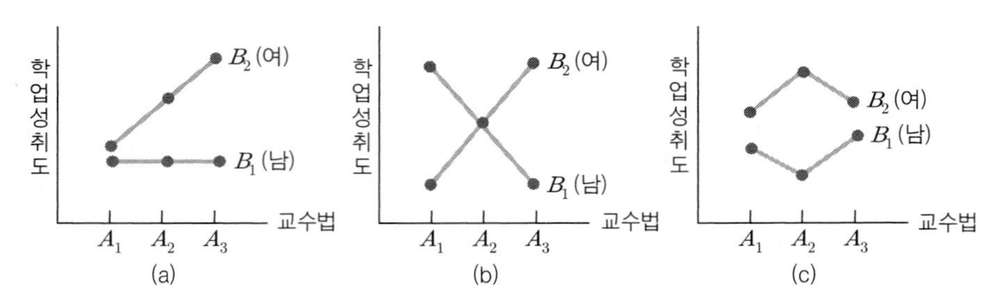

[그림 16-2] 상호작용 효과가 있는 경우

[그림 16-1]의 (a) (b) (c)를 살펴보면 B_1과 B_2의 직선이 서로 평행하다. 즉, 독립변인 A의 각 수준(A_1, A_2, A_3)에서 B_1과 B_2의 차이가 동일하다. 이 경우 두 개의 독립변인 A와 B는 상호작용 효과가 없음을 의미한다. 반면 [그림 16-2]의 (a) (b) (c)에서는 독립변인 A의 각 수준(A_1, A_2, A_3)에서의 B_1과 B_2의 차이가 동일하지 않다. 즉, B_1과 B_2가 평행하지 않으며, 이는 상호작용이 존재한다는 것을 의미한다. 상호작용 효과가 있을 경우 그림으로 그려 보면 두 선의 방향이 서로 다르거나 어긋나게 된다. 이때 (a) (c)와 같이 한 변인의 수준 간의 상대적 우월성이 다른 변인의 수준의 다름에 관계없이 유지되는 것을 서열적 상호작용 효과라 하고, (b)와 같이 한 변인의 수준 간의 상대적 우월성이 다른 변인의 수준에 따라 달라지는 경우를 비서열적 상호작용 효과라 한다.

상호작용 효과가 있을 경우 주효과의 해석이 제한되기는 하지만, 이것이 주효과의 해석을 전혀 하지 말라는 의미는 아니다. 일반적으로 주효과가 뚜렷하다면 상호작용 효과의 존재 유무와는 상관없이 주효과를 해석할 수 있다. 그러나 주효과가 그다지 큰 의미가 없다면 상호작용 효과만을 언급하고 주효과의 해석은 하지 않아도 된다.

특히 비서열적 상호작용 효과가 있을 경우에는 주효과에 대한 전반적인 요약진술이 불가능하므로, 이때는 단순 주효과를 사후분석해야 한다. 단순 주효과에 대해서는 다음에서 구체적으로 살펴보도록 하자.

4) 단순 주효과

단순 주효과(simple main effect)는 한 독립변인의 한 수준에서 다른 독립변인의 평균 효과를 비교하는 것이다. 예를 들면, 성별과 교수법에 따른 학업성취도의 차이 연구에서 남학생 집단(B_1)에서 교수법($A_1,\ A_2,\ A_3$)의 차이를 보거나 여학생 집단(B_2)에서 교수법($A_1,\ A_2,\ A_3$)의 차이를 보는 것이다. B_k 수준에 대한 A 요인의 단순 주효과는 'B_k에서의 A' 또는 'A at B_k'라고 표기한다. 여기서 살펴볼 수 있는 단순 주효과는 'A at B_1' 'A at B_2' 'B at A_1' 'B at A_2' 'B at A_3'의 5개다. 그러나 연구자가 가능한 단순 주효과를 모두 분석할 필요는 없다. 가능한 모든 단순 주효과를 실시하면 오차율이 상당히 높아지기 때문이다. 즉, F검정을 $\alpha=0.05$ 수준에서 수행하였다면 각 비교 오차율(percomparison error rate)이 .25(0.05×5)가 되며, 실험군 오차(familywise error rate)도 증가한다. 따라서 연구자가 관심이 있는 단순 주효과만을 실시하여 오차율을 낮추는 것이 더 중요하다.

일반적으로 독립변인 간에 상호작용 효과가 있을 때 단순 주효과를 보고 그 결과를 기초로 해석한다. 얼핏 보기에 단순 주효과는 각 독립변인에 대해 일원변량분석을 각각 실시한 것으로 보일 수 있다. 그러나 일원변량분석을 2번 실시하게 될 경우 포함된 피험자 수가 각각 다르므로 집단 내 제곱합 역시 다르지만, 단순 주효과는 F값을 계산하기 위해 전체 피험자 모두에 대해 계산된 집단 내 평균 제곱합(MS_W)을 사용한다.

〈표 16-1〉에 제시된 자료를 사용하여 B_k 수준에 대한 A 요인의 단순 주효과를 공식으로 표현하면 다음 (16)과 같다.

$$SS_{A\ at\ B_k} = \sum_{j=1} \frac{X_{.jk}^{\ 2}}{I} - \sum_{j=1} \frac{X_{..k}^{\ 2}}{IJ} \quad \cdots\cdots (16)$$

5) 사후검정

사후검정은 제15장에서 살펴본 바와 같이 전체 가설에 대한 기각 여부를 결정한 다음, 그 가설이 기각되었다면 어느 집단 간에 차이가 있는가를 탐색하는 분석방법으로, 이원변량분석에서의 사후검정은 일원변량분석의 사후검정 절차와 동일하다. 예를 들어, 교수법과 성별에 따른 학업성취도 연구에서 교수법의 효과에 대한 영가설이 기각되었다면 사후검정을 실시하게 된다.

이원변량분석에서 사후검정을 실시하는 절차는 우선 변량분석 실시 후 주효과와 상호작용 효과의 영가설이 기각되는지 확인한 다음, 영가설이 기각되면 대비를 만드는 것이다. 이원변량분석표에서 주효과의 자유도가 2 이상이어야 사후검정을 위한 대비를 구성할 수 있다. 즉, 주효과의 자유도가 1인 경우는 그 자체로 대비가 되므로 사후검정은 주효과에 대한 가설검정결과와 동일하다.

$$A\ 효과:\ \widehat{\psi_A} = \sum_j w_j\ \overline{X}_{1.j.}$$

$$B\ 효과:\ \widehat{\psi_B} = \sum_k w_k\ \overline{X}_{..k}$$

$$AB\ 효과:\ \widehat{\psi_{AB}} = \sum w_{jk}\ \overline{X}_{.jk}$$

다음으로 각 대비에 따른 표준오차를 계산해야 한다.

$$A\ 효과:\ SE_{\widehat{\psi_A}} = \sqrt{MS_w \sum \frac{w_j^2}{n_j}}$$

$$B\ 효과:\ SE_{\widehat{\psi_B}} = \sqrt{MS_w \sum \frac{w_k^2}{n_k}}$$

$$AB\ 효과:\ SE_{\widehat{\psi_{AB}}} = \sqrt{MS_w \sum \frac{{w_{jk}}^2}{n_{jk}}}$$

사후검정은 t검정의 일종으로 t통계치를 계산하는 방법은 다음과 같다.

$$t_A = \frac{\widehat{\psi_A}}{SE_{\widehat{\psi_A}}}$$

$$t_B = \frac{\widehat{\psi_B}}{SE_{\widehat{\psi_B}}}$$

$$t_{AB} = \frac{\widehat{\psi_{AB}}}{SE_{\widehat{\psi_{AB}}}}$$

t통계치가 산출되면 집단 간 자유도, 집단 내 자유도, 그리고 유의수준에 따라 t값의 기각치를 〈수표 5〉에서 찾아서 크기를 비교하고, 결론을 도출함으로써 사후검정을 할 수 있다.

3. 가설검정 및 이원변량분석표

앞서 우리는 이원변량분석의 기본개념, 자료의 배치, 수리적 모형 및 상호작용 효과와 단순 주효과에 대해서 이론적으로 살펴보았다. 이 절에서는 실제 자료를 사용하여 가설을 설정하고 이원변량분석을 실시해 그 결과를 해석하고자 한다.

이원변량분석을 실시하기 위해서는 우선 몇 가지 기본가정을 충족해야 하는데, 그것은 일원변량분석과 동일하다. 즉, 각 집단에 해당하는 모집단의 분포가 정규분포이고, 각 집단에 해당하는 모집단의 변량이 동일해야 하며, 각 모집단 내에서의 오차나 모집단 간의 오차는 서로 독립적이어야 한다. 먼저 이원변량분석의 가설을 살펴보도록 하자.

1) 가 설

이원변량분석에서는 주효과뿐만 아니라 상호작용 효과에도 관심을 둔다. 종속변인에 미치는 독립변인 A의 효과와 독립변인 B의 효과가 서로 다르다면, 두 독립변인 사이에는 상호작용 관계가 있다고 판단한다. 따라서 이원변량분석에서는 세 가지 영가설을 세울 수 있는데, A와 B의 주효과와 AB의 상호작용 효과를 검정하는 것이다.

예를 들어, 교수법과 성별에 따라 학업성취에 차이가 있는지를 연구하고자 할 때 우리는 두 종류의 가설을 세울 수 있다. 그것은 주효과에 대한 가설 두 가지와 상호작용 효과에 대한 가설 한 가지로 모두 세 가지다.

구체적으로 교수법과 성별에 따른 학업성취도에 차이가 있는지를 검정하기 위하여 학습자 18명을 각 집단에 무선할당하여 교수법을 실시한 후 10점 만점의 시험을 치러 다음과 같은 학업성취도 점수를 얻었다.

〈표 16-3〉 교수법과 성별에 따른 학업성취도 점수

	전통적(A_1)		컴퓨터 보조(A_2)		개별(A_3)		계	
남(B_1)	5 6 7	$\mu_{A_1B_1}$	8 9 9	$\mu_{A_2B_1}$	9 9 9	$\mu_{A_3B_1}$	71	μ_{B_1}
	18		26		27			
여(B_2)	6 6 7	$\mu_{A_1B_2}$	7 7 8	$\mu_{A_2B_2}$	9 10 10	$\mu_{A_3B_2}$	70	μ_{B_2}
	19		22		29			
계	37	μ_{A_1}	48	μ_{A_2}	56	μ_{A_3}	141	μ

교수법을 독립변인 A로, 성별을 독립변인 B로 하여 이원변량분석을 실시할 경우 주효과 두 개, 상호작용 효과 한 개로 모두 세 가지 가설을 다음과 같이 세울 수 있다.

(1) 주효과

교수법의 효과	영가설(H_0): 교수법에 따른 집단 간 학업성취도의 차이는 없다. (H_0: $\mu_{A_1} = \mu_{A_2} = \mu_{A_3}$)
	대립가설(H_1): 교수법에 따른 집단 간 학업성취도의 차이가 있다. (H_1: $\mu_{A_1} \neq \mu_{A_2} \neq \mu_{A_3}$)

성별의 효과	영가설(H_0): 성별에 따른 집단 간 학업성취도의 차이는 없다. (H_0: $\mu_{B_1} = \mu_{B_2}$)
	대립가설(H_1): 성별에 따른 집단 간 학업성취도의 차이가 있다. (H_1: $\mu_{B_1} \neq \mu_{B_2}$)

(2) 상호작용 효과

교수법과 성별의 상호작용 효과	영가설(H_0): 교수법과 성별의 상호작용이 없다. (H_0: $\mu_{A_1B_1} - \mu_{A_1B_2} = \mu_{A_2B_1} - \mu_{A_2B_2} = \mu_{A_3B_1} - \mu_{A_3B_2}$)
	대립가설(H_1): 교수법과 성별의 상호작용이 있다. (H_1: $\mu_{A_1B_1} - \mu_{A_1B_2} \neq \mu_{A_2B_1} - \mu_{A_2B_2} \neq \mu_{A_3B_1} - \mu_{A_3B_2}$)

이상과 같은 세 가지 가설과 주어진 자료를 바탕으로 하는 이원변량분석의 절차는 다음에서 다루고자 한다.

2) 이원변량분석의 과정

주어진 자료를 바탕으로 이원변량분석을 실시하기 위한 가설을 설정하였다면, 다음으로는 유의수준을 결정하고 검정통계치(SS_T, SS_A, SS_B, SS_{AB}, SS_W)를 구해야 한다. 이 예에서는 유의수준을 0.05로 결정하였으며 SS_T, SS_A, SS_B, SS_{AB}, SS_W는 각각 다음과 같다.

$$
\begin{aligned}
SS_T &= \sum_k \sum_j \sum_i X_{ijk}{}^2 - \frac{X_{\cdots}{}^2}{IJK} \\
&= (5^2 + 6^2 + 7^2 + \cdots + 9^2 + 10^2 + 10^2) \\
&\quad - \frac{(5+6+7+\cdots+9+10+10)^2}{3 \times 3 \times 2} \\
&= 1143 - 1104.5 = 38.5
\end{aligned}
$$

$$SS_A = \sum_j \frac{X_{.j.}^{\ 2}}{IK} - \frac{X_{...}^{\ 2}}{IJK}$$

$$= \left\{ \frac{(5+6+7+6+6+7)^2}{3\times 2} + \frac{(8+9+9+7+7+8)^2}{3\times 2} + \frac{(9+9+9+9+10+10)^2}{3\times 2} \right\} - \frac{(5+6+7+\cdots+9+10+10)^2}{3\times 3\times 2}$$

$$= 1134.83 - 1104.5 = 30.33$$

$$SS_B = \sum_k \frac{X_{..k}^{\ 2}}{IJ} - \frac{X_{...}^{\ 2}}{IJK}$$

$$= \left\{ \frac{(5+6+7+8+9+9+9+9+9)^2}{3\times 3} + \frac{(6+6+7+7+7+8+9+10+10)^2}{3\times 3} \right\} - \frac{(5+6+7+\cdots+9+10+10)^2}{3\times 3\times 2}$$

$$= 1104.56 - 1104.5 = 0.06$$

$$SS_{AB} = \sum_j \sum_k \frac{X_{.jk}^{\ 2}}{I} - \sum_j \frac{X_{.j.}^{\ 2}}{IK} - \sum_k \frac{X_{..k}^{\ 2}}{IJ} + \frac{X_{...}^{\ 2}}{IJK}$$

$$= \left\{ \frac{(5+6+7)^2}{3} + \frac{(6+6+7)^2}{3} + \frac{(8+9+9)^2}{3} + \frac{(7+7+8)^2}{3} + \frac{(9+9+9)^2}{3} + \frac{(9+10+10)^2}{3} \right\}$$

$$- \left\{ \frac{(5+6+7+6+6+7)^2}{3\times 2} + \frac{(8+9+9+7+7+8)^2}{3\times 2} + \frac{(9+9+9+9+10+10)^2}{3\times 2} \right\}$$

$$- \left\{ \frac{(5+6+7+8+9+9+9+9+9)^2}{3\times 3} + \frac{(6+6+7+7+7+8+9+10+10)^2}{3\times 3} \right\}$$

$$+\ \frac{(5+6+7+\cdots+9+10+10)^2}{3\times3\times2}$$

$$= 1138.33 - 1134.83 - 1104.56 + 1104.5 = 3.44$$

$$SS_w = \sum_k\sum_j\sum_i X_{ijk}{}^2 - \sum_k\sum_j \frac{X_{.jk}{}^2}{I}$$

$$= (5^2+6^2+7^2+\cdots+9^2+10^2+10^2)$$

$$-\left\{\frac{(5+6+7)^2}{3}+\frac{(6+6+7)^2}{3}+\frac{(8+9+9)^2}{3}\right.$$

$$\left.+\frac{(7+7+8)^2}{3}+\frac{(9+9+9)^2}{3}+\frac{(9+10+10)^2}{3}\right\}$$

$$= 1143 - 1138.33 = 4.67$$

*SS*만 구하면 이원변량분석표를 구성하는 나머지 값은 자동으로 계산이 가능하다. 이원변량분석표를 구성해 보면 다음 〈표 16-4〉와 같다.

〈표 16-4〉 교수법과 성별에 따른 학업성취도에 대한 이원변량분석표

변량원	제곱합(SS)	자유도(df)	제곱평균(MS)	F
교수법(A)	30.33	2	15.16	38.87*
성별(B)	0.06	1	0.06	0.15
상호작용(AB)	3.44	2	1.72	4.41*
집단 내	4.67	12	0.39	
총	38.50	17		

*$p<0.05$ $F_{2.12,0.05} = 3.89$ $F_{1.12,0.05} = 4.75$

이원변량분석표를 작성하였다면 다음에는 연구자가 설정한 가설에 맞추어 결과를 해석하는 작업이 필요하다. 〈표 16-4〉에는 교수법(A)과 성별(B) 각각의 주효과와 교수법과 성별의 상호작용 효과(AB)가 제시되어 있다.

먼저 주효과에 대한 가설부터 살펴보도록 하자. 교수법(A)의 효과에 대한 F통계치 38.87은 〈수표 7〉에 제시된 F분포표에 의한 유의수준 0.05와 집단 간 자유도 2, 집단 내 자유도 12인 F기각치 3.89보다 크므로 영가설을 기각한다. 따라서 '유의수준 0.05에서 교수법에 따라 학업성취도에 차이가 있다.'라고 결론지을 수 있다. 다음으로 성별(B)의 효과에 대한 F통계치는 0.15로 F기각치 4.75보다 작아 영가설을 기각할 수 없다. 그러므로 '유의수준 0.05에서 성별에 따른 학업성취도의 차이는 없다.' 라고 결론지을 수 있다.

교수법과 성별의 상호작용에 대한 통계치는 4.41이고 F기각치는 3.89이므로 영가설을 기각한다. 따라서 '유의수준 0.05에서 교수법과 성별의 상호작용 효과가 있다.'라고 결론지을 수 있다.

SPSS 실행

이원분산분석-교차설계를 하려면 메뉴 [분석-일반선형모형-일변량]을 선택한다. '일변량 분석' 대화상자를 열어서 종속변수와 모수요인을 지정한 다음 [확인]을 누르면 된다. 〈표 16-3〉의 교수법과 성별에 따른 학업성취도 점수를 이용하여 이원분산분석-교차설계를 실행하는 과정은 다음과 같다.

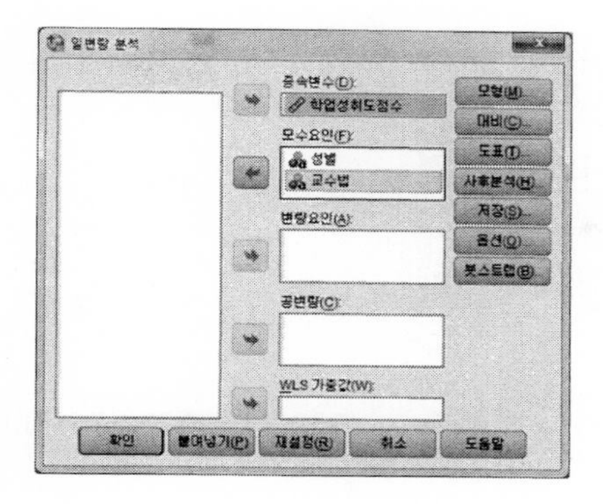

분석결과

SPSS 프로그램을 통해 나타난 〈표 16-3〉의 교수법, 성별, 교수법*성별의 상호작용과 오차, 수정모형 등의 결과는 다음과 같다. 실제 계산값과의 차이는 소수점 처리 과정상의 차이이며 〈표 16-4〉의 결과와 동일하게 나타난다.

개체-간 효과 검정

종속변수: 학업성취도 점수

소스	제III유형 제곱합	자유도	평균 제곱	F	유의확률
수정모형	33.833[a]	5	6.767	17.400	.000
절편	1104.500	1	1104.500	2840.143	.000
성별	.056	1	.056	.143	.712
교수법	30.333	2	15.167	39.000	.000
성별 * 교수법	3.444	2	1.722	4.429	.036
오차	4.667	12	.389		
합계	1143.000	18			
수정 합계	38.500	17			

a. R제곱=.879(수정된 R제곱=.828)

〈표 16-4〉의 이원변량분석표에서 상호작용 효과가 유의미하므로 후속적으로 단순 주효과 분석을 할 수 있다. 가능한 모든 단순 주효과를 분석할 필요는 없지만 여기서는 독자의 이해를 돕기 위해서 다섯 개의 단순 주효과를 구해 보도록 하겠다.

단순 주효과를 구하기 위해서 먼저 집단별 SS를 먼저 구해야 한다.

$$SS_{A\ at\ B_1} = \frac{18^2 + 26^2 + 27^2}{3} - \frac{71^2}{3 \times 3} = 576.33 - 560.11 = 16.22$$

$$SS_{A\,at\,B_2} = \frac{19^2 + 22^2 + 29^2}{3} - \frac{70^2}{3 \times 3} = 562 - 544.44 = 17.56$$

$$SS_{B\,at\,A_1} = \frac{18^2 + 19^2}{3} - \frac{37^2}{3 \times 2} = 228.33 - 228.17 = 0.16$$

$$SS_{B\,at\,A_2} = \frac{26^2 + 22^2}{3} - \frac{48^2}{3 \times 2} = 386.67 - 384 = 2.67$$

$$SS_{B\,at\,A_3} = \frac{27^2 + 29^2}{3} - \frac{56^2}{3 \times 2} = 523.33 - 522.67 = 0.66$$

구해진 각 집단의 SS를 사용하여 다음 〈표 16-5〉와 같은 단순 주효과 변량분석표를 작성할 수 있다.

〈표 16-5〉 단순 주효과의 변량분석표

	제곱합	자유도	제곱평균	F
교수법(A)				
$A\ at\ B_1$	16.22	2	8.11	20.79*
$A\ at\ B_2$	17.56	2	8.78	22.51*
성별(B)				
$B\ at\ A_1$	0.16	1	0.16	0.41
$B\ at\ A_2$	2.67	1	2.67	6.85*
$B\ at\ A_3$	0.66	1	0.66	1.69
집단 내	4.67	12	0.39	

$^*p < 0.05$ $F_{2.12,0.05} = 3.89$ $F_{1.12,0.05} = 4.75$

앞의 단순 주효과 분석에서 F값을 계산하기 위해 집단 내 평균제곱합(MS_w)을 사용한 것에 주의해야 한다. 앞서 이원변량분석을 실시했을 때 교수법(A)과 성별(B) 간의 상호작용 효과가 나타났다는 것은 성별에 따라 교수법의 효과가 다르다는 의미이므로, 교수법의 효과가 남녀 학습자 집단에 일반적으로 적용되는지 또는 모든 교수법의 효과에 성별의 차이가 존재하는지 의문을 제기할 수 있다. 앞의 〈표 16-5〉를 보면, 남녀 학습자 집단에서 F값이 각각 20.79, 22.51로 유의수준 0.05와 집단 간 자유도 2, 집단 내 자유도 12인 F기각치 3.89보다 크므로 영가설을 기각할 수 있다. 따라서 '남녀 학습자 집단에서 교수법에 따라 유의미한 차이가 있는 것으로 나타났다.' 라고 결론지을 수 있다. 그러나 각 교수법의 효과에 대한 성별 집단 간의 차이는 교수법에 따라 다른 것으로 나타났다. 전통적 교수법과 개별 교수법에서는 남녀 집단 간의 차이에 대한 F값이 각각 0.41, 1.69로 유의수준 0.05와 집단 간 자유도 1, 집단 내 자유도 12인 F기각치 4.75보다 작으므로 영가설을 기각할 수 없다. 따라서 전통적 교수법과 개별교수법에서는 남녀 집단 간의 차이가 없는 것으로 나타났다. 반면, 컴퓨터 보조 교수법에서는 F값이 6.85로 F기각치 4.75보다 크므로 영가설을 기각할 수 있다. 즉, 컴퓨터 보조 교수법에서는 남녀 집단 간의 차이가 있는 것으로 나타났다.

〈표 16-4〉에서 교수법의 효과에 대한 영가설이 기각되었으므로 사후검정을 실시할 수 있다. 즉, 전통적 교수법과 컴퓨터 보조 교수법, 전통적 교수법과 개별 교수법, 컴퓨터 보조 교수법과 개별 교수법의 사후검정에 필요한 통계치는 다음과 같다.

$$\widehat{\psi_{\text{전통}-\text{컴퓨터}}} = \sum w_j \overline{X_j} = (1)\frac{37}{6} + (-1)\frac{48}{6} = -1.83$$

$$\widehat{\psi_{\text{전통}-\text{개별}}} = \sum w_j \overline{X_j} = (1)\frac{37}{6} + (-1)\frac{56}{6} = -3.17$$

$$\hat{\psi}_{\text{컴퓨터}-\text{개별}} = \sum w_j X_j = (1)\frac{48}{6} + (-1)\frac{56}{6} = -1.33$$

$$SE_{\hat{\psi}} = \sqrt{MS_w \sum_{j=1}^{I} \frac{w_j^2}{n_j}} = \sqrt{0.39 \times \left[\frac{(+1)^2}{6} + \frac{(-1)^2}{6}\right]} = 0.36$$

앞의 대비와 표준오차를 사용하여 t통계치를 구하면 다음과 같다.

$$t_{\hat{\psi}_{\text{전통}-\text{컴퓨터}}} = \frac{-1.83}{0.36} = -5.08$$

$$t_{\hat{\psi}_{\text{전통}-\text{개별}}} = \frac{-3.17}{0.36} = -8.81$$

$$t_{\hat{\psi}_{\text{컴퓨터}-\text{개별}}} = \frac{-1.33}{0.36} = -3.69$$

앞의 각 t통계치는 각각 −5.08, −8.81, −3.69로 그 절대치가 Scheffé의 기각치

($\sqrt{2F_{2,12,0.05}}=\pm2.79$)보다 크므로 영가설을 기각할 수 있다. 즉, 전통적 교수법과 컴퓨터 보조 교수법, 전통적 교수법과 개별 교수법, 컴퓨터 보조 교수법과 개별 교수법 각각에서 학업성취도의 차이를 보이는 것으로 나타났다. 이어서 성별에 대한 사후검정을 실시할 수 있으나 성별은 대비가 하나밖에 만들어지지 않으므로 이원변량분석 결과에서 이미 검정이 이루어졌다. 즉, 주효과는 자유도가 1이며 사후검정은 주효과에 대한 가설검정 결과와 동일하다.

다음으로 상호작용 효과에 대한 사후검정에 필요한 통계치를 구하면 다음과 같다.

$$\hat{\psi}_{\text{전통}-\text{컴퓨터}-\text{남}-\text{여}} = \sum w_j \overline{X_j}$$

$$= (1)\frac{18}{3}+(-1)\frac{19}{3}+(-1)\frac{26}{3}+(1)\frac{22}{3} = \frac{-5}{3} = -1.67$$

$$\hat{\psi}_{\text{전통}-\text{개별}-\text{남}-\text{여}} = \sum w_j \overline{X_j}$$

$$= (1)\frac{18}{3}+(-1)\frac{19}{3}+(-1)\frac{27}{3}+(1)\frac{29}{3} = \frac{1}{3} = 0.33$$

$$\hat{\psi}_{\text{컴퓨터}-\text{개별}-\text{남}-\text{여}} = \sum w_j \overline{X_j}$$

$$= (1)\frac{26}{3}+(-1)\frac{22}{3}+(-1)\frac{27}{3}+(1)\frac{29}{3} = \frac{6}{3} = 2$$

$$SE_{\hat{\psi}} = \sqrt{MS_w \sum_{j=1}^{I} \frac{{w_j}^2}{n_j}}$$

$$= \sqrt{0.39 \times \left[\frac{(+1)^2}{3}+\frac{(-1)^2}{3}+\frac{(-1)^2}{3}+\frac{(+1)^2}{3}\right]} = 0.72$$

이상의 통계치를 사용하여 t통계치를 구하면 다음의 결과가 산출된다.

$$t_{\hat{\psi}_{\text{전통}-\text{컴퓨터}-\text{남}-\text{여}}} = \frac{-1.67}{0.72} = -2.32$$

$$t_{\hat{\psi}_{\text{전통}-\text{개별}-\text{남}-\text{여}}} = \frac{0.33}{0.72} = 0.46$$

$$t_{\hat{\psi}_{\text{컴퓨터}-\text{개별}-\text{남}-\text{여}}} = \frac{2}{0.72} = 2.78$$

전통적 교수법과 컴퓨터 보조 교수법, 그리고 남녀 집단의 상호작용 효과에 관한 t값은 −2.32다. 이는 Scheffé의 기각치($\sqrt{2F_{2,12,0.05}}=\pm2.79$)보다 작으므로 상호작용 효과가 없다는 영가설을 채택해야 한다. 그러므로 전통적 교수법과 컴퓨터 보조 교수법, 그리고 남녀 집단에 통계적으로 유의한 상호작용이 없다고 해석할 수 있다. 나머지 상호작용에 대한 사후검정도 동일한 방식으로 해석할 수 있다.

연습문제

1. 취학 전 교육이 아동의 사회성에 영향을 미치는지, 그리고 그러한 영향이 나이에 따라 달라지는지를 알아보기 위해 다음과 같은 연구를 실시하였다. 취학 전 교육은 두 수준, 즉 교육을 받지 않은 경우와 받은 경우로 나누고, 아동의 나이는 5, 6, 7, 8세로 나누었다. 이 아동들에게 사회성검사를 실시한 결과 다음과 같은 점수가 나왔다. 각 집단에 해당하는 아동은 확률표집에 의해 뽑혔다고 가정한다. '나이'를 독립변인 A, '취학 전 교육 여부'를 독립변인 B로 표시하였다.

	A1	A2	A3	A4
	2	2	4	15
	6	7	8	12
B1	8	8	11	9
	10	8	5	10
	9	10	3	14
	7	6	9	13
	9	9	14	12
B2	11	9	15	10
	9	7	10	6
	8	8	12	9

(1) 나이가 사회성검사 점수에 영향을 끼치는지 $\alpha = .05$ 수준에서 검정하라.

(2) 변량분석표를 작성하라.

2. 가정환경과 성별에 관한 연구에서 다음과 같은 결과를 얻었다. 유의수준 .01에서 자료를 변량분석하라.

	C1		C2		C3	
R1	20	31	23	62	17	32
	26	50	31	60	18	49
	42	25	18	20	50	58
R2	17	62	35	83	17	28
	27	62	50	42	14	58
	50	29	62	19	49	53

3. 다음 자료는 환경과 성격이 계산력 시행에 미치는 영향 정도를 조사한 것이다. 두 가지 다른 성격 유형, 즉 내향성과 외향성을 나타내는 사람들을 추출하였다. 각 집단의 절반은 비교적 잡음이 없는 조용한 방에서 계산력 시험을 치렀고, 다른 절반은 혼란스럽고 시끄러운 방에서 시험을 치렀다. 종속변인은 각 개인이 저지른 오류 수이고, 그 실험결과는 다음과 같다. 유의수준 .05에서 변량분석을 이용하여 이 결과를 추정하라. 혼란과 인성이 어떻게 영향을 미쳤는지 기술하라.

		요인 B (성격)		
		내향성	외향성	
요인 A (환경)	조용함	$n=5$ $AB=10$ $SS=15$	$n=5$ $AB=10$ $SS=25$	$\sum X^2=520$
	시끄러움	$n=5$ $AB=20$ $SS=10$	$n=5$ $AB=40$ $SS=30$	

4. 자아존중감과 관객의 유무가 공연의 수행에 미치는 효과를 조사하는 실험을 하였다. 종속변인은 각 실험 대상자가 공연 시 실수를 범한 횟수다. 유의수준 .05에서 변량분석으로 자료를 추정하여, 자아존중감 정도와 관객의 유무가 공연 수행에 미치는 효과를 설명하라.

		관중 유무(B)					
		혼자			관중		
자아 존중감 (A)	높음	2	5	5	3	5	1
		3	0	4	2	4	2
		0	3	2	4	0	0
		4	1	5	1	3	3
	낮음	6	8	2	11	13	9
		7	9	5	8	10	7
		3	4	3	7	8	11
		6	7	4	14	10	7

제17장 비모수검정

통계학적인 분석에서는 실제의 모집단이 없거나 혹은 모집단의 분포모양을 모를 경우가 많다. 이런 경우에는 지금까지 학습한 모수통계방법(parametric statistics)을 적용할 수 없으므로 비모수통계방법을 사용해야 한다.

비모수통계방법의 활용에 앞서, 이의 장 · 단점을 살펴보자.

우선, 비모수통계방법의 장점을 살펴보면 다음과 같다.

첫째, 모집단의 분포를 알 수 없는 것에 대한 접근법(distribution-free methods)이므로 이용상의 전제조건이 까다롭지 않다. 둘째, 표본 수 $n = 6$처럼 극히 작은 경우에는 모집단이 정확하게 알려지지 않으므로 비모수통계를 이용할 수 있을 뿐이다. 가령 $n = 10 \sim 20$ 이내일 경우는 모수통계방법에 비해 비모수통계방법이 계산절차가 간편하다. 이런 이유 때문에 예비검정 등에 자주 사용된다. 셋째, 여러 가지 다른 분포를 가진 모집단에서 추출된 관측치들로부터 표본이 구성되어 있다 하더라도 비모수통계방법에 의해 적절하게 분석할 수 있다. 반면에 모수통계방법은 모집단이 서로 동일한 분포를 갖는다는 가정(등분산성)을 전제로 한다. 넷째, 비모수통계방법은 얻어진 자료의 특성이 순위(rank) 혹은 상대적 대소의 관계만을 표시한 경우에도 적용할 수 있다.

비모수통계방법은 이상의 장점과 더불어 다음과 같은 단점을 내포하고 있다.

첫째, 통계자료에 포함되어 있는 정보를 완전히 이용할 수 없는 데서 모수통계방법에 비해 그 검정력이 떨어진다. 다시 말해서 모수통계방법을 적용시키면 유의한 차이가 나타나더라도, 비모수통계방법을 적용시키면 그 유의한 차이가 인정되지 않는 경우도 있다. 둘째, 표본수가 클수록 그 계산량이 방대해진다. 물론 이 경우에는 근사법을 사용할 수도 있다.

이 장에서는 모수통계방법의 상관분석, t검정, F검정에 해당하는 비모수통계방법인 Spearman 상관분석, Kolmogorov-Smirnov 검정, Kruskal-Wallis 검정에 대하여 소개한다.

1. Spearman의 등위상관계수

1) 기본개념

변인 간의 상호 관련성을 요약해 주는 통계치가 상관계수다. 이 책의 앞에서 언급한 것처럼 상관 통계치 중 가장 많이 사용되는 상관계수는 Pearson이 고안한 적률상관계수다. Pearson의 상관계수는 두 변인 모두 등간 또는 비율 척도에 의해 측정된 연속변인인 등간 또는 비율 척도 등에 사용되며, 선형성을 가정할 수 있을 때 사용된다. 그러나 변인이 비연속이거나 척도가 다를 경우 다른 종류의 상관계수를 사용해야 한다.

척도치가 서열변인과 서열변인인 경우에는 Spearman의 등위상관계수를 사용한다. 또한 두 변수 간의 연관관계가 있는지 없는지를 밝힐 때, 자료에 이상점이 있거나 표본 크기가 작을 때도 Spearman의 등위상관계수가 유용하다. 구체적인 내용을 살펴보면 다음과 같다.

2) Spearman의 등위상관계수 계산방법

Spearman의 등위상관계수는 데이터가 서열척도에 의한 것인 경우, 즉 자료의 값 대신 순위를 이용하는 경우의 상관계수로서, 먼저 데이터를 작은 것부터 차례로 순위를 매겨 서열 순서로 바꾼 뒤 순위를 이용해 상관계수를 구해야 한다. 다시 말하면, 두 변인 모두 서열척도로 측정된 변인이거나 연속변인을 서열변인으로 변환한 경우와 척도값의 분포가 극단적 분포일 때에는 Pearson의 r을 변형한 Spearman의 등위차 상관계수 r_s를 사용한다.

Spearman 등위차 상관계수를 계산하는 방법은 다음 공식 (1)과 같다.

공식 (1)에서 d_i는 두 등위 사이의 차를 나타내며 d_i가 클수록 상관계수는 1에서 멀어진다. Spearman의 등위상관계수는 −1과 1 사이의 값을 가지는데 두 변수의 순위가 완전히 일치하면 +1이고, 두 변수의 순위가 완전히 반대이면 −1이 된다.

$$r = 1 - \frac{6\sum {d_t}^2}{n^3 - n} \quad \cdots\cdots (1)$$

Spearman 상관계수를 계산하기 위해서는 두 변인에 등위를 각각 부여하고 등위차를 계산한다. 만일 두 측정치의 등위가 같은 경우에는 등위의 값을 평균한다. Spearman 상관계수는 등위상관을 계산하기에는 간편하나, 동 순위 자료가 많을 경우 상관계수치가 문제가 될 수 있다는 단점이 있다.

두 변인이 본래 서열척도로 주어졌다면 Spearman의 상관계수와 Pearson의 상관계수 r은 같다. 그러나 연속 자료를 등위로 변형하면 두 상관계수의 값은 약간의 차이가 있다. 연속적인 측정치를 서열변인으로 변환할 때는 원래의 자료가 지니고 있는 정보를 상실하므로 등위차 상관계수가 일반적으로 낮아지는 경향이 있다.

3) 예 제

〈표 17−1〉은 고등학생의 지각 횟수와 하루 평균 컴퓨터게임 시간을 조사한 것이다. 이 두 변인에 대한 Spearman 상관계수 r을 구하여 보자.

〈표 17-1〉에 제시한 바와 같이, Spearman의 등위상관계수를 구하기 위해서는 먼저 각각의 변인을 연속적인 측정치인 서열변인으로 변환하여야 한다.

〈표 17-1〉 고등학생의 지각 횟수와 하루 평균 컴퓨터게임 시간

학생	X(지각 횟수)	Y(컴퓨터게임 시간)	X 등위	Y 등위	d_i	d_i^2
A	4	2	7	7.5	−.5	.25
B	5	3	6	5.5	.5	.25
C	2	1	9	9.5	−.5	.25
D	7	4	3.5	3.5	0	0
E	9	5	2	1.5	.5	.25
F	3	2	8	7.5	.5	.25
G	1	1	10	9.5	.5	.25
H	7	3	3.5	5.5	−2	4
I	10	5	1	1.5	−.5	.25
J	6	4	5	3.5	1.5	2.25
합계	54	30				8

공식 (1)에 의한 Spearman의 등위상관계수 결과는 다음과 같다.

$$r = 1 - \frac{6\sum d_i^{\,2}}{n^3 - n} = 1 - \frac{6 \times 8}{10^3 - 10} = .9515$$

4) SPSS 활용

〈표 17-1〉의 자료를 바탕으로 SPSS 프로그램을 이용하여 통계적 유의도를 검정해 보자. 주어진 자료인 고등학생의 지각 횟수와 하루 평균 컴퓨터게임 시간은 서열척도이므로 Pearson의 상관계수가 아닌 Spearman의 상관계수로 분석하였다.

메뉴에서 [분석－상관분석－이변량 상관]을 선택한다.

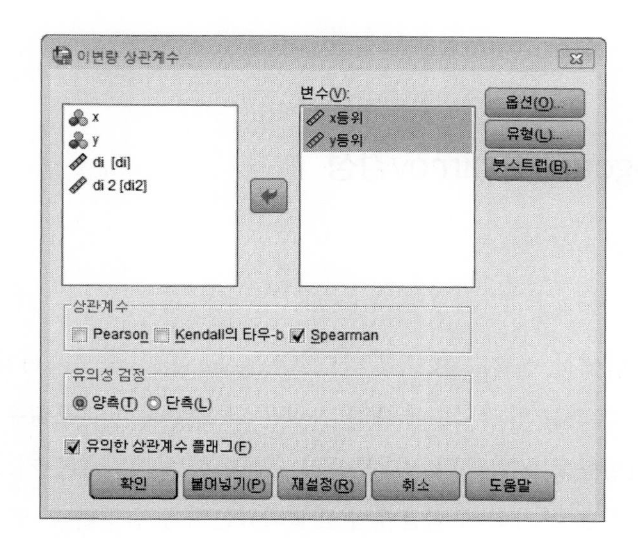

X변인 등위와 Y변인 등위 변인을 '변수'로 이동시키고 'Spearman'에 체크한 후, [확인]을 누른다.

분석결과를 보면, *X*변인 등위(고등학생의 지각 횟수 등위)와 *Y*변인 등위(하루 평균 컴퓨터게임 시간 등위) 간의 상관계수를 확인할 수 있다.

비모수 상관

상관관계

			*X*등위	*Y*등위
Spearman의 rho	*X*등위	상관계수	1.000	.951**
		유의확률(양측)	.	.000
		N	10	10
	*Y*등위	상관계수	.951**	1.000
		유의확률(양측)	.000	.
		N	10	10

**. 상관관계가 0.01 수준에서 유의하다(양측).

분석결과를 해석하면 다음과 같다.

고등학생의 지각 횟수 등위와 하루 평균 컴퓨터게임 시간 등위 간의 상관관계는 Spearman 상관계수가 .951이고 $p < .01$이므로 통계적으로 유의미하다. 따라서 고등학생의 지각 횟수와 하루 평균 컴퓨터게임 시간 간에 강한 정적상관이 있는 것으로 해석할 수 있다.

2. Kolmogorov-Smirnov검정

1) 기본개념

비모수 추정법에서 콜모고로프-스미르노프(Kolmogorov-Smirnov)검정은 위치모수와 척도모수, 그리고 형태모수에 대한 가설을 더 일반화한 분포함수 검정법이다. 표집에 의한 관찰분포가 이론적 기대분포와 유의미한 차이가 있는지, 또는 두 독립표집이 동일한 분포를 가진 모집단에서 표집되었는지를 검정한다. 콜모고로프-스미르노프검정을 적용하기 위해서는 기본 자료가 서열변인이며 연속적인 자료일 것이 요구된다.

① 단일표본 콜모고로프-스미르노프(K-S)검정은 한 변인에 대해 관측 자료의 누적분포함수가 준거분포인 정규분포, 균일분포, 지수분포, 포아송분포에 근사한지를 검정하는 비모수적 통계방법이다. 즉, K-S검정은 표본의 누적확률분포함수와 검정하고자 하는 확률분포함수의 누적치를 비교함으로써 검정한다.

② 두 독립표본 콜모고로프-스미르노프(K-S)검정은 두 독립표본이 동일한 분포를 가진 모집단에서 표집되었는지를 검정하는 두 독립표본 간의 적합도 검정이다. 이 검정법은 두 개의 독립적인 빈도분포의 차이를 검정하는 데 적합하다. χ^2검정과 다른 점은 χ^2검정의 경우는 이산적 분포인 데 반하여 K-S검정은 연속확률분포함수를 이용한다는 것이다. 사례 수가 적은 경우에도 검정력이 강력하다. 다만, 자료의 연속성을 위반하면 검정력이 약화된다.

2) 검정방법

(1) 단일표본 콜모고로프-스미르노프(K-S)검정 과정

연속적 변인을 가진 모집단이 있다고 가정하고 그 모집단 분포로 누가빈도분포를 만든다. 그리고 이 모집단으로부터 일정한 사례 수 N을 가진 표집을 계속하여 표집의 누가빈도분포를 만든다. 표집과 모집단의 누가빈도분포 차이를 계산하여 이 중 차이가 가장 큰 것을 D라고 하면 이 D의 표집분포를 생각할 수 있을 것이다. 이 표집분포가 한 표집에서 얻어진 D를 얻을 수 있는 확률을 결정하는 근거가 된다. 표집의 크기에 따라 구해진 D가 주어진 모집단 분포와 단순한 표집의 오차인지 또는 유의미한 차이가 있다고 볼 수 있는지를 결정하기 위하여 각 유의수준 α에서 요구되는 최소한의 d를 수표에서 찾을 수 있다.

일표본 콜모고로프-스미르노프검정 함수는 다음과 같다.

$$Fn(x) = \frac{1}{n}\sum_{i=1}^{n}\psi_i$$

여기서 ψ_i는 다음과 같이 정의되는 지시함수다.

$$\psi_i = \begin{cases} 1, \text{if } X_i \le x \\ 0, \text{if } X_i < x \end{cases}$$

일표본 콜모고로프-스미르노프 검정통계량은 다음과 같다.

적어도 한 x에 대해 $F(x) \neq F_0(x)$일 때

$D = \max_x |F_0(x) - F_n(x)| = \max_x (D^+, D^-)$

또는 검정통계량을 $Z = |\hat{F}(x) - F_0(x)|$로 표기하기도 한다. 여기서 $\hat{F}(x)$는 랜덤표본의 경험적 분포함수이고 F_0는 f_0의 분포함수다.

K-S검정법은 다음과 같다.

유의수준 α에서 적어도 한 x에 대해 $F(x) \neq F_0(x)$일 때

$D \ge d(\frac{\alpha}{2}, n)$이면 H_0을 기각한다.

이때 $d(\alpha, n)$은 영가설 H_0하에서 K-S 검정통계량 D^+분포의 상위 $100 \cdot \alpha$ 백분위수로서 $P_o(D^+ \ge d(\alpha, n)) = \alpha$를 만족하는 값이다.

(2) 두 독립표본 콜모고로프-스미르노프(K-S)검정 과정

2개 모집단의 분포가 동일한지를 검정하는 K-S검정 함수는 다음과 같다.

$$F_m(x) = \frac{1}{m} \sum_{i=1}^{m} \psi_i$$

$$G_n(x) = \frac{1}{n} \sum_{n=1}^{n} \phi_i$$

여기서 $\psi_i = \begin{cases} 1, \text{if } X_i \le x \\ 0, \text{if } X_i > x \end{cases}$ $\phi_i = \begin{cases} 1, \text{if } Y_i \le x \\ 0, \text{if } Y_i > x \end{cases}$ 다.

두 독립표본 K-S 검정통계량은 다음과 같다.

적어도 한 x에 대해 $F(x) \neq G(x)$일 때

$D = \max_x |F_m(x) - G_n(x)| = \max_x (D^+, D^-)$

두 독립표본 K-S검정 방법은 다음과 같다.

유의수준 α에서 적어도 한 x에 대해 $F(x) \neq G(x)$일 때

$D \geq d(\frac{\alpha}{2}, m, n)$이면 H_0을 기각한다.

이때 $d(\alpha, m, n)$은 영가설(H_0)하에서 콜모고로프-스미르노프 검정통계량 D^+ 분포의 상위 100 · α 백분위수로서 $P_o(D^+ \geq d(\alpha, m, n)) = \alpha$를 만족하는 값이다.

3) 검정 예제

(1) 단일표본 콜모고로프-스미르노프(K-S)검정 예제

지적 발달이 느린 아동은 빨간색의 강도에 대한 어떤 특정한 기호가 있다고 가정하자. 이를 검정하기 위하여 특별히 지적 발달이 느린 아동 10명을 선정하였다. 그런 다음에 강도가 다른 다섯 가지의 빨간색을 보여 주고 가장 좋아하는 것을 하나 선택하도록 하였다. 이때 빨간색의 강도에 따라 1, 2, 3, …… 등의 등위를 주었다.

검정 가설은 다음과 같다.

H_0: 아동들이 선택한 빨간색 강도의 분포가 무선적으로 차이가 없다.

H_1: 아동들이 선택한 빨간색 강도의 분포가 무선적으로 차이가 있다.

10명의 아동에게서 얻은 자료는 다음과 같다.

강도1에 해당하는 아동은 0명, 강도2는 1명, 강도3은 0명, 강도4는 5명, 강도5는 4명이다.

H_0이 참이라면 각 급간의 기대되는 선택의 빈도는 동일할 것이므로

이때 이론분포함수 $F_0 = \left(\frac{1}{5}, \frac{2}{5}, \frac{3}{5}, \frac{4}{5}, \frac{5}{5}\right)$이고,

경험분포함수 $F_n = \left(\frac{0}{10}, \frac{1}{10}, \frac{0}{10}, \frac{5}{10}, \frac{10}{10}\right)$이다.

그러므로 $D = \max_x |F_0(x) - F_n(x)| = \max_x (D^+, D^-) = 5/10$다.

K−S 수표 1에서 N=10일 때 유의수준 α=.05에서 d값은 .410, 유의수준 α=.01에서 d값은 .490이다. 따라서 D≥d=.410 또는 D≥d=.490이므로 양 수준에서 영가설은 기각된다. 즉, 관찰된 분포에 차이가 있고 이를 바탕으로 특정한 빨간색 강도에 더 민감하게 반응하는 아동은 지적지체아동이라고 할 수 있다.

(2) 독립표본 콜모고로프-스미르노프(K-S)검정 예제

예를 들어, 한 연구자가 A집단에는 강의식 수업법을, B집단에는 토론식 수업법을 적용하여 두 수업법이 학생의 학업성취도에 어떠한 영향을 주는가를 연구하는 경우, 무선적으로 학생 20명을 표집하고 각각 10명씩 무선할당하여 두 가지 수업법으로 일정 기간 수업한 후에 실험 전과 실험 후의 학생들의 성취도를 검정하면 다음과 같다. 이때 학업성취도는 1~11로 설정했다.

검정 가설은 다음과 같다.

H_0: 두 수업법에 따른 학업성취도의 분포에 차이가 없다.

H_1: 두 수업법에 따른 학업성취도의 분포에 차이가 있다.

20명의 학생에게서 얻은 자료는 다음과 같다.

집단 A에 속하는 학생 10명의 성취도별 사례 수는 각각 (1, 1, 1, 2, 2, 0, 0, 1, 2, 0, 0)이고 집단 B에 속하는 학생 10명의 성취도별 사례 수는 각각 (0, 0, 0, 1, 0, 1, 2, 2, 1, 2, 1)이다.

이때 집단 A의 경험분포함수

$F_m(x) = \left(\frac{1}{10}, \frac{2}{10}, \frac{3}{10}, \frac{5}{10}, \frac{7}{10}, \frac{7}{10}, \frac{7}{10}, \frac{8}{10}, \frac{10}{10}, \frac{10}{10}, \frac{10}{10}\right)$이고,

집단 B의 경험분포함수

$$G_n(x) = \left(\frac{0}{10}, \frac{0}{10}, \frac{0}{10}, \frac{1}{10}, \frac{1}{10}, \frac{2}{10}, \frac{4}{10}, \frac{6}{10}, \frac{7}{10}, \frac{9}{10}, \frac{10}{10}\right)\text{이다.}$$

그러므로 $D = \max_x |F_m(x) - G_n(x)| = \max_x (D^+, D^-) = 6/10$이다.

K−S 수표 2에서 유의수준 $\alpha = .05$에서 N=10일 때 $d = 6/10$이다.

따라서 $D \geq d$이므로 영가설을 기각한다. 즉, 서로 다른 수업법에 따른 두 집단의 학업성취도에 차이가 있다. 그러나 이 경우 경험함수값과 이론함수값이 같으므로, 즉 $D = d$이므로 연구자의 역량에 따른 판단이 중요하다.

4) SPSS 실습

(1) 단일표본 콜모고로프−스미르노프(K−S) SPSS 실습

앞의 지적지체아동의 예를 검정하기 위하여 SPSS를 실행하여 자료를 입력하고, 메뉴에서 [분석−비모수 검정−레거시 대화 상자−일표본 K−S]을 선택하여 '일표본 K−S검정' 대화상자를 열고 '검정변수'로 변수 이동을 한 후 정규분포를 확인한다.

분석결과를 보면, 기술통계량에서 사례 수와 평균을 알 수 있고 일표본 K−S검정에서 K−S의 Z값(일반적으로 D값)과 그것의 유의확률을 볼 수 있다.

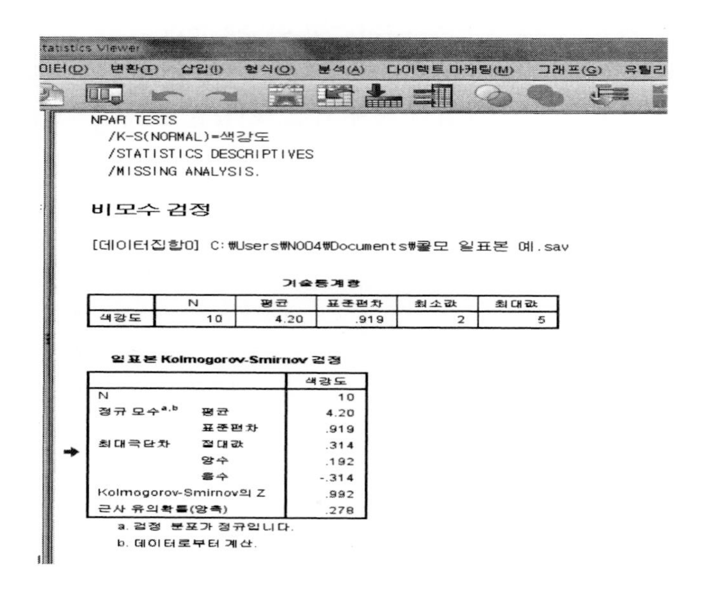

결론적으로 유의확률이 .297로 .05보다 크기 때문에 영가설(H_0)을 기각할 수 없다. 즉, 경험분포는 정규분포와 같다.

(2) 독립2표본 콜모고로프−스미르노프(K−S) SPSS 실습

위의 두 가지 수업법에 대한 집단 비교의 예를 검정하기 위하여 SPSS를 실행하여 자료를 입력하고, 메뉴에서 [분석-비모수 검정-레거시 대화 상자-독립2-표본]을 선택하여 '독립2-표본 비모수검정' 대화상자를 연다. 대화상자에서 검정변수와 집단변수를 이동해 집단변수를 설정한 후, 'K-S의 Z'를 선택하고 [확인]을 누른다.

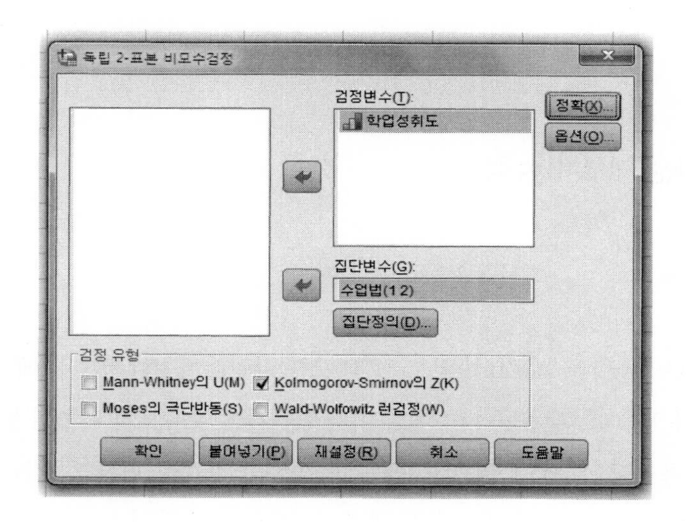

분석결과를 보면, 기술통계량에서 사례 수와 평균을 알 수 있고 2표본 K-S검정에서 K-S의 *Z*값(일반적으로 *D*값)과 그것의 유의확률을 볼 수 있다.

→ 비모수 검정

[데이터집합0] C:₩Users₩N004₩Documents₩콜모 이표본 예.sav

기술통계량

	N	평균	표준편차	최소값	최대값
학업성취도	20	6.50	2.875	1	11
수업법	20	1.50	.513	1	2

2표본 Kolmogorov-Smirnov 검정

빈도 분석

	수업법	N
학업성취도	1	10
	2	10
	합계	20

검정 통계량[a]

		학업성취도
최대극단차	절대값	.600
	양수	.600
	음수	.000
Kolmogorov-Smirnov의 Z		1.342
근사 유의확률(양측)		.055

a. 집단변수: 수업법

결론적으로 유의확률이 .055로 .05보다 크기 때문에 영가설(H_0)을 기각할 수 없다. 즉, 두 수업법에 의한 학업성취도에는 차이가 없다고 할 수 있다. 그러나 이런 미세한 차이의 경우에는 연구자의 경험과 역량에 의한 판단이 중요하다. 따라서 차이가 있다고 할 수도 있다.

3. Kruskal-Wallis검정

1) 기본개념

분산분석(Analysis of Variance)의 가장 간단한 일원배치법에서 처치에 대하여 여러 수준(level)이 있을 때, 각 수준 사이에 차이가 있는가를 알아보기 위하여 분산분석표의 F검정을 사용한다. 그러나 일원배치 분산분석의 F검정을 위한 가정들이 만족되지 않는 경우에는 대안으로서 비모수적 방법인 크루스칼-왈리스(Kruskal-Wallis)검정을 사용하는데 이 검정 방법은 H검정이라고도 한다. 일원분산분석과 마찬가지로 2개 이상의 독립표본 집단 간의 차이에 대하여 통계적 유의도를 검정하는 것으로 정규성(Normality), 등분산성(Homoscedasticity) 가정에서 자유로우며, 단지 주어진 종속변수가 연속적 분포이며 서열변수(또는 그 이상-등간척도, 비율척도)이면 된다. 여기서 H검정은 k개의 표본들이 동일한 모집단으로부터 나왔다는 영가설과 동일한 모집단으로부터 나오지 않았다는 대립가설을 검정하는 것으로, 맨-휘트니의 U검정(Mann-Whitney U test)을 일반화한 것이다. 크루스칼-왈리스검정을 위해서 우선 표본의 모든 관측 값을 모아 순서대로 정리한 후, 관측 값들의 순위를 결정한다. 만약 i번째 표본의 n_i개의 관측 값에 할당된 순위들의 합을 R_i라고 하고 각 표본 크기의 합을 $n = n_1 + n_2 + \cdots + n_k$라고 한다면, H-검정통계량은 다음과 같다.

$$H = \frac{12}{n(n+1)} \sum_{i=1}^{k} \frac{R_i^2}{n_i} - 3(n+1)$$

모든 i에 대하여 $n_i \geq 5$일 때, 영가설하에서 H-검정통계량의 표본 분포는 $k-1$의 자유도를 갖는 χ^2분포로 근사된다. 그러나 n_i와 k의 작은 값들에 대한 H-검정통계량의 임계값들은 크루스칼-왈리스 통계량(H)분포표(Kruskal-Wallis H Table)를 사용한다. 즉, 집단별 사례 수가 5개 이상이면 H-통계량은 χ^2분포를 이용하여 통계적 유의도를 검정할 수 있다.

2) 크루스칼 - 왈리스검정 과정

여기서 k개 모집단의 분포가 동일한지를 검정하고자 한다. 모집단이 정규분포를 따른다는 가정을 할 수 없을 때, 두 모집단에 대한 맨-휘트니의 U검정(Mann-Whitney U test)을 k개의 모집단으로 확장한 것이다.

이제 검정하고자 하는 문제는 k개의 모집단이 모두 같은가 하는 것이다. 즉, 영가설과 대립가설은 다음과 같다.

H_0: k개의 모집단은 모두 동일하다.

H_1: k개의 모집단은 동일하지 않다.

각 모집단에서 크기가 $n_i (i=1,2,\cdots,k)$인 표본을 추출한다면 $n=n_1+n_2+\cdots+n_k$는 전체 자료의 사례 수가 된다. W_i를 i번째 표본의 순위 합계라 하면 $R_i=\frac{W_i}{n_i}$는 i번째 표본 자료들의 평균 순위다. 그리고 k개의 표본들에 대하여 얻어진 R_i의 평균 $\overline{R}$는 전체 n개 자료의 평균 순위와 같아지므로 전체 순위의 합계를 n으로 나눈 값과 같다.

$$\overline{R}=\frac{1+2+\cdots+n}{n}=\frac{1}{n}\sum_{i=1}^{n} i=\frac{1}{n}\times\frac{n(n+1)}{2}=\frac{n+1}{2}$$

그러면 H_0이 참일 때 집단별 평균 순위는 전체 표본의 총 평균 순위인 $\overline{R}=\frac{n+1}{2}$에 가까울 것으로 기대한다. 한편,
$(R_1-\frac{n+1}{2}),(R_2-\frac{n+1}{2}),\cdots,(R_k-\frac{n+1}{2})$은 집단별 평균 순위의 총 평균 순위로부터의 편차를 나타낸다. 이 편차들의 크기가 상대적으로 작을 때 H_0이 참이라는 근거가 되며 $H-$검정통계량은 다음과 같다.

$$H=\frac{12}{n(n+1)}\sum_{i=1}^{k} n_i\left(R_i-\frac{n+1}{2}\right)^2=\frac{12}{n(n+1)}\sum_{i=1}^{k} n_i R_i^2-3(n+1)$$

실제로 H를 계산할 때는 다음 식이 더 유용하게 사용된다.

$$H=\frac{12}{n(n+1)}\sum_{i=1}^{k}\frac{W_i^2}{n_i}-3(n+1),\ \because R_i=\frac{W_i}{n_i}$$

이와 같이 정의된 $H-$검정통계량은 이질성을 나타내는 척도로서 H의 값이 클 때 영가설이 기각된다. H의 확률분포는 상당히 복잡하여 표본의 크기가 크고 k가 클 때는 분포표가 너무 방대해지는 단점이 존재한다. 그러므로 유의수준 α에서의 검정법은 $H>\chi^2_{\alpha:k-1}$일 때 H_0을 기각한다.

3) 예 제

〈표 17-2〉는 세 가지 교수법(교수법 A, 교수법 B, 교수법 C)에 따른 학생들의 학업 성취도 점수를 정리한 것이다. 이때, 학생들의 학업성취도가 교수법에 따라 차이가 있는지를 유의수준 0.05에서 검정해 보자.

〈표 17-2〉 교수법에 따른 학업성취도 점수

A 교수법	B 교수법	C 교수법
20	13	10
19	15	50
20	17	77
30	19	81
70	25	80
95		88

먼저, 교수법에 따른 학업성취도의 차이를 검정하기 전에 영가설과 대립가설을 확인하면 다음과 같다.

H_0: 세 교수법에 따른 학업성취도 점수의 모집단 분포는 같다.
H_1: 세 교수법에 따른 학업성취도 점수의 모집단 분포는 같지 않다.

다음으로 주어진 자료에 대하여 순위 및 순위 합계를 구한다.

교수법 A의 19점과 교수법 B의 19점의 순위는 공동 5위이지만 실제 5, 6위에 해당하는 것으로 각각의 순위는 $\frac{5+6}{2}=5.5$로 정의된다. 교수법 A의 20도 마찬가지다. 주어진 모든 자료에 대한 순위 및 순위 합계를 구하면 〈표 17-3〉과 같다.

〈표 17-3〉 교수법에 따른 학업성취도 점수의 순위 및 순위 합계

A 교수법		B 교수법		C 교수법	
점수	순위	점수	순위	점수	순위
20	7.5	13	2	10	1
19	5.5	15	3	50	11
20	7.5	17	4	77	13
30	10	19	5.5	81	15
70	12	25	9	80	14
95	17			88	16
$W_1 = 59.5$		$W_2 = 23.5$		$W_3 = 70$	
$R_1 = 9.92$		$R_2 = 4.7$		$R_3 = 11.67$	

이제 H-검정통계량을 계산해 보자.

$$H = \frac{12}{n(n+1)} \sum_{i=1}^{k} n_i (R_i - \frac{n+1}{2})^2$$

$$= \frac{12}{17(17+1)} [6 \times (9.92-9)^2 + 5 \times (4.7-9)^2 + 6 \times (14.67-9)^2] = 5.5020$$

$$H = \frac{12}{n(n+1)} \sum_{i=1}^{k} n_i R_i^2 - 3(n+1) = \frac{12}{n(n+1)} \sum_{i=1}^{k} \frac{W_i^2}{n_i} - 3(n+1)$$

$$= \frac{12}{17(17+1)} [(\frac{59.5^2}{6} + \frac{23.5^2}{5} + \frac{70^2}{6})] - 3(17+1) = 5.4964$$

앞서 소개한 H-검정통계량에 대한 두 가지 식으로 각각 H-검정통계량을 계산하였다. 두 값의 차이는 R_i 값에 대한 소수 셋째 자리에서 반올림한 값을 이용하여 계산하였기 때문에 발생한 것이다.

즉, H-검정통계량은 5.4964다. 주어진 자료에서 자유도는 $k-1=3-1=2$이므로 유의수준 0.05에서 통계적 유의도를 검정하면 $\chi^2_{.05:2} = 5.99 > 5.4964$이므로 영가설을 채택한다. 따라서 유의수준 0.05에서 세 모집단의 분포는 같다고 할 수 있다.

4) SPSS 활용

〈표 17-1〉의 자료를 바탕으로 SPSS 프로그램을 이용하여 통계적 유의도를 검정해 보자. 주어진 자료는 모수적 분석방법인 일원분산분석(ANOVA)을 통해 분석할 수도 있으나, 그럴 경우 등분산성 가정을 만족하지 못한다. 따라서 비모수적 방법인 크루스칼-왈리스의 *H*검정을 실시하였다.

크루스칼-왈리스의 *H*검정을 하려면 자료가 다음 그림과 같은 형태로 입력되어 있어야 한다. 메뉴에서 [분석-비모수 검정-레거시 대화 상자-독립 K-표본]을 선택하여 '독립 K-표본 비모수검정' 대화상자를 연다.

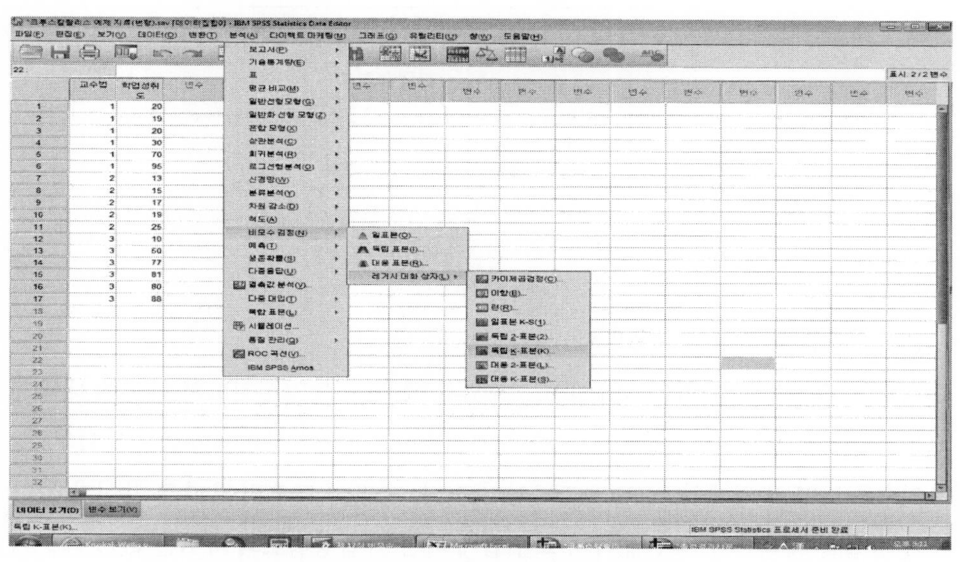

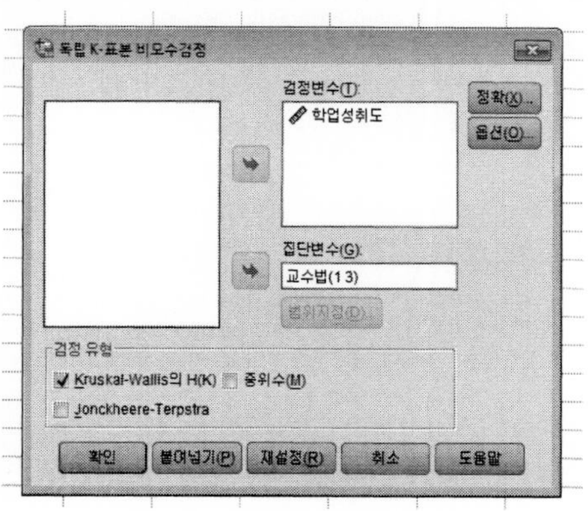

각각의 변수를 검정변수와 집단변수로 이동시키고 'Kruskal-Wallis의 H'를 선택한 후, [확인]을 누른다.

분석결과를 보면, 순위표에서 각 집단의 사례 수 및 평균 순위를 확인할 수 있으며, 검정통계량의 카이제곱이 크루스칼-왈리스 H통계량이다.

비모수 검정
Kruskal-wallis 검정

순위

	교수법	N	평균순위
학업성취도	교수법A	6	9.92
	교수법B	5	4.70
	교수법C	6	11.67
	합계	17	

검정 통계량[a,b]

	학업성취도
카이제곱	5.510
자유도	2
근사 유의확률	.064

a. Kruskal-wallis검정
b. 집단변수: 교수법

분석결과를 해석하면 다음과 같다.

세 가지 교수법(교수법 A, 교수법 B, 교수법 C)에 따른 학업성취도의 차이에 대하여 크루스칼-왈리스의 H검정을 실시한 결과, 자유도 2에서 카이제곱값은 5.510으로 유의수준 0.05의 임계치(critical value)보다 작다. 따라서 교수법에 따른 차이가 없다는 영가설을 채택한다. 즉, 세 가지 교수법에 따른 학업성취도의 차이는 없기 때문에 교수법의 차이에 의한 효과는 없다고 판단할 수 있다.

연습문제

1. 다음은 영재반(10명) 학생의 중간고사와 기말고사 순위를 나타낸 표다. 물음에 답하라.

학 생	중간고사 순위	기말고사 순위
A	5	6
B	8	5
C	2	1
D	10	7
E	1	3
F	6	10
G	9	8
H	3	2
I	7	9
J	4	4

(1) 두 변인의 상관계수를 구하라.

(2) 두 변인의 관계를 해석하라.

2. ○○고등학교의 3학년 학생 6명, 여학생 6명을 임의 추출하여 그들의 영어 듣기 성적을 확인한 결과, 다음과 같았다. 성별에 따라 영어 듣기 점수의 차이 유무를 유의수준 .05에서 확인하라.

학생	1	2	3	4	5	6
남학생	7	6	9	10	15	8
여학생	18	17	13	13	16	18

3. ○○고등학교의 3학년 남학생 9명, 여학생 6명을 임의 추출하여 그들의 영어 듣기 성적을 확인한 결과, 다음과 같았다. 성별에 따라 영어 듣기 점수의 차이 유무를 유의수준 .05에서 확인하라.

학생	1	2	3	4	5	6	7	8	9
남학생	7	6	20	9	9	10	7	15	8
여학생	18	17	13	13	16	18			

4. 은행의 한 지점에서 업무를 시작한 9시부터 9시 30분까지 도착한 고객 12명의 도착시각을 측정하였다. 다음은 첫 번째 고객부터 열두 번째 고객까지의 도착시각을 의미한다. 고객의 도착시각이 균일분포를 하는지 유의수준 .05에서 검정하라.

9시 3분	9시 5분	9시 7분	9시 8분	9시 9분	9시 10분
9시 15분	9시 17분	9시 20분	9시 21분	9시 25분	9시 28분

5. 세 가지 암기방법에 대한 효과를 확인하기 위하여 초등학교 5학년 학생을 임의로 나누어 각각 다른 암기방법을 교육하고 50개의 단어를 암기하게 하였다. 일정 기간 후에 암기하고 있는 단어의 수를 확인하였더니 다음과 같았다. 세 종류의 암기방법에 대하여 차이가 있는지를 유의수준 .05에서 검정하라.

A 방법	B 방법	C 방법
38	19	39
50	25	47
45	33	19
30	40	33
17	38	38
25	22	40
30		15

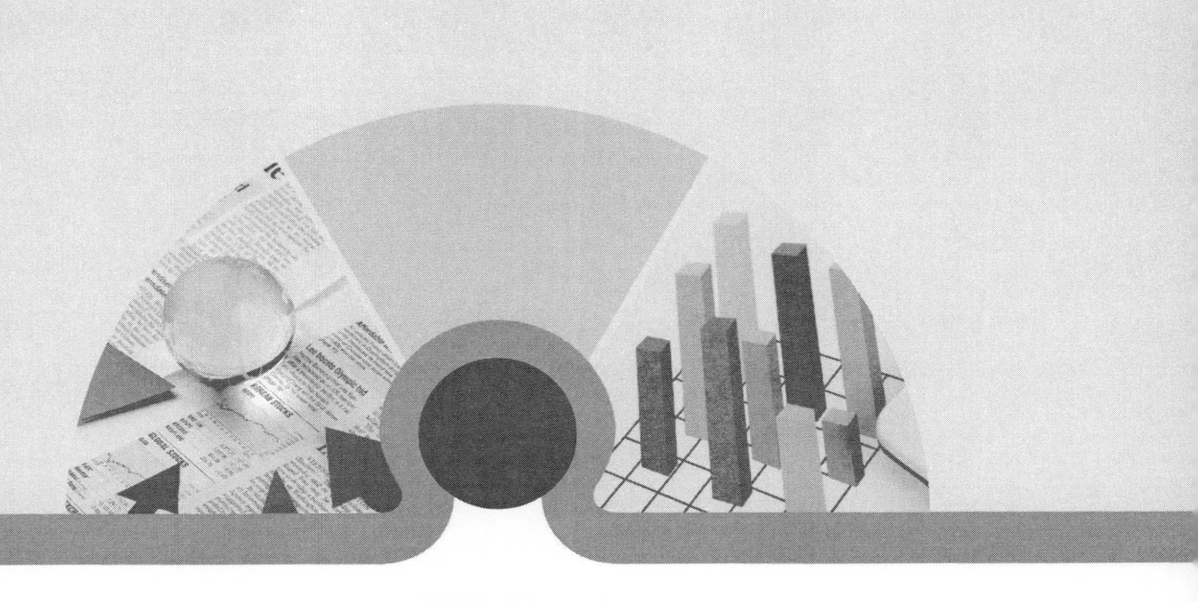

연습문제 풀이

제1장 통계와 통계방법

1. 통계는 과학의 목적을 달성하기 위한 수단으로서 어떤 사건이나 현상을 요약하고 조직화하여 과학적인 연구를 수행하게끔 하는 역할을 하는 것이다. 통계학은 크게 두 가지 목적이 있다. 얻어진 자료를 단순히 설명, 묘사하려는 목적과 더 나아가 얻어진 자료의 결과를 일반화(generalization)하려는 것이다.

2. (1) 통계의 오용이란 무의식적이건 의식적이건 간에 사실을 왜곡 · 오해하게 하는 통계의 사용을 뜻한다.

(2) 통계적 오류는 통계분석에서 통계적 방법을 잘못 적용하거나 통계 해석을 잘못하여 유발되는 사실의 왜곡을 말한다.

제2장 통계학의 기본용어

1. (1) 독립변인: 연구자에 의하여 조작된 변인을 말하며 변인 간의 관계에 영향을 미치거나 예언해 주는 변인

종속변인: 조작된 처치에 대한 효과를 평가하기 위해 관찰되는 변인으로서 영향을 받거나 예언되는 변인

매개변인: 종속변인에 영향을 주는 독립변인 이외의 변인으로서 연구에서 통제되어야 할 변인

(2) 양적변인: 양의 크기를 나타내기 위하여 수량으로 표시되는 변인

질적변인: 변인의 속성을 수량화할 수 없는 변인

(3) 연속변인: 주어진 범위에서는 어떤 값도 가질 수 있는 변인

비연속변인: 특정 수치만을 가지는 변인

(4) 모집단: 연구의 주된 대상이 되는 모든 집단

표본: 실제 연구대상이 되는 부분적인 집단

모수치: 모집단의 특성을 나타내는 값

추정치: 표본의 특성을 나타내는 값

(5) 기술통계: 수집된 자료를 쉽게 이해할 수 있도록 요약 · 서술하고 현상을 설명하려는 목적이 있는 통계

추리통계: 모집단에서 추출된 표본을 분석하여 이를 기초로 모집단의 특성을 추정하는 통계

2. (1) 명명척도 (2) 서열척도 (3) 서열척도 (4) 등간척도
(5) 등간척도 (6) 비율척도 (7) 비율척도

3. $\sum_{i=1}^{6} X_i = X_1 + X_2 + X_3 + X_4 + X_5 + X_6 = 8 + 10 + 7 + 6 + 10 + 12 = 53$

4. (1) 독립변인: 모의시험 성적
종속변인: 대학입학시험 성적
(2) 독립변인: 지능
종속변인: 학업성취도
(3) 독립변인: 대학수학능력시험 성적, 학교생활기록부 성적
종속변인: 대학입학 후 학업 성적
(4) 독립변인: 학습기술 활용
종속변인: 학업성취도

5. 확률적 표집방법: 무작위 표집이라고도 하며, 단순히 확률적인 절차로 표본을 추출하는 절차를 말한다. 즉, 집단의 각 요소에 대해 표본으로 추출될 기회를 동일하게 주는 것이다.
비확률적 표집방법: 실제 조사연구의 상황에서 확률적 표집이 불가능하거나 비현실적일 때가 자주 있는데 이런 문제를 극복하기 위한 대안으로 비확률적 표집을 한다.

6. (1) 어느 교육청 초등학교 교사
(2) 단순무선표집

7. (1) 전국 초등학교 5학년 학생
(2) A초등학교 5학년 6개 반 학생
(3) 추리통계

제3장 빈도분포와 그래프

1. (1) 정확한계: 연속변수의 경우 급간을 나타내는 표에서 그 점수치 아래에 있는 측정의 최소 단위 1/2(정확하한계)에서부터 그 위에 있는 1/2(정확상한계)까지의 범위
(2) 상대빈도: 어느 급간 내의 빈도를 잰 것
(3) 누적백분율: 어느 급간까지의 누적된 빈도를 합하여 백분율로 나타낸 것
(4) 백분위: 백의 단위에서 어떤 점수의 위치

2. (1) 4.5~9.5

(2) 12.95~13.45

3. (1) 10

(175−94+1)=82이므로 급간 폭이 10이고, 급간의 수가 9인 빈도분포표가 적당

(2)

급간	정확한계
170~179	169.5~179.5
160~169	159.5~169.5
150~159	149.5~159.5
140~149	139.5~149.5
130~139	129.5~139.5
120~129	119.5~129.5
110~119	109.5~119.5
100~109	99.5~109.5
90~99	89.5~99.5

4.

X	빈도	누적빈도
19~20	2	20
17~18	3	18
15~16	5	15
13~14	1	10
11~12	0	9
9~10	1	9
7~8	2	8
5~6	4	6
3~4	2	2

5.

누적백분율(%)
100
90
75
50
45
45
40
30
10

6. (1)

	빈도	누적빈도	누적백분율(%)
90~99	3	40	100.0
80~89	8	37	92.5
70~79	11	29	72.5
60~69	8	18	45.0
50~59	6	10	25.0
40~49	4	4	10.0

(2)

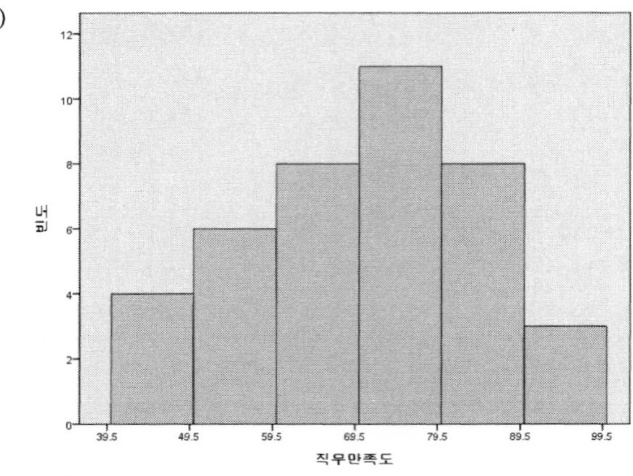

7.

급간	정확한계	빈도	누적빈도	누적백분율(%)
40~44	39.5~44.5	2	25	100
35~39	34.5~39.5	3	23	92
30~34	29.5~34.5	10	20	80
25~29	24.5~29.5	4	10	40
20~24	19.5~24.5	6	6	24

(1) 누적백분율이 40%인 급간의 상한계는 29.5다. 그러므로 $p40=29.5$점

(2) 32점은 정확상한계가 29.5와 34.5인 급간 사이에 있고, 누적백분율은 80%와 40% 사이에 있다. 이들의 차이값으로 방정식을 구하면 다음과 같다.

$(34.5-29.5):(32-29.5)=(80-40):X \quad X=20$

40+20=60 백분위 점수가 32점일 때 백분위는 60%다.

(3) 최고 10% 내에 들기 위한 최하점수는 90번째 백분위 점수다. 90%는 누적백분율이 80%와 92% 사이에 있고, 정확상한계가 34.5와 39.5 사이의 점수다. 이들의 차이값으로 방정식을 구하면 다음과 같다.

$(39.5-34.5):X=(92-80):(90-80)$

$5:X=12:10X=4.17$

$\therefore 34.5+4.17=38.67$(점)

제4장 집중경향치

1. (1) 평균: 전체 사례 수의 값을 더한 다음에 총 사례 수로 나눈 값

(2) 중앙치: 가장 작은 수부터 가장 큰 수까지 크기에 의하여 배열하였을 때 중앙에 위치하는 사례의 값

(3) 최빈치: 분포에서 가장 많은 도수를 갖는 점수

2. (1) 평균: 중앙집중값 중에서 가장 흔히 사용되는 것으로 수학적 학습의 용이성이 있어 중요한 통계적 공식과 절차에 더 쉽게 적용된다. 특히 자세한 통계적 분석을 해야 할 경우에 가장 유용하게 사용된다. 또한 평균을 사용할 때 표집 안정성도 가장 좋다.

(2) 중앙치: 분포에 극단 점수가 있거나 편포되었을 때, 중앙치에 관심이 있을 때, 개방적 분포일 때 중앙치를 사용한다.

(3) 최빈치: 손쉽게 구할 수 있어 간단한 예비분석에 좋다.

3. 평 균: 5.8

중앙치: 5.5

최빈치: 4

4.

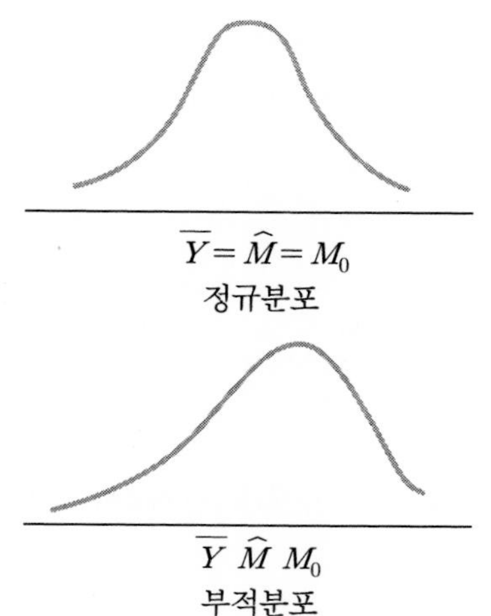

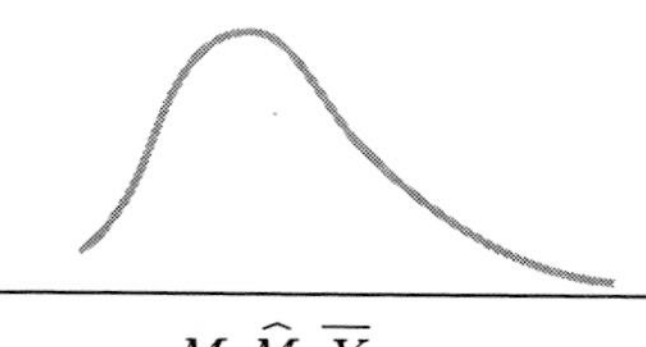

M_0 $\widehat{M}$ $\overline{Y}$

정적분포

5. (1) 정적편포

(2) 정규분포

(3) 부적편포

6. 평균 105, 중앙치 107.5, 최빈치 110, 분포는 부적편포 형태를 이룬다.

7.

X	정확한계	중간점	빈도	누적빈도	누적백분율(%)
29~31	28.5~31.5	30	1	50	100
26~28	25.5~28.5	27	2	49	98
23~25	22.5~25.5	24	4	47	94
20~22	19.5~22.5	21	2	43	86
17~19	16.5~19.5	18	6	41	82
14~16	13.5~16.5	15	7	35	70
11~13	10.5~13.5	12	15	28	56
8~10	7.5~10.5	9	8	13	26
5~7	4.5~7.5	6	3	5	10
2~4	1.5~4.5	3	2	2	4

(1) 각 급간의 중간점을 구하고, 중간점과 빈도의 곱을 계산하면 다음과 같다.

급간	중간점(X)	빈도(f)	f_X'
29~31	30	1	30
26~28	27	2	54
23~25	24	4	96
20~22	21	2	42
17~19	18	6	108
14~16	15	7	105
11~13	12	15	180
8~10	9	8	72
5~7	6	3	18
2~4	3	2	6
합		50	$\sum f_X=711$

$$\overline{X}=\frac{\Sigma f_X}{n}=\frac{711}{50}=14.22$$

(2) 묶음 자료에서 중앙치를 계산하는 공식에 각 값을 대입하여 계산하면 다음과 같다.

$$Md=L.L+I\left(\frac{\frac{n}{2}-f_c}{f}\right)$$

$$=10.5+3\left(\frac{25-13}{15}\right)=10.5+2.4=12.9$$

(3) 12

(4) 정적편포분포

제5장 분산도

1. (1) 분산도: 한 대표치를 중심으로 사례들이 어느 정도 밀집 또는 분산되어 있는지를 나타내는 지수
   (2) 표준편차: 편차를 자승하여 그 합(sum of square: SS)을 총 사례 수로 나누고 다시 이를 루트($\sqrt{\ }$)한 값
   (3) 변량: 편차를 모두 제곱한 후 그 수를 모두 더하여 총 사례 수로 나눈 값
   (4) 범위: 자료의 최고치에서 최저치를 뺀 구간 또는 수치
   (5) 사분위편차: 제3사분위수에서 제1사분위수를 뺀 후 2로 나눈 값

2. (1) $Q_1=34$
   (2) $Q_3=47$
   (3) $Q_3-Q_1=47-34=13$
   (4) $Q=\frac{Q_3-Q_1}{2}=\frac{47-34}{2}=6.5$
   (5) $P_{25}+Q$의 값(40.5)이 중앙치(37)보다 크므로 정적으로 편포되어 있다.

3. (1) $R=(H-L)$이므로 $R=21000-9000=12000$
   (2) $S=4503.97$
   (3) $S_2=\frac{\Sigma(X_i-\overline{X})^2}{N}=\frac{\Sigma\chi^2}{N}$ 이므로 $S_2=20285714$
   (4) $Q_1=\frac{12000+10000}{2}=11000 \quad Q_3=\frac{20000+18000}{2}=19000$
   $\therefore\ Q=\frac{Q_3-Q_1}{2}=\frac{19000-11000}{2}=4000$
   (5) $P_{25}+Q$의 값(15,000)과 중앙치(15,000)가 같으므로 대략 정상분포다.

제6장 정규분포와 표준점수

1. (1) 정규분포: 하나의 꼭지를 갖는 좌우대칭적인 연속적 변인의 분포
   (2) 표준정규분포: 정규분포를 $\mu=0$이고 $\sigma=1$로 변환시킨 분포
   (3) Z점수: 점수의 편차($X_i-\overline{X}$)를 원래 점수분포의 표준편차(S_x)로 나눈 값
   (4) T점수: Z점수를 평균 50, 표준편차 10으로 변환시킨 값

2. (1) Z분포표에서 $Z=1.50$까지의 면적은 .9332이므로 $(1-.9332)\times500≒39$,
따라서 대략 39명이다.

(2) Z분포표에서 $Z=-1.25$까지의 면적은 .1056이므로 $(1-.1056)\times500≒447$,
따라서 대략 447명이다.

(3) $X=40$의 Z값은 -1, $X=60$의 Z값은 1로 평균과 Z점 사이의 면적이 .3413이므로 $.3413\times2=.6826$, 따라서 $X=40$과 $X=60$ 사이의 사례 수는 $.6826\times 500≒341$명이다.

(4) Z분포표에서 면적 .4000의 Z값은 대략 1.28이므로, $1.28=\frac{X-50}{10}$에서 $X=62.8$이다. 또한 $-1.28=\frac{X-50}{10}$에서 $X=37.2$이므로 중앙부에 사례의 80%가 놓여 있는 점수의 범위는 37.2에서 62.8 구간이다.

(5) 7% 아래의 면적은 .93이고 면적 .93의 Z값은 대략 1.48이므로 위로부터 7%에 속하는 척도상의 점수는 대략 65점이다.

3. (1) $Z_i=\frac{X_i-\overline{X}}{S_x}$에서 $Z=\frac{150-190}{20}=-2$, $-2Z$에 해당하는 면적은 .0228이다. 따라서 150분 이내에 완주할 확률은 .0228이다.

(2) $Z_i=\frac{X_i-\overline{X}}{S_x}$에서 $Z_{245}=\frac{245-190}{20}=\frac{55}{20}=2.75$,

$Z_{205}=\frac{205-190}{20}=\frac{15}{20}=.75$

Z_{245}의 면적은 .9970, Z_{205}의 면적은 .7734이므로 $.9970-.7734=.2236$이다.
따라서 205분에서 245분 사이에 완주할 확률은 .2236이다.

4. (1) 국어 70점의 Z점수는 $\frac{70-60}{15}=\frac{10}{15}=\frac{2}{3}$,

(2) 영어 70점의 Z점수는 $\frac{70-55}{30}=\frac{15}{30}=\frac{1}{2}$이다.

따라서 이 학생은 국어 성적이 영어 성적보다 좋다.

제7장 상관분석

1. (1) 타자 속도 평균 $\overline{X}=240$, 표준편차 $S_X=119.37$

(2) 타자 정확성 평균 $\overline{Y}=74$, 표준편차 $S_Y=12.17$

(3) 공변량 $S_{XY}=1675$

(4) 피어슨 상관계수 $r=.925^*$

2. 상관분석에서 확인해야 할 기본가정은 선형성, 등분산성, 국외자 존재 유무, 자료의 절단 등이다.

3. (1) $r = .959^{**}$

(2) 두 변인 사이의 상관이 매우 높다. 즉, 진단평가 점수가 높은 학생은 기초학습 프로그램 실행 후 총괄평가의 점수도 높다.

4. (1) 양류상관계수 $r = .54$

(2) 두 변인 사이의 상관이 뚜렷하다. 즉, 성별과 수학 점수 사이에는 뚜렷한 관계가 있다.

5. $$\Phi = \frac{bc - ad}{\sqrt{(a+b)(c+d)(a+c)(b+d)}}$$

$$= \frac{3500 - 2400}{\sqrt{(110)(110)(130)(90)}} = 0.093$$

제8장 단순회귀분석

1. '평균으로의 회귀'란 X 점수로부터 Y를 예측할 때, 평균으로 더 가까워지려는 경향성을 말한다.

2. $$\hat{Y} = r(\frac{S_y}{S_x})X - r(\frac{S_y}{S_x})\overline{X} + \overline{Y}$$

$$= 0.60(\frac{1.10}{2.62})X - 0.60(\frac{1.10}{2.62})59.2 + 11.2$$

$$= 0.25X - 3.6$$

3. $$\hat{Y} = r(\frac{S_y}{S_x})X - r(\frac{S_y}{S_x})\overline{X} + \overline{Y}$$

$$= 0.50(\frac{1.10}{80})X - 0.50(\frac{1.10}{80})550 + 2.85 = 0.007X - 0.93$$

4. 3번에서 구한 회귀방정식에 갑과 을의 면접점수를 대입해 보면, 갑과 을이 받을 것으로 예언되는 근무평정점수는 3.27과 1.87이다. 이러한 예언이 가능하기 위해서는 X와 Y의 관계성이 직선적이고, 등변량성을 만족하여야 한다.

5. 회귀방정식 $\widehat{Y}=r(\frac{S_y}{S_x})X-r(\frac{S_y}{S_x})\overline{X}+\overline{Y}$에 각 값을 대입하면,

(1) $\widehat{Y}=0.6(\frac{15}{15})130-0.6(\frac{15}{15})100+100=78-60+100=118$

어머니의 지능지수가 130인 아동의 지능지수는 118로 예측할 수 있다.

(2) $\widehat{Y}=0.6(\frac{15}{15})95-0.6(\frac{15}{15})100+100=57-60+100=97$

어머니의 지능지수가 95인 아동의 지능지수는 97로 예측할 수 있다.

6. 주어진 자료의 평균과 표준편차, 상관계수를 구하면 다음과 같다.

$\overline{X}=3$ $\overline{Y}=6$

$S_x=1.29$ $S_y=4.24$

$r=0.91$

이 값을 대입하여 Y에 대한 회귀방정식을 구하면 다음과 같다.

$\overline{Y}=.91(\frac{4.24}{1.29})X-.91(\frac{4.24}{1.29})3+6$

$=3X-9+6$

$\therefore \overline{Y}=3X-3$

7.

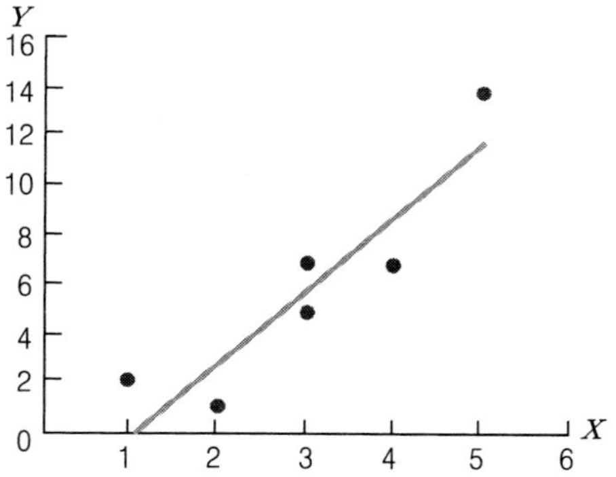

8. 주어진 자료의 평균과 표준편차, 상관계수를 구하면 다음과 같다.

$\overline{X}=18.4$ $\overline{Y}=17.9$

$S_x=3.29$ $S_y=4.76$

$r=.87$

이 값을 대입하여 Y에 대한 회귀방정식을 구하면 다음과 같다.

$\widehat{Y}=.87(\frac{4.76}{3.29})X-.87(\frac{4.76}{3.29})18.4+17.9$

$=1.26X-23.18+17.9$

$\therefore \hat{Y} = 1.26X - 5.28$

9. 8번에서 구한 회귀방정식에 값을 대입하면

$\hat{Y} = 1.26(15) - 5.28 = 13.62$

그러므로 100m를 15초에 달리는 학생의 비만도는 14라고 예측할 수 있다.

제9장 확률 및 이항분포

1. (1) 두 사건이 동시에 일어나지 않는 사건

(2) 어떤 사건이 일어난 또는 일어날 조건하에서, 즉 변화된 표본공간에서 다른 어떤 사건이 일어날 확률

(3) 합집합에 대응하는 개념. 가능한 두 사건 중 한 사건이 일어날 확률

(4) 집합이론에서 교집합에 대응하는 개념. 일련의 연속된 사건에 관한 확률이거나 두 사건의 동시 발생에 관한 것

(5) n개의 물건 중에서 순서에 관계없이 r개를 취하는 경우의 수

2. (1) 첫 회에 1이 나올 확률은 $\frac{1}{6}$, 다음 회에 1이 나올 확률도 $\frac{1}{6}$이므로 $\frac{1}{6} \times \frac{1}{6} = \frac{1}{36}$이다.

(2) 처음에 1이 나오고 다음 2회 시행에서 1이 나오지 않을 확률은

$\frac{1}{6} \times \frac{5}{6} \times \frac{5}{6} = \frac{25}{216}$다. 두 번째와 세 번째 시행 때 1이 나올 경우도 마찬가지의 확률이고 이들은 모두 배타적 사건이므로 덧셈법칙에 의해

$P = 3 \times \frac{25}{216} = \frac{75}{216}$다.

(3) 두 개의 주사위 A, B를 동시에 던졌을 때 생길 수 있는 모든 경우는 6×6=36이다. 그런데 두 주사위의 합이 6 이하가 되는 경우는 다음과 같이 15가지이므로 확률 $P = \frac{15}{36} = \frac{5}{12}$가 된다.

A : 1 1 2 1 3 1 4 1 5 2 2 3 2 4 3
B : 1 2 1 3 1 4 1 5 1 2 3 2 4 2 3

3. 표본공간 E를 사용하면 $p(M \mid E) = 260/360 = 0.72$다.

4. ${}_nC_r = \dfrac{n!}{(n-r)!r!}$ 이므로

${}_{10}C_5 = \dfrac{10!}{(10-5)!5!} = 252$(가지)

5. E를 교육평가 과목에 합격할 사건, S를 교육과정 과목에 합격할 사건이라고 하면 구하는 확률은 $P(S \mid E) = \dfrac{P(E \cap S)}{P(E)} = \dfrac{\frac{1}{2}}{\frac{2}{3}} = 0.75$다.

6. 기대치를 구하는 공식은

$\mu = E(X) = np$이므로 $\mu = np = 100 \times 0.7 = 70$(개)

변량을 구하는 공식은

$\sigma^2 = Var(X) = np(1-p) = npq$ 이므로 $\sigma^2 = npq = 100 \times 0.7 \times 0.3 = 21$

7. $n=3,\ \ p = \dfrac{5}{12},\ \ q = \dfrac{7}{12}$

(1) $P(X=0) = {}_3C_0\left(\dfrac{5}{12}\right)^0\left(\dfrac{7}{12}\right)^3 = 0.198$

$P(X=1) = {}_3C_1\left(\dfrac{5}{12}\right)^1\left(\dfrac{7}{12}\right)^2 = 0.425$

$P(X=2) = {}_3C_2\left(\dfrac{5}{12}\right)^2\left(\dfrac{7}{12}\right)^1 = 0.304$

$P(X=3) = {}_3C_3\left(\dfrac{5}{12}\right)^3\left(\dfrac{7}{12}\right)^0 = 0.073$

따라서

X_i	$P(X_i)$
0	0.198
1	0.425
2	0.304
3	0.073

(2) $E(X) = np = 3 \times \dfrac{5}{12} = 1.25$

$Var(X) = npq = 3 \times \dfrac{5}{12} \times \dfrac{7}{12} = 0.73$

제10장 표집분포

1. $\overline{X}=10, \quad \sigma^2=\Sigma\frac{(X_i-\overline{X})^2}{n}=1.6, \quad \sigma_{\overline{x}}=\frac{1.6}{\sqrt{10}}=0.51$

2. $\sigma_{\overline{x}}=\frac{\sigma}{\sqrt{n}}=\frac{24}{\sqrt{36}}=4$

3. $\sigma_{\overline{x}}=10$

4. $\sigma_{\overline{x}}=10$

5. $\sigma_{\overline{x}}=\frac{12}{\sqrt{36}}=2$

6. $n=\left(\frac{Z}{E}\cdot\sigma\right)^2=\left(\frac{1.96}{3}\cdot 12\right)^2 \fallingdotseq 61.47$

표본의 크기가 최소한 62명 이상이어야 한다.

7. $n=\left(\frac{Z}{E}\cdot\sigma\right)^2=\left(\frac{1.96}{0.01}\cdot 0.05\right)^2=96.04$

표본의 크기가 97 이상이 되어야 한다.

제11장 가설검정

1. (1) 가설검정을 할 때, 표본에서 얻은 표본통계량이 일정한 기각역(rejection area)에 들어갈 확률

(2) 1종 오류, 실제로는 영가설이 옳은데도 검정 결과 영가설을 기각하는 오류

(3) 2종 오류, 실제로는 영가설이 틀렸는데도 검정 결과 영가설을 채택하는 오류

2. (1) 영가설의 평균과 대립가설의 평균 간의 차이를 크게 하기. 즉, 적절한 영가설과 대립가설

을 설정하기

(2) 표본의 크기 늘리기

(3) 변량을 작게 하기

(4) 유의수준 크게 하기

3. H_0: 강의명 변경은 수강신청에 영향을 주지 않는다.

H_1: 강의명 변경은 수강신청에 영향을 준다.

4. (1) ① 토론식 교수법이 강의식 교수법보다 학습에 영향을 주는데, 영향을 주지 않는다고 판정

② 토론식 교수법이 강의식 교수법보다 학습에 영향을 주지 않는데, 영향을 준다고 판정

(2) $H_0: \mu_1 = \mu_2$　　$H_1: \mu_1 \neq \mu_2$

5. (1) 1종 오류 (2) 2종 오류 (3) 검정력

6. (1) $H_0: \mu_{멀} \leq \mu_{설}$　　$H_1: \mu_{멀} > \mu_{설}$

(2) $H_0: \mu_{교} = \mu_{영}$　　$H_1: \mu_{교} \neq \mu_{영}$

제12장 Z검정

1. i) $H_0: \mu = 300$　　$H_1: \mu \neq 300$

ii) $\sigma_{\overline{x}} = 2$　　$Z = \dfrac{306-300}{2} = 3$

iii) 채택 영역: $-1.96 \leq Z \leq 1.96$

기각 영역: $Z < -1.96,\ Z > 1.96$

iv) H_0 기각. 신입생의 수학능력시험 평균점수는 300점이 아니다.

2. i) $H_0: \mu \leq 170$　　$H_1: \mu > 170$

ii) $\sigma_{\overline{x}} = \dfrac{65}{10} = 6.5$　　$Z = \dfrac{\overline{X}-\mu}{\sigma_{\overline{X}}} = \dfrac{176-170}{6.5} \fallingdotseq .923$

iii) 채택 영역: $Z \leq 1.64$

기각 영역: $Z > 1.64$

iv) H_0 채택. 올해 신입생의 연합고사 평균점수는 작년과 같을 것이다.

3. i) H_0: 25세 성인 남녀의 몸무게에는 차이가 없다.

H_1: 25세 성인 남녀의 몸무게에는 차이가 있다.

ii) 채택 영역: $-1.96 \le Z \le 1.96$

기각 영역: $Z < -1.96,\ Z > 1.96$

iii) $\sigma_{\overline{x_1}-\overline{x_2}} = \sqrt{\frac{100}{100}+\frac{81}{100}} = 1.345$

$Z = \frac{65-50}{1.345} = 11.15$

iv) H_0 기각. 25세 성인 남녀의 몸무게에는 유의한 차이가 있다.

4. i) H_0: $\mu_{문} \le \mu_{이}$ H_1: $\mu_{문} > \mu_{이}$

ii) 채택 영역: $Z \le 1.28$

기각 영역: $Z > 1.28$

iii) $\sigma_{\overline{x_1}-\overline{x_2}} = \sqrt{\frac{25}{50}+\frac{64}{64}} = 1.224,$ $Z = \frac{85-80}{4.08} = 4.085$

iv) H_0 기각. 문과 계열 지원 학생의 국어 점수가 더 좋다고 할 수 있다.

5. i) 채택 영역: $-1.96 \le Z \le 1.96$

기각 영역: $Z < -1.96,\ Z > 1.96$

ii) $Z = \frac{1570-1600}{\frac{120}{\sqrt{50}}} = -1.77$

iii) H_0 채택. 장난감 공장의 근로자 한 명의 한 달 평균생산량은 1,600박스다.

6. i) H_0: $\mu_1 \le \mu_2$ H_1: $\mu_1 > \mu_2$

ii) 채택 영역: $Z \le 1.64$

기각 영역: $Z > 1.64$

iii) 표준오차: $\sqrt{\frac{(2.5)^2}{50}+\frac{(2.8)^2}{50}} = 0.53$

$Z = \frac{173-171}{0.53} = 3.77$

iv) H_0 기각. 배드민턴 동아리 학생의 키가 동아리 활동을 하지 않는 학생의 키보다 크다.

7. i) H_0: $\mu_1 \le \mu_2$ H_1: $\mu_1 > \mu_2$

ii) 채택 영역: $Z \le 1.64$

기각 영역: $Z > 1.64$

iii) 표준오차: $\sqrt{\frac{16^2}{62}+\frac{12^2}{60}} = 2.56$

$Z= \frac{74-66}{2.56} = 3.13$

iv) H_0 기각. 파워포인트를 활용한 수업 방식이 기존 수업 방식보다 효과가 있다.

제13장 t검정

1. i) $H_0: \mu = 70$ $H_1: \mu \neq 70$

ii) $\sigma_{\overline{X}} = \frac{3}{\sqrt{50}} = 0.42$

iii) $t = \frac{75-70}{0.42} = 11.90$

iv) $df = 49$, $df = 40$이나 60인 경우를 선택한다.

채택 영역: $-2.66 \le t \le 2.66$

기각 영역: $t < -2.66$, $t > 2.66$

v) H_0 기각. CAI 교수법에 대한 학습자의 이해력은 70점이 아니다.

2. i) $H_0: \mu = 68$ $H_1: \mu \neq 68$

ii) $\sigma_{\overline{X}} = \frac{5}{\sqrt{25}} = 1$

$t = \frac{72-68}{1} = 4$

iii) $df = 24$

채택 영역: $-2.79 \le t \le 2.79$

기각 영역: $t < -2.79$, $t > 2.79$

iv) H_0 기각. 새로운 교수법에 의한 통계 점수의 평균은 68점이 아니다.

3. i) $H_0: \mu_1 = \mu_2$ $H_1: \mu_1 \neq \mu_2$

ii) $df = 26$

채택 영역: $-2.056 \le t \le 2.056$

기각 영역: $t < -2.056$, $t > 2.056$

iii) $t = \frac{\overline{X_1} - \overline{X_2}}{S_{\overline{X_1} - \overline{X_2}}} = \frac{\overline{X_1} - \overline{X_2}}{\frac{\sqrt{S_1^{\ 2} + S_2^{\ 2} - 2r\, S_1\, S_2}}{n-1}}$

$$t = \frac{44-40}{\sqrt{\frac{2.6^2 + 3.1^2 - 2(.46)(2.6)(3.1)}{27-1}}}$$

$$t = \frac{4}{\sqrt{\frac{6.76+9.61-7.42}{26}}} = \frac{4}{.58} = 6.89$$

iv) H_0 기각: 두 종류의 시험 간에는 차이가 있다.

4. i) H_0: $\mu = \mu_2$ H_1: $\mu_1 \neq \mu_2$

ii) $df = 28$

채택 영역: $-2.76 \leq t \leq 2.76$

기각 영역: $t < -2.76$, $t > 2.76$

iii) $S_p = \sqrt{\frac{15 \cdot 10^2 + 13 \cdot 8^2}{28}} = 9.12$

$$t = \frac{107-112}{9.12 \cdot \sqrt{\frac{1}{16}+\frac{1}{14}}} = -1.49$$

iv) H_0 채택. 두 학교의 평균 IQ에는 차이가 없다.

5. i) H_0: $\mu_1 = \mu_2$ H_1: $\mu_1 \neq \mu_2$

ii) $df = 25$

채택 영역: $-1.71 \leq t \leq 1.71$

기각 영역: $t < -1.71$, $t > 1.71$

iii) $S_p = \sqrt{\frac{11 \cdot 6^2 + 14 \cdot 8^2}{25}} = 7.19$

$$t = \frac{78-74}{7.19 \cdot \sqrt{\frac{1}{12}+\frac{1}{15}}} = 1.44$$

iv) H_0 채택. 갑반과 을반 학생들의 수학 시험 평균점수는 다르다고 할 수 없다.

6. i) A반 $\overline{X_1} = 82.5$ $S_1 = 4.11$

B반 $\overline{X_2} = 86.5$ $S_2 = 6.47$

ii) H_0: $\mu_1 \geq \mu_2$ H_1: $\mu_1 < \mu_2$

iii) $df = 14$

채택 영역: $t \geq -1.76$

기각 영역: $t < -1.76$

iv) $S_p = \sqrt{\dfrac{5 \cdot (4.11)^2 + 9 \cdot (6.47)^2}{14}} = 5.74$

$$t = \frac{82.5 - 86.5}{5.74 \cdot \sqrt{\frac{1}{6} + \frac{1}{10}}} = -1.35$$

v) H_0 채택. B반이 A반보다 우수하다고 할 수 없다.

제14장 χ^2검정

1. i) H_0: 세 권의 책 사이에 선호도는 없다.

H_1: 세 권의 책 사이에 선호도가 있다.

ii) 기대빈도: 20

$$\chi^2 = \frac{(24-20)^2}{20} + \frac{(22-20)^2}{20} + \frac{(14-20)^2}{20} = 2.8$$

iii) $df = 2$, 유의수준 0.05에서 $\chi^2 = 5.99$

iv) H_0 채택. 세 권의 책 사이에 선호도는 없다.

2. i) H_0: 전공과목들 사이에 선호도는 없다.

H_1: 전공과목들 사이에 선호도가 있다.

ii) 기대빈도: 34

$$\chi^2 = \frac{(43-34)^2}{34} + \frac{(38-34)^2}{34} + \frac{(41-34)^2}{34} + \frac{(14-34)^2}{34} = 16.1$$

iii) $df = 3$, 유의수준 0.05에서 $\chi^2 = 7.82$

iv) H_0 기각. 전공과목들 사이에 선호도가 있다.

3. i) H_0: 성별과 색깔선호도는 관계가 없다.

H_1: 성별과 색깔선호도는 관계가 있다.

ii) 기대빈도:

	흰색	파란색	노란색
남	360	32	8
여	540	48	12

$$\chi^2 = \frac{(320-360)^2}{360} + \frac{(70-32)^2}{32} + \frac{(10-8)^2}{8} +$$

$$\frac{(580-540)^2}{540}+\frac{(10-48)^2}{48}+\frac{(10-12)^2}{12}=83.44$$

iii) $df=2$, 유의수준 0.05에서 $\chi^2=5.99$

iv) H_0 기각. 성별과 색깔선호도는 관계가 있다.

4. i) H_0: 남녀 집단 간 후보자 선호도의 차이는 없다.

H_1: 남녀 집단 간 후보자 선호도의 차이가 있다.

ii) 기대빈도:

	A후보	B후보	C후보	D후보
남	27.2	24.77	27.69	90.34
여	28.8	26.23	29.31	95.66

$\chi^2=46.02$

iii) $df=3$, 유의수준 0.05에서 $\chi^2=7.82$

iv) H_0 기각. 남녀 집단 간 후보자 선호도의 차이가 있다.

5. i) H_0: 전문분야별 학생들의 사회참여 필요성에는 상호관계가 없다.

H_1: 전문분야별 학생들의 사회참여 필요성에는 상호관계가 있다.

ii) 기대빈도:

	학생의 사회참여 필요성		
	필요 없음	필요함	매우 필요함
언론계	70	80	50
과학계	95	40	25
경제계	35	40	25

$\chi^2=40.28$

iii) $df=4$, 유의수준 0.01에서 $\chi^2=5.39$

iv) H_0 기각. 전문분야별 학생의 사회참여 필요성에 대한 반응에는 상호관계가 있다.

6. i) H_0: 성별에 따른 도서 분야별 선호도의 차이는 없다

H_1: 성별에 따른 도서 분야별 선호도의 차이가 있다.

ii) 기대빈도:

	시사	문학소설	과학	수필	예술	기타
남	44.1	60.2	25.4	49.3	24.4	16.6
여	40.9	55.8	23.6	45.7	22.6	15.4

$\chi^2 = 105.3$

iii) $df = 5$, 유의수준 0.01에서 $\chi^2 = 6.63$

iv) H_0 기각. 성별에 따른 도서 분야별 선호도의 차이가 있다.

제15장 일원변량분석

1. (1) $SS_t = \sum_{j=1}^{I}\sum_{i=1}^{n}(X_{ij} - \overline{X})^2$

$SS_b = \sum_{j=1}^{I} n_i(\overline{X}_j - \overline{X})^2$

$SS_w = SS_t - SS_b = 102$

변량원	SS	df	MS	F
집단 간	82.67	2	41.34	3.65
집단 내	102.00	9	11.33	
합 계	184.67	11		

(2) ① H_0: $\mu_1 = \mu_2 = \mu_3$

H_1: μ_1, μ_2, μ_3 중 어느 하나는 다르다.

② $\alpha = 0.05$

③ $F_{.05(2,9)} = 4.26$

채택 영역: $F \leq 4.26$

기각 영역: $F > 4.26$

④ 계산된 F값이 3.65이므로 영가설을 기각할 수 없다.

2. (1)

변량원	SS	df	MS	F
집단 간	1,179.49	3	393.163	19.702
집단 내	558.74	28	19.955	
합 계	1,738.23	31		

(2) ① H_0: $\mu_1 = \mu_2 = \mu_3 = \mu_4$

H_1: μ_1, μ_2, μ_3, μ_4 중 어느 하나는 다르다.

② $\alpha = 0.05$

③ $F_{.05(3,28)} = 2.95$

채택 영역: $F \leq 2.95$

기각 영역: $F > 2.95$

④ 계산된 F값이 19.70이므로 영가설을 기각한다.

3. (1) H_0: $\mu_j = \mu_j'$

H_1: $\mu_j \neq \mu_j'$

$\alpha = 0.01$

변량원	SS	df	MS	F
집단 간	244.25	3	81.4167	63.03**
집단 내	15.50	12	1.2917	
합 계	259.75	15		

**$p < 0.01$

$F_{3,12,0.01} = 5.95$

유의수준 0.01에서 학습 시간에 따라 회화 능력에 유의한 차이가 있다.

(2-1) Scheffé검정법

	15분	30분	1시간	2시간
$\overline{X}_j$	8.75	9.75	14.5	18.5
n_j	4	4	4	4

① $\psi = (1)\overline{X}_{비교대상} + (-1)\overline{X}_{비교대상}$

ψ_1: 15분과 30분 $\psi_1 = 8.75 - 9.75 = -1$

ψ_2: 30분과 1시간 $\psi_2 = 9.75 - 14.5 = -4.75$

ψ_3: 1시간과 2시간 $\psi_3 = 14.5 - 18.5 = -4$

② $SE_\psi = \sqrt{MS_w \sum_{j=1}^{I} \frac{w_j^{\ 2}}{n_j}} = \sqrt{1.2917 \left[\frac{(1)^2}{4} + \frac{(-1)^2}{4} \right]} = .8036$

③ $t_\psi = \dfrac{\psi}{SE_\psi}$

$$t_{\psi_1} = \frac{-1}{.8036} = -1.244$$

$$t_{\psi_2} = \frac{-4.75}{.8036} = -5.911$$

$$t_{\psi_3} = \frac{-4}{.8036} = -4.978$$

④ 기각치 $S = \pm\sqrt{3F_{3,12,0.01}} = \pm\sqrt{3(5.95)} = \pm 4.225$

ψ	15분	30분	1시간	2시간	ψ	SEψ	t
1	−1	1	0	0	−1.00	.8036	−1.244
2	0	−1	1	0	−4.75	.8036	−5.911*
3	0	0	−1	1	−4.00	.8036	−4.978*

⑤ 따라서 $\alpha = 0.01$에서 학습 시간 30분과 1시간, 1시간과 2시간 비교에서 학습 시간에 따라 유의한 차이가 있다는 결론을 내린다.

(2−2) Tukey의 HSD검정법

$MS_W = 1.2917$, $df_W = 12$, $k = 4$이므로 q값을 찾아 보면 $q = 5.50$

$$HSD = q\sqrt{\frac{MS_w}{n}} = 5.50\sqrt{\frac{1.2917}{4}} \fallingdotseq 3.13$$

〈네 집단 평균 간의 상호비교〉

평균($\overline{X}$)		15분	30분	1시간	2시간
		8.75	9.75	14.5	18.5
15분	8.75	0	−1	−5.75*	−9.75*
30분	9.75		0	−4.75*	−8.75*
1시간	14.5			0	−4.00*
2시간	18.5				0

앞의 결과표와 같이 유의미한 차이가 있는 경우는 15분과 1시간, 15분과 2시간, 30분과 1시간, 30분과 2시간, 1시간과 2시간의 경우가 된다. 연구가설에 대입해 보면, 학습 시간에 따른 회화 능력의 비교에서 30분과 1시간, 1시간과 2시간의 학습 시간 집단 간에 회화 능력에 유의미한 차이가 있다는 결론을 내린다.

4.

변량원	SS	df	MS	F
집단 간	179.92	2	89.96	5.63**
집단 내	431.04	27	15.96	
합 계	610.96	29		

$^{**}p < 0.01$

$F = 5.63 > F_{2,29,0.01} = 5.42$

수영구, 해운대구, 동래구 3개 지역의 중학교 3학년 수학 수업 1시간당 집중 시간에 따른 학습 능률은 통계적으로 유의하게 다르다고 결론을 내린다.

5. $MS_W = .87$, $df_w = 35$, $k = 5$이므로 q값을 찾아 보면 $q \fallingdotseq 5.05$

$$HSD = q\sqrt{\frac{MS_w}{n}} = 5.05\sqrt{\frac{.08}{8}} = .505$$

평균($\overline{X}$)		노연	명선	광모	영희	세진
		5.5	6.21	5.9	6.33	6.16
노연	5.50	0	−7.10*	−0.40	−0.83*	−0.66*
명선	6.21		0	−0.31	−1.20	−0.05
광모	5.90			0	−0.43	−0.26
영희	6.33				0	−0.17
세진	6.16					0

제16장 이원변량분석

1. (1) $\overline{X}_{1.} = 7.9$ $\overline{X}_{2.} = 7.4$ $\overline{X}_{3.} = 9.1$ $\overline{X}_{4.} = 11$

$\overline{X}_{1} = 8.05$ $\overline{X}_{2} = 9.65$ ($\overline{X} = 8.55$)

$\overline{X}_{11} = 7$ $\overline{X}_{21} = 7$ $\overline{X}_{31} = 6.2$ $\overline{X}_{41} = 12$

$\overline{X}_{12} = 88$ $\overline{X}_{22} = 7.8$ $\overline{X}_{32} = 12$ $\overline{X}_{42} = 10$

$SS_A = \sum Kn(\overline{X}_j - \overline{X})^2 = 10(7.9 - 9.85)^2 + 10(7.4 - 8.85)^2$

$+ 10(9.1 - 8.85)^2 + 10(11 - 8.85)^2 = 76.9$

$$SS_T = \sum\sum\sum X_{ijk}{}^2 - \frac{(\sum\sum\sum X_{ijk})^2}{JKn} = 397.1$$

$SS_B = \sum Jn(\overline{X}_k - \overline{X})^2 = 20(8.05 - 8.85)^2 + 20(9.65 - 8.85)^2 = 25.6$

$SS_{AB} = \sum\sum n(\overline{X}_{jk} - \overline{X}_j - \overline{X}_k + \overline{X})^2$

$5(7 - 8.05 - 7.9 = 8.85)^2 + 5(7 - 8.05 - 7.4 + 8.85)^2$

$+ 5(6.2 - 8.05 - 9.1 + 8.85)^2 + 5(12 - 8.05 - 11 + 8.85)^2$

$+ 5(8.8 - 9.65 - 7.9 + 8.85)^2 + 5(7.8 - 9.65 - 7.4 + 8.85)^2$

$+ 5(12 - 9.65 - 9.1 + 8.85)^2 + 5(10 - 9.65 - 11 + 8.85)^2 = 78.2$

$SS_W = 397.1 - 76.9 - 25.6 - 78.2 = 216.4$

$$MS_A = \frac{SS_A}{J-1} = \frac{76.9}{3} = 25.633$$

$$MS_B = \frac{SS_B}{K-1} = 25.6$$

$$MS_W = \frac{SS_W}{JK(n-1)} = \frac{216.4}{(4)(2)(4)} = 6.763$$

→ '나이'(A)에 대한 효과 가설

i) H_0: 나이에 따라 차이가 없다

H_1: 나이에 따라 차이가 있다.

ii) $\alpha = 0.05$

iii) $F_{0.05(3,32)}$의 임계치 $= 2.53$

채택 영역: $F \leq 2.53$

기각 영역: $F > 2.53$

iv) F가 3.971이므로 영가설을 기각한다.

∴ 나이가 사회성에 영향을 끼친다.

(2)

변량원	*SS*	*df*	*MS*	*F*
나이(A)	76.9	3	25.633	3.791*
취학 전 교육(B)	25.6	1	25.600	3.786*
AB 상호작용	78.2	3	26.070	3.885*
오차	216.4	32	6.763	
합계	379.1	39		

$*p < 0.05$

2.

변량원	*SS*	*df*	*MS*	*F*
성별	367.36	1	367.36	1.07
가정환경	189.55	2	94.78	0.28
상호작용	282.89	2	141.44	0.41
오차	10,252.50	30	341.75	
합계	11,092.30	35		

∴ 가정변인과 성별의 주효과 및 상호작용 효과는 모두 통계적으로 유의하지 않다.

3.

변량원	*SS*	*df*	*MS*	*F*
환경(A)	80	1	80	16
성격(B)	20	1	20	4
상호작용(AB)	20	1	20	4
오차	80	16	5	
합계	200	19		

∴ 환경은 수행에 영향을 준다. 그러나 성격이 수행에 영향을 준다거나 성격이 혼란과 상호작용한다고 결론 내릴 충분한 증거를 제공하지 않는다.

4.

변량원	SS	df	MS	F
A	285.19	1	285.19	69.73
B	42.19	1	42.19	10.32
AB	67.68	1	67.69	16.55
오차	179.92	44	4.09	
합계	574.98	47		

∴ 유의한 상호작용은 관중의 유무가 자아존중감이 높은 대상과 자아존중감이 낮은 대상에게 다른 영향을 미친다는 것을 나타낸다. 자아존중감이 높은 사람은 관중의 유무에 따른 차이가 거의 없었고, 자아존중감이 낮은 사람은 관중이 있을 때 실수 횟수가 증가했다.

제17장 비모수검정

1. (1) 등위상관계수 $r = .72$
   (2) 두 변인 사이의 상관이 높아 중간고사에서 높은 등위는 기말고사에서도 높은 등위로 나타났다.

2. 여학생 점수를 x_i, 남학생 점수를 y_i라 하면

$x = x_i$	9	9	10	11	11						16	
F_m	1/6	2/6	3/6	4/6	5/6	5/6	5/6	5/6	5/6	5/6	6/6	6/6
$x = y_i$						12	12	14	14	15		18
G_n	0	0	0	0	0	1/6	2/6	3/6	4/6	5/6	5/6	6/6
$\|F_m - G_n\|$	1/6	2/6	3/6	4/6	5/6	4/6	3/6	2/6	1/6	0	1/6	0

계산결과 $D = \max_x \|F_m(x_i) - G_n(y_i)\| = \max_x(D^+, D^-) = 5/6$다. 그리고 K-S 수표 2에서 $d(.025, 6, 6) - 4/6$다. 따라서 $D \geq d$이므로 유의수준 $\alpha = .05$에서 영가설(H_0)을 기각한다. 즉, 영어듣기 점수는 성별에 따라서 차이가 있다.

3. 여학생 점수를 x_i, 남학생 점수를 y_i라 하면

$x = y_i$	6	7	7	8	9	9	10			15					20
G_n	1/9	2/9	3/9	4/9	5/9	6/9	7/9	7/9	7/9	8/9	8/9	8/9	8/9	8/9	9/9
$x = x_i$								13	13		16	17	18	18	

F_m								1/6	2/6	2/6	3/6	4/6	5/6	6/6	6/6
$\mid G_n - F_m \mid$	6/54	12/54	18/54	24/54	30/54	36/54	42/54	33/54	24/54	30/54	21/54	12/54	3/54	6/54	0

계산결과 $D = \max_x |G_n(y_i) - F_m(x_i)| = \max_x(D^+, D^-) = 42/54$다. 그리고 K-S 수표 2에서 $d(.025, 9, 6) = 2/3$다. 따라서 $D \geq d$이므로 유의수준 .05에서 영가설(H_0)을 기각한다. 즉, 영어 듣기 점수는 성별에 따라서 차이가 있다.

참고. $D^- = \max_x F_m(x) - G_n(x) = 33/54$이고 수표 2에서 d(.05, 9, 6) = 5/9다.

따라서 $D^- \geq d(\alpha, m, n)$이므로 유의수준 $\alpha = .05$에서 영가설(H_0)을 기각한다. 즉, 여학생의 영어 듣기 점수가 남학생의 영어 듣기 점수보다 높다.

4. 제시된 자료를 5분 단위의 6개 구간으로 나누어 보면 1구간 2명, 2구간 4명, 3구간 1명, 4구간 2명, 5구간 2명, 6구간 1명이다.

H_0: 고객들의 은행 도착시각의 분포는 무선적으로 차이가 없다(균일하다).

만약에 H_0이 참이라면 각 급간의 기대되는 선택의 빈도는 동일할 것이므로

이때 이론분포함수 $F_0 = \left(\frac{1}{6}, \frac{2}{6}, \frac{3}{6}, \frac{4}{6}, \frac{5}{6}, \frac{6}{6}\right)$이고,

경험분포함수 $F_n = \left(\frac{2}{12}, \frac{6}{12}, \frac{7}{12}, \frac{9}{12}, \frac{11}{12}, \frac{12}{12}\right)$다.

그러므로 $D = \max_x |F_0(x) - F_n(x)| = \max_x(D^+, D^-) = 2/12$다.

K-S 수표 1에서 N=12일 때 $d(.025, 12) = .375$다. 따라서 $D < d$이므로 유의수준 $\alpha = .05$에서 영가설(H_0)을 기각할 수 없다. 즉, 관찰된 분포는 균일분포를 따른다고 할 수 있다.

5.

A 방법		B 방법		C 방법	
암기한 단어 수	순위	암기한 단어 수	순위	암기한 단어 수	순위
38	13	19	3.5	39	15
50	20	25	6.5	47	19
45	18	33	10.5	19	3.5
30	8.5	40	16.5	33	10.5
17	2	38	13	38	13
25	6.5	22	5	40	16.5
30	8.5			15	1
$W_1 = 76.5$		$W_2 = 55$		$W_3 = 78.5$	
$R_1 = 10.93$		$R_2 = 9.17$		$R_3 = 11.21$	

$$H = \frac{12}{n(n+1)} \sum_{i=1}^{k} \frac{W_i^2}{n_i} - 3(n+1)$$

$$= \frac{12}{20(20+1)} [(\frac{76.5^2}{7} + \frac{55^2}{6} + \frac{78.5^2}{7})] - 3(20+1) = 0.4435$$

$H-$검정통계량은 0.4435다. 주어진 자료에서 자유도는 $k-1=3-1=2$이므로 유의수준 .05에서 통계적 유의도를 검정하면 $\chi^2_{.05:2} = 5.99 > 0.4435$이므로 영가설을 수용한다. 따라서 유의수준 .05에서 세 모집단의 분포는 같다고 할 수 있다. 즉, 세 가지 암기방법에 따른 암기한 단어의 수에는 차이가 없다.

부 록

〈수표 1〉 난수표

列 \ 行	(1)	(2)	(3)	(4)	(5)	(6)	(7)	(8)	(9)	(10)	(11)	(12)	(13)	(14)
1	10480	15011	01536	02011	81647	91646	69172	14194	62590	36207	20969	99570	91291	90700
2	22368	46573	25595	85393	30995	89193	27982	53402	93965	34095	52666	19174	39615	99505
3	24130	48360	22527	97265	76393	64809	15179	24830	49340	32081	30680	19655	63348	58629
4	42167	93093	06243	61680	07856	16376	39440	53537	71341	57004	00849	74917	97758	16379
5	37570	39975	81837	16656	06121	91782	60468	81305	49684	60672	14110	06927	001263	54613
6	77921	06907	11008	42751	27756	53498	18602	70659	90655	15053	21916	81825	44394	42880
7	99562	72905	56420	69994	98872	31016	71194	18738	44013	48840	63213	21069	10634	12952
8	96301	91977	05463	07972	18876	20922	94595	56869	69014	60045	18425	84903	42508	32307
9	89579	14342	63661	10281	17453	18103	57740	84378	25331	12566	58678	44947	05585	56941
10	86475	36857	53342	53988	53060	59533	38867	62300	08158	17983	16439	11458	18593	64952
11	28918	69578	88231	33276	70997	79936	56865	05859	90106	31595	01547	85590	91610	78188
12	63553	40961	48235	03427	49626	69445	18663	72695	52180	20847	12234	90511	33703	90322
13	09429	93969	52636	92737	88974	33488	36320	17617	30015	08272	84115	27156	30613	74952
14	10365	61129	87529	85689	48237	52267	67689	93394	01511	26358	85104	20285	29975	89868
15	07119	97336	71048	08178	77233	13916	47564	81056	97735	85977	29372	74461	28551	90707
16	51085	12765	51821	51259	77452	16308	60756	92144	49442	53900	70960	63990	75601	40719
17	02368	21382	52404	60268	89368	19885	55322	44819	01188	65255	64835	44919	05944	55157
18	01011	54092	33362	94904	31273	04146	18594	29852	71585	85030	51132	01915	92747	64951
19	52162	53916	46369	58586	23216	14513	83149	98736	23498	64350	94738	17752	35156	35749
20	07056	97628	33787	09998	42698	06691	76988	13602	51851	46104	88916	19509	25625	58104
21	48663	91245	85828	14346	09172	30168	90229	04734	59193	22178	30421	61666	99904	32812
22	54164	58492	22421	74103	47070	25306	76468	26384	58151	06646	21524	15227	96909	44592
23	32639	32363	05597	24200	13363	38005	94342	28728	35806	06912	17012	64161	18296	22851
24	29334	27001	87637	87303	58731	00256	45834	15398	46557	41135	10367	07684	36188	18510
25	02488	33062	28834	07351	19731	92420	60952	61280	50001	67658	32586	86679	50720	94953

〈수표 1〉 난수표(계속)

列＼行	(1)	(2)	(3)	(4)	(5)	(6)	(7)	(8)	(9)	(10)	(11)	(12)	(13)	(14)
26	81525	72295	04839	96423	24878	82651	66566	14778	76797	14780	13300	87074	79666	95725
27	29676	20591	68086	26432	46901	20849	89768	81536	86645	12659	92259	57102	80428	25280
28	00742	57392	39064	64432	84673	40027	32832	61362	98947	96067	64760	64584	96096	98253
29	05366	04213	25669	26422	44407	44048	37937	63904	45766	66134	75470	66520	34693	90449
30	91921	26418	64117	94305	26766	25940	39972	22209	71500	64568	91402	42416	07844	69618
31	00582	04711	87917	77341	42206	35126	74087	99547	81817	42607	43808	76655	62028	76630
32	00725	69884	62797	56170	86324	88072	76222	36086	84637	93161	76038	65855	77919	88006
33	69011	65795	95876	55293	18988	27354	26575	08625	40801	59920	29841	80150	12777	48501
34	25976	57948	29888	88604	67917	48708	18912	82271	65424	69774	33611	54262	85963	03547
35	09763	83475	73577	12908	30883	18317	28290	35797	05998	41688	34952	37888	38917	88050
36	91567	42595	27958	30134	04024	86358	29880	99730	55536	84855	29080	09250	79656	73211
37	17955	56349	90999	49127	20044	59931	06115	20542	18059	022008	73708	83517	36103	42791
38	46503	18584	18845	49618	02304	51038	20655	58727	28168	15475	56942	53389	20562	87338
39	92157	89634	94824	78171	84610	82834	09922	25417	44137	48413	25555	21246	35509	20468
40	14577	62765	35605	81263	39667	47358	56873	56307	61607	49518	89686	20103	77490	18062
41	98427	07523	33362	64270	01638	92477	66969	98420	04880	45585	46565	04102	46330	45709
42	34914	63976	88720	82765	34476	17032	87589	40836	32427	70002	70663	88863	77775	69348
43	70060	28277	39475	46473	23219	53416	94970	25832	69975	94884	19661	72828	00102	66794
44	53976	54914	06990	67245	68350	82948	11398	42878	80287	88267	47363	46634	06541	87809
45	76072	29515	40980	07391	58745	25774	22987	80059	39911	96189	41151	14222	60697	59583
46	90725	52210	83974	29992	65831	38857	50490	83765	55657	14361	31720	57375	56228	41546
47	64364	67412	33339	31926	14883	24413	59744	92351	97473	89286	35931	04110	23726	51900
48	08962	00358	31662	25388	61642	34072	81249	35648	56891	69352	48373	45578	78547	81788
49	95012	68379	93526	70765	10592	04542	76463	54328	02349	17247	28865	14777	62730	92277
50	15664	10493	20492	38391	91132	21999	59516	81652	27195	48223	46751	22932	32261	85653

〈수표 2〉 표준정규분포의 누적확률표

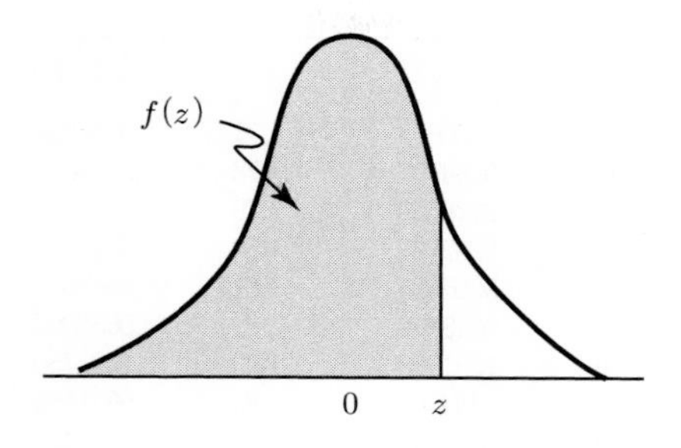

z	$f(z)$	z	$f(z)$	z	$f(z)$	z	$f(z)$
.00	.5000000	.36	.6405764	.72	.7642375	1.08	.8599289
.01	.5039894	.37	.6443088	.73	.7673049	1.09	.8621434
.02	.5079983	.38	.6480273	.74	.7703500	1.10	.8643339
.03	.5119665	.39	.6517317	.75	.7733726	1.11	.8665005
.04	.5159534	.40	.6554217	.76	.7763727	1.12	.8686431
.05	.5199388	.41	.6590970	.77	.7793501	1.13	.8707619
.06	.5239222	.42	.6627573	.78	.7823046	1.14	.8728568
.07	.5279032	.43	.6664022	.79	.7852361	1.15	.8749281
.08	.5318814	.44	.6700314	.80	.7881446	1.16	.8769756
.09	.5358564	.45	.6736448	.81	.7910299	1.17	.8789995
.10	.5398278	.46	.6772419	.82	.7938919	1.18	.8809999
.11	.5437953	.47	.6808225	.83	.7967306	1.19	.8829768
.12	.5477584	.48	.6843863	.84	.7995458	1.20	.8849303
.13	.5517168	.49	.6879331	.85	.8023375	1.21	.8868606
.14	.5556700	.50	.6914625	.86	.8051055	1.22	.8887676
.15	.5596177	.51	.6949743	.87	.8078498	1.23	.8906514
.16	.5635595	.52	.6984682	.88	.8105703	1.24	.8925123
.17	.5674949	.53	.7019440	.89	.8132671	1.25	.8943502
.18	.5714237	.54	.7054015	.90	.8159399	1.26	.8961653
.19	.5753454	.55	.7088403	.91	.8185887	1.27	.8979577
.20	.5792597	.56	.7122603	.92	.8212136	1.28	.8997274
.21	.5831662	.57	.7156612	.93	.8238145	1.29	.9014747
.22	.5870604	.58	.7190427	.94	.8263912	1.30	.9031995
.23	.5909541	.59	.7224047	.95	.8289439	1.31	.9049021
.24	.5948349	.60	.7257469	.96	.8314724	1.32	.9065825
.25	.5987063	.61	.7290691	.97	.8339768	1.33	.9082409
.26	.6025681	.62	.7323711	.98	.8364569	1.34	.9098773
.27	.6064199	.63	.7356527	.99	.8389129	1.35	.9114920
.28	.6102612	.64	.7389137	1.00	.8413447	1.36	.9130850
.29	.6140919	.65	.7421539	1.01	.8437524	1.37	.9146565
.30	.6179114	.66	.7453731	1.02	.8461358	1.38	.9162067
.31	.6217195	.67	.7485711	1.03	.8484950	1.39	.9177356
.32	.6255158	.68	.7517478	1.04	.8508300	1.40	.9192433
.33	.6293000	.69	.7549029	1.05	.8531409	1.41	.9207302
.34	.6330717	.70	.7580363	1.06	.8554277	1.42	.9221962
.35	.6368307	.71	.7611479	1.07	.8576903	1.43	.9236415

〈수표 2〉 표준정규분포의 누적확률표(계속)

z	$f(z)$	z	$f(z)$	z	$f(z)$	z	$f(z)$
1.44	.9250663	1.77	.9616364	2.10	.9821356	2.43	.9924506
1.45	.9264707	1.78	.9624620	2.11	.9825708	2.44	.9926564
1.46	.9278550	1.79	.9632730	2.12	.9829970	2.45	.9928572
1.47	.9292191	1.80	.9640697	2.13	.9834142	2.46	.9930531
1.48	.9305634	1.81	.9648521	2.14	.9838226	2.47	.9932443
1.49	.9318879	1.82	.9656205	2.15	.9842224	2.48	.9934309
1.50	.9331928	1.83	.9663750	2.16	.9846137	2.49	.9936128
1.51	.9344783	1.84	.9671159	2.17	.9849966	2.50	.9937903
1.52	.9357445	1.85	.9678432	2.18	.9853713	2.51	.9939634
1.53	.9369916	1.86	.9685572	2.19	.9857379	2.52	.9941323
1.54	.9382198	1.87	.9692581	2.20	.9860966	2.53	.9942969
1.55	.9394292	1.88	.9699460	2.21	.9864474	2.54	.9944574
1.56	.9406201	1.89	.9706210	2.22	.9867906	2.55	.9946139
1.57	.9417924	1.90	.9712834	2.23	.9871263	2.56	.9947664
1.58	.9429466	1.91	.9719334	2.24	.9874545	2.57	.9949151
1.59	.9440826	1.92	.9725711	2.25	.9877755	2.58	.9950600
1.60	.9452007	1.93	.9731966	2.26	.9880894	2.59	.9952012
1.61	.9463011	1.94	.9738102	2.27	.9883962	2.60	.9953388
1.62	.9473839	1.95	.9744119	2.28	.9886962	2.70	.9965330
1.63	.9484493	1.96	.9750021	2.29	.9889893	2.80	.9974449
1.64	.9494974	1.97	.9755808	2.30	.9892759	2.90	.9981342
1.65	.9505285	1.98	.9761482	2.31	.9895559	3.00	.9986501
1.66	.9515428	1.99	.9767045	2.32	.9898296	3.20	.9993129
1.67	.9525403	2.00	.9772499	2.33	.9900969	3.40	.9996631
1.68	.9535213	2.01	.9777844	2.34	.9903581	3.60	.9998409
1.69	.9544860	2.02	.9783083	2.35	.9906133	3.80	.9999277
1.70	.9554345	2.03	.9788217	2.36	.9908625	4.00	.9999683
1.71	.9563671	2.04	.9793248	2.37	.9911060	4.50	.9999966
1.72	.9572838	2.05	.9798178	2.38	.9913437	5.00	.9999997
1.73	.9581849	2.06	.9803007	2.39	.9915758	5.50	.9999999
1.74	.9590705	2.07	.9807738	2.40	.9918025		
1.75	.9599408	2.08	.9812372	2.41	.9920237		
1.76	.9607961	2.09	.9816911	2.42	.9922397		

〈수표 3〉 표준정규분포와 세로좌표

Col. 1	Col. 2	Col. 3	Col. 4	Col. 5	Col. 6	Col. 7	Col. 8
	$0 \ z_1$	$-z_1 \ 0 \ z_1$			$0 \ z_1$	$-z_1 \ 0$	
$+z_1$	$P\{0 \le z \le z_1\}$	$P\{\lvert z \rvert \ge z_1\}$	y	y as a % of y at μ	$P\{z \le +z_1\}$	$P\{z \le -z_1\}$	$-z_1$

Col. 1	Col. 2	Col. 3	Col. 4	Col. 5	Col. 6	Col. 7	Col. 8
0.00	.0000	1.0000	.3989	100.00	.5000	.5000	-0.00
+0.01	.0040	.9920	.3989	99.99	.5040	.4960	-0.01
+0.02	.0080	.9840	.3989	99.98	.5080	.4920	-0.02
+0.03	.0120	.9761	.3988	99.95	.5120	.4880	-0.03
+0.04	.0160	.9681	.3986	99.92	.5160	.4840	-0.04
+0.05	.0199	.9601	.3984	99.87	.5199	.4801	-0.05
+0.06	.0239	.9522	.3982	99.82	.5239	.4761	-0.06
+0.07	.0279	.9442	.3980	99.76	.5279	.4721	-0.07
+0.08	.0319	.9382	.3977	99.68	.5319	.4681	-0.08
+0.09	.0359	.9283	.3973	99.60	.5359	.4641	-0.09
+0.10	.0398	.9203	.3970	99.50	.5398	.4602	-0.10
+0.11	.0438	.9124	.3965	99.40	.5438	.4562	-0.11
+0.12	.0478	.9045	.3961	99.28	.5478	.4522	-0.12
+0.13	.0517	.8966	.3956	99.16	.5517	.4483	-0.13
+0.14	.0557	.8887	.3951	99.02	.5557	.4443	-0.14
+0.15	.0596	.8808	.3945	98.88	.5596	.4404	-0.15
+0.16	.0636	.8729	.3939	98.73	.5636	.4364	-0.16
+0.17	.0675	.8650	.3932	98.57	.5675	.4325	-0.17
+0.18	.0714	.8572	.3925	98.39	.5714	.4286	-0.18
+0.19	.0753	.8493	.3918	98.21	.5753	.4247	-0.19
+0.20	.0793	.8415	.3910	98.02	.5793	.4207	-0.20
+0.21	.0832	.8337	.3902	97.82	.5832	.4168	-0.21
+0.22	.0871	.8259	.3894	97.61	.5871	.4129	-0.22
+0.23	.0910	.8181	.3885	97.39	.5910	.4090	-0.23
+0.24	.0948	.8103	.3876	97.16	.5948	.4052	-0.24
+0.25	.0987	.8026	.3867	96.92	.5987	.4013	-0.25
+0.26	.1026	.7949	.3857	96.68	.6026	.3974	-0.26
+0.27	.1064	.7872	.3847	96.42	.6064	.3936	-0.27
+0.28	.1103	.7795	.3836	96.16	.6103	.3897	-0.28
+0.29	.1141	.7718	.3825	95.88	.6141	.3859	-0.29
+0.30	.1179	.7642	.3814	95.60	.6179	.3821	-0.30
+0.31	.1217	.7566	.3802	95.31	.6217	.3783	-0.31
+0.32	.1255	.7490	.3790	95.01	.6255	.3745	-0.32
+0.33	.1293	.7414	.3778	94.70	.6293	.3707	-0.33
+0.34	.1331	.7339	.3765	94.38	.6331	.3669	-0.34
+0.35	.1368	.7263	.3752	94.06	.6368	.3632	-0.35

〈수표 3〉 표준정규분포와 세로좌표(계속)

Col. 1	Col. 2	Col. 3	Col. 4	Col. 5	Col. 6	Col. 7	Col. 8
+0.36	.1406	.7188	.3739	93.73	.6406	.3594	-0.36
+0.37	.1443	.7114	.3725	93.38	.6443	.3557	-0.37
+0.38	.1480	.7040	.3712	93.03	.6480	.3520	-0.38
+0.39	.1517	.6965	.3697	92.68	.6517	.3483	-0.39
+0.40	.1554	.6892	.3683	92.31	.6554	.3446	-0.40
+0.41	.1591	.6818	.3668	91.94	.6591	.3409	-0.41
+0.42	.1628	.6745	.3653	91.56	.6628	.3372	-0.42
+0.43	.1664	.6672	.3637	91.17	.6664	.3336	-0.43
+0.44	.1700	.6599	.3621	90.77	.6700	.3300	-0.44
+0.45	.1736	.6527	.3605	90.37	.6736	.3264	-0.45
+0.46	.1772	.6455	.3589	89.96	.6772	.3228	-0.46
+0.47	.1808	.6384	.3572	89.54	.6808	.3192	-0.47
+0.48	.1844	.6312	.3555	89.12	.6844	.3156	-0.48
+0.49	.1879	.6241	.3538	88.69	.6879	.3121	-0.49
+0.50	.1915	.6171	.3521	88.25	.6915	.3085	-0.50
+0.51	.1950	.6101	.3503	87.81	.6950	.3050	-0.51
+0.52	.1985	.6031	.3485	87.35	.6985	.3015	-0.52
+0.53	.2019	.5961	.3467	86.90	.7019	.2981	-0.53
+0.54	.2054	.5892	.3448	86.43	.7054	.2946	-0.54
+0.55	.2088	.5823	.3429	85.96	.7088	.2912	-0.55
+0.56	.2123	.5755	.3410	85.49	.7123	.2877	-0.56
+0.57	.2157	.5687	.3391	85.01	.7157	.2843	-0.57
+0.58	.2190	.5619	.3372	84.52	.7190	.2810	-0.58
+0.59	.2224	.5552	.3352	84.03	.7224	.2776	-0.59
+0.60	.2257	.5485	.3332	83.53	.7257	.2743	-0.60
+0.61	.2291	.5419	.3312	83.02	.7291	.2709	-0.61
+0.62	.2324	.5353	.3292	82.51	.7324	.2676	-0.62
+0.63	.2357	.5287	.3271	82.00	.7357	.2643	-0.63
+0.64	.2389	.5222	.3251	81.48	.7389	.2611	-0.64
+0.65	.2422	.5157	.3230	80.96	.7422	.2578	-0.65
+0.66	.2454	.5093	.3209	80.43	.7454	.2546	-0.66
+0.67	.2486	.5029	.3187	79.90	.7486	.2514	-0.67
+0.68	.2517	.4965	.3166	79.36	.7517	.2483	-0.68
+0.69	.2549	.4902	.3144	78.82	.7549	.2451	-0.69
+0.70	.2580	.4839	.3123	78.27	.7580	.2420	-0.70
+0.71	.2611	.4777	.3101	77.72	.7611	.2389	-0.71
+0.72	.2642	.4715	.3079	77.17	.7642	.2358	-0.72
+0.73	.2673	.4654	.3056	76.61	.7673	.2327	-0.73
+0.74	.2704	.4593	.3034	76.05	.7704	.2296	-0.74
+0.75	.2734	.4533	.3011	75.48	.7734	.2266	-0.75
+0.76	.2026	.4473	.2989	74.92	.7764	.2236	-0.76
+0.77	.2764	.4413	.2966	74.35	.7794	.2206	-0.77
+0.78	.2794	.4354	.2943	73.77	.7823	.2177	-0.78
+0.79	.2852	.4296	.2920	73.19	.7852	.2148	-0.79
+0.80	.2881	.4237	.2897	72.61	.7881	.2119	-0.80

〈수표 3〉 표준정규분포와 세로좌표(계속)

Col. 1	Col. 2	Col. 3	Col. 4	Col. 5	Col. 6	Col. 7	Col. 8
+0.81	.2910	.4179	.2874	72.03	.7910	.2090	-0.81
+0.82	.2939	.4122	.2850	71.45	.7939	.2061	-0.82
+0.83	.2967	.4065	.2827	70.86	.7967	.2033	-0.83
+0.84	.2995	.4009	.2803	70.27	.7995	.2005	-0.84
+0.85	.3023	.3953	.2780	69.68	.8023	.1977	-0.85
+0.86	.3051	.3898	.2756	69.09	.8051	.1949	-0.86
+0.87	.3078	.3843	.2732	68.49	.8078	.1922	-0.87
+0.88	.3106	.3789	.2709	67.90	.8106	.1894	-0.88
+0.89	.3133	.3735	.2685	67.30	.8133	.1867	-0.89
+0.90	.3159	.3681	.2661	66.70	.8159	.1841	-0.90
+0.91	.3186	.3628	.2637	66.10	.8186	.1814	-0.91
+0.92	.3212	.3576	.2613	65.49	.8212	.1788	-0.92
+0.93	.3238	.3524	.2589	64.89	.8238	.1762	-0.93
+0.94	.3264	.3472	.2565	64.29	.8264	.1736	-0.94
+0.95	.3289	.3421	.2541	63.68	.8289	.1711	-0.95
+0.96	.3315	.3371	.2516	63.08	.8315	.1685	-0.96
+0.97	.3340	.3320	.2492	62.47	.8340	.1660	-0.97
+0.98	.3365	.3271	.2468	61.87	.8365	.1635	-0.98
+0.99	.3389	.3222	.2444	61.26	.8389	.1611	-0.99
+1.00	.3413	.3173	.2420	60.65	.8413	.1587	-1.00
+1.01	.3438	.3125	.2396	60.05	.8438	.1562	-1.01
+1.02	.3461	.3077	.2371	59.44	.8461	.1539	-1.02
+1.03	.3485	.3030	.2347	58.83	.8485	.1515	-1.03
+1.04	.3508	.2983	.2323	58.23	.8508	.1492	-1.04
+1.05	.3531	.2937	.2229	57.62	.8531	.1469	-1.05
+1.06	.3554	.2891	.2275	57.02	.8554	.1446	-1.06
+1.07	.3577	.2846	.2251	56.41	.8577	.1423	-1.07
+1.08	.3599	.2801	.2227	55.81	.8599	.1401	-1.08
+1.09	.3621	.2757	.2203	55.21	.8621	.1379	-1.09
+1.10	.3643	.2713	.2179	54.61	.8643	.1357	-1.10
+1.11	.3665	.2670	.2155	54.01	.8665	.1335	-1.11
+1.12	.3686	.2627	.2131	53.41	.8686	.1314	-1.12
+1.13	.3708	.2585	.2107	52.81	.8708	.1292	-1.13
+1.14	.3729	.2543	.2083	52.22	.8729	.1271	-1.14
+1.15	.3749	.2501	.2059	51.62	.8749	.1251	-1.15
+1.16	.3770	.2460	.2036	51.03	.8770	.1230	-1.16
+1.17	.3790	.2420	.2012	50.44	.8790	.1210	-1.17
+1.18	.3810	.2380	.1989	49.85	.8810	.1190	-1.18
+1.19	.3830	.2340	.1965	49.26	.8830	.1170	-1.19
+1.20	.3849	.2301	.1942	48.68	.8849	.1151	-1.20
+1.21	.3869	.2263	.1919	48.09	.8869	.1131	-1.21
+1.22	.3888	.2225	.1895	47.51	.8888	.1112	-1.22
+1.23	.3907	.2187	.1872	46.93	.8907	.1093	-1.23
+1.24	.3925	.2150	.1849	46.36	.8925	.1075	-1.24
+1.25	.3944	.2113	.1826	45.78	.8944	.1056	-1.25

〈수표 3〉 표준정규분포와 세로좌표(계속)

Col. 1	Col. 2	Col. 3	Col. 4	Col. 5	Col. 6	Col. 7	Col. 8
+1.26	.3962	.2077	.1804	45.21	.8962	.1038	-1.26
+1.27	.3980	.2041	.1781	44.64	.8980	.1020	-1.27
+1.28	.3997	.2005	.1758	44.08	.8997	.1003	-1.28
+1.29	.4015	.1971	.1736	43.52	.9015	.0985	-1.29
+1.30	.4032	.1936	.1714	42.96	.9032	.0968	-1.30
+1.31	.4049	.1902	.1691	42.40	.9049	.0951	-1.31
+1.32	.4066	.1868	.1669	41.84	.9066	.0934	-1.32
+1.33	.4082	.1835	.1647	41.29	.9082	.0918	-1.33
+1.34	.4099	.1802	.1626	40.75	.9099	.0901	-1.34
+1.35	.4115	.1770	.1604	40.20	.9115	.0885	-1.35
+1.36	.4131	.1738	.1582	39.66	.9131	.0869	-1.36
+1.37	.4147	.1707	.1561	39.12	.9147	.0853	-1.37
+1.38	.4162	.1676	.1539	38.59	.9162	.0838	-1.38
+1.39	.4177	.1645	.1518	38.06	.9177	.0823	-1.39
+1.40	.4192	.1615	.1497	37.53	.9192	.0808	-1.40
+1.41	.4207	.1585	.1476	37.01	.9207	.0793	-1.41
+1.42	.4222	.1556	.1456	36.49	.9222	.0778	-1.42
+1.43	.4236	.1527	.1435	35.97	.9236	.0764	-1.43
+1.44	.4251	.1499	.1415	35.46	.9251	.0749	-1.44
+1.45	.4265	.1471	.1394	34.95	.9265	.0735	-1.45
+1.46	.4279	.1443	.1374	34.45	.9279	.0721	-1.46
+1.47	.4292	.1416	.1354	33.94	.9292	.0708	-1.47
+1.48	.4306	.1389	.1334	33.45	.9306	.0694	-1.48
+1.49	.4319	.1362	.1315	32.95	.9319	.0681	-1.49
+1.50	.4332	.1336	.1295	32.47	.9332	.0668	-1.50
+1.51	.4345	.1310	.1276	31.98	.9345	.0655	-1.51
+1.52	.4357	.1285	.1257	31.50	.9357	.0643	-1.52
+1.53	.4370	.1260	.1238	31.02	.9370	.0630	-1.53
+1.54	.4382	.1236	.1219	30.55	.9382	.0618	-1.54
+1.55	.4394	.1211	.1200	30.08	.9394	.0606	-1.55
+1.56	.4406	.1188	.1182	29.62	.9406	.0594	-1.56
+1.57	.4418	.1164	.1163	29.16	.9418	.0582	-1.57
+1.58	.4429	.1141	.1145	28.70	.9429	.0571	-1.58
+1.59	.4441	.1118	.1127	28.25	.9441	.0559	-1.59
+1.60	.4452	.1096	.1109	27.80	.9452	.0548	-1.60
+1.61	.4463	.1074	.1092	27.36	.9463	.0537	-1.61
+1.62	.4474	.1052	.1074	26.92	.9474	.0526	-1.62
+1.63	.4484	.1031	.1057	26.49	.9484	.0516	-1.63
+1.64	.4495	.1010	.1040	26.06	.9495	.0505	-1.64
+1.65	.4505	.0990	.1023	25.63	.9505	.0495	-1.65
+1.66	.4515	.0969	.1006	25.21	.9515	.0485	-1.66
+1.67	.4525	.0949	.0989	24.80	.9525	.0475	-1.67
+1.68	.4535	.0930	.0973	24.39	.9535	.0465	-1.68
+1.69	.4545	.0910	.0957	23.98	.9545	.0455	-1.69
+1.70	.4554	.0891	.0940	23.57	.9554	.0446	-1.70

〈수표 3〉 표준정규분포와 세로좌표(계속)

Col. 1	Col. 2	Col. 3	Col. 4	Col. 5	Col. 6	Col. 7	Col. 8
+1.71	.4564	.0873	.0925	23.18	.9564	.0436	-1.71
+1.72	.4573	.0854	.0909	22.78	.9573	.0427	-1.72
+1.73	.4582	.0836	.0893	22.39	.9582	.0418	-1.73
+1.74	.4591	.0819	.0878	22.01	.9591	.0409	-1.74
+1.75	.4599	.0801	.0863	21.63	.9599	.0401	-1.75
+1.76	.4608	.0784	.0848	21.25	.9608	.0392	-1.76
+1.77	.4616	.0767	.0833	20.88	.9616	.0384	-1.77
+1.78	.4625	.0751	.0818	20.51	.9625	.0375	-1.78
+1.79	.4633	.0735	.0804	20.15	.9633	.0367	-1.79
+1.80	.4641	.0719	.0790	19.79	.9641	.0359	-1.80
+1.81	.4649	.0703	.0775	19.44	.9649	.0351	-1.81
+1.82	.4656	.0688	.0761	19.09	.9656	.0344	-1.82
+1.83	.4664	.0673	.0748	18.74	.9664	.0336	-1.83
+1.84	.4671	.0658	.0734	18.40	.9671	.0329	-1.84
+1.85	.4678	.0643	.0721	18.06	.9678	.0322	-1.85
+1.86	.4686	.0629	.0707	17.73	.9686	.0314	-1.86
+1.87	.4693	.0615	.0694	17.40	.9693	.0307	-1.87
+1.88	.4699	.0601	.0681	17.08	.9699	.0301	-1.88
+1.89	.4706	.0588	.0669	16.76	.9706	.0294	-1.89
+1.90	.4713	.0574	.0656	16.45	.9713	.0287	-1.90
+1.91	.4719	.0561	.0644	16.14	.9719	.0281	-1.91
+1.92	.4726	.0549	.0632	15.83	.9726	.0274	-1.92
+1.93	.4732	.0536	.0620	15.53	.9732	.0268	-1.93
+1.94	.4738	.0524	.0608	15.23	.9738	.0262	-1.94
+1.95	.4744	.0512	.0596	14.94	.9744	.0256	-1.95
+1.96	.4750	.0500	.0584	14.65	.9750	.0250	-1.96
+1.97	.4756	.0488	.0573	14.36	.9756	.0244	-1.97
+1.98	.4761	.0477	.0562	14.08	.9761	.0239	-1.98
+1.99	.4767	.0466	.0551	13.81	.9767	.0233	-1.99
+2.00	.4772	.0455	.0540	13.53	.9772	.0228	-2.00
+2.01	.4778	.0444	.0529	13.26	.9778	.0222	-2.01
+2.02	.4783	.0434	.0519	13.00	.9783	.0217	-2.02
+2.03	.4788	.0424	.0508	12.74	.9788	.0212	-2.03
+2.04	.4793	.0414	.0498	12.48	.9793	.0207	-2.04
+2.05	.4798	.0404	.0488	12.23	.9798	.0202	-2.05
+2.06	.4803	.0394	.0478	11.98	.9803	.0197	-2.06
+2.07	.4808	.0385	.0468	11.74	.9808	.0192	-2.07
+2.08	.4812	.0375	.0459	11.50	.9812	.0188	-2.08
+2.09	.4817	.0366	.0449	11.26	.9817	.0183	-2.09
+2.10	.4821	.0357	.0440	11.03	.9821	.0179	-2.10
+2.11	.4826	.0349	.0431	10.80	.9826	.0174	-2.11
+2.12	.4830	.0340	.0422	10.57	.9830	.0170	-2.12
+2.13	.4834	.0332	.0413	10.35	.9834	.0166	-2.13
+2.14	.4838	.0324	.0404	10.13	.9838	.0162	-2.14
+2.15	.4842	.0316	.0396	09.91	.9842	.0158	-2.15

〈수표 3〉 표준정규분포와 세로좌표(계속)

Col. 1	Col. 2	Col. 3	Col. 4	Col. 5	Col. 6	Col. 7	Col. 8
+2.16	.4846	.0308	.0387	09.70	.9846	.0154	−2.16
+2.17	.4850	.0300	.0379	09.49	.9850	.0150	−2.17
+2.18	.4854	.0293	.0371	09.29	.9854	.0146	−2.18
+2.19	.4857	.0285	.0363	09.09	.9857	.0143	−2.19
+2.20	.4861	.0278	.0355	08.89	.9861	.0139	−2.20
+2.21	.4864	.0271	.0347	08.70	.9864	.0136	−2.21
+2.22	.4868	.0264	.0339	08.51	.9868	.0132	−2.22
+2.23	.4871	.0257	.0332	08.32	.9871	.0129	−2.23
+2.24	.4875	.0251	.0325	08.14	.9875	.0125	−2.24
+2.25	.4878	.0244	.0317	07.96	.9878	.0122	−2.25
+2.26	.4881	.0238	.0310	07.78	.9881	.0119	−2.26
+2.27	.4884	.0232	.0303	07.60	.9884	.0116	−2.27
+2.28	.4887	.0226	.0297	07.43	.9887	.0113	−2.28
+2.29	.4890	.0220	.0290	07.27	.9890	.0110	−2.29
+2.30	.4893	.0214	.0283	07.10	.9893	.0107	−2.30
+2.31	.4896	.0209	.0277	06.94	.9896	.0104	−2.31
+2.32	.4898	.0203	.0270	06.78	.9898	.0102	−2.32
+2.33	.4901	.0198	.0264	06.62	.9901	.0099	−2.33
+2.34	.4904	.0193	.0258	06.47	.9904	.0096	−2.34
+2.35	.4906	.0188	.0252	06.32	.9906	.0094	−2.35
+2.36	.4909	.0183	.0246	06.17	.9909	.0091	−2.36
+2.37	.4911	.0178	.0241	06.03	.9911	.0089	−2.37
+2.38	.4913	.0173	.0235	05.89	.9913	.0087	−2.38
+2.39	.4916	.0168	.0229	05.75	.9916	.0084	−2.39
+2.40	.4918	.0164	.0224	05.61	.9918	.0082	−2.40
+2.41	.4920	.0160	.0219	05.48	.9920	.0080	−2.41
+2.42	.4922	.0155	.0213	05.35	.9922	.0078	−2.42
+2.43	.4925	.0151	.0208	05.22	.9925	.0075	−2.43
+2.44	.4927	.0147	.0203	05.10	.9927	.0073	−2.44
+2.45	.4929	.0143	.0198	04.97	.9929	.0071	−2.45
+2.46	.4931	.0139	.0194	04.85	.9931	.0069	−2.46
+2.47	.4932	.0135	.0189	04.73	.9932	.0068	−2.47
+2.48	.4934	.0131	.0184	04.62	.9934	.0066	−2.48
+2.49	.4936	.0128	.0180	04.50	.9936	.0064	−2.49
+2.50	.4938	.0124	.0175	04.39	.9938	.0062	−2.50
+2.51	.4940	.0121	.0171	04.29	.9940	.0060	−2.51
+2.52	.4941	.0117	.0167	04.18	.9941	.0059	−2.52
+2.53	.4943	.0114	.0163	04.07	.9943	.0057	−2.53
+2.54	.4945	.0111	.0158	03.97	.9945	.0055	−2.54
+2.55	.4946	.0108	.0154	03.87	.9946	.0054	−2.55
+2.56	.4948	.0105	.0151	03.77	.9948	.0052	−2.56
+2.57	.4949	.0102	.0147	03.68	.9949	.0051	−2.57
+2.58	.4951	.0099	.0143	03.59	.9951	.0049	−2.58
+2.59	.4952	.0096	.0139	03.49	.9952	.0048	−2.59
+2.60	.4953	.0093	.0136	03.40	.9953	.0047	−2.60

〈수표 3〉 표준정규분포와 세로좌표(계속)

Col. 1	Col. 2	Col. 3	Col. 4	Col. 5	Col. 6	Col. 7	Col. 8
+2.61	.4955	.0091	.0132	03.32	.9955	.0045	−2.61
+2.62	.4956	.0088	.0129	03.23	.9956	.0044	−2.62
+2.63	.4957	.0085	.0126	03.15	.9957	.0043	−2.63
+2.64	.4959	.0083	.0122	03.07	.9959	.0041	−2.64
+2.65	.4960	.0080	.0119	02.99	.9960	.0040	−2.65
+2.66	.4961	.0078	.0116	02.91	.9961	.0039	−2.66
+2.67	.4962	.0076	.0113	02.83	.9962	.0038	−2.67
+2.68	.4963	.0074	.0110	02.76	.9963	.0037	−2.68
+2.69	.4964	.0071	.0107	02.68	.9964	.0036	−2.69
+2.70	.4965	.0069	.0104	02.61	.9965	.0035	−2.70
+2.71	.4966	.0067	.0101	02.54	.9966	.0034	−2.71
+2.72	.4967	.0065	.0099	02.47	.9967	.0033	−2.72
+2.73	.4968	.0063	.0096	02.41	.9968	.0032	−2.73
+2.74	.4969	.0061	.0093	02.34	.9969	.0031	−2.74
+2.75	.4970	.0060	.0091	02.28	.9970	.0030	−2.75
+2.76	.4971	.0058	.0088	02.22	.9971	.0029	−2.76
+2.77	.4972	.0056	.0086	02.16	.9972	.0028	−2.77
+2.78	.4973	.0054	.0084	02.10	.9973	.0027	−2.78
+2.79	.4974	.0053	.0081	02.04	.9974	.0026	−2.79
+2.80	.4974	.0051	.0079	01.98	.9974	.0026	−2.80
+2.81	.4975	.0050	.0077	01.93	.9975	.0025	−2.81
+2.82	.4976	.0048	.0075	01.88	.9976	.0024	−2.82
+2.83	.4977	.0047	.0073	01.82	.9977	.0023	−2.83
+2.84	.4977	.0045	.0071	01.77	.9977	.0023	−2.84
+2.85	.4978	.0044	.0069	01.72	.9978	.0022	−2.85
+2.86	.4979	.0042	.0067	01.67	.9979	.0021	−2.86
+2.87	.4979	.0041	.0065	01.63	.9979	.0021	−2.87
+2.88	.4980	.0040	.0063	01.58	.9980	.0020	−2.88
+2.89	.4981	.0039	.0061	01.54	.9981	.0019	−2.89
+2.90	.4981	.0037	.0060	01.49	.9981	.0019	−2.90
+2.91	.4982	.0036	.0058	01.45	.9982	.0018	−2.91
+2.92	.4982	.0035	.0056	01.41	.9982	.0018	−2.92
+2.93	.4983	.0034	.0055	01.37	.9983	.0017	−2.93
+2.94	.4984	.0033	.0053	01.33	.9984	.0016	−2.94
+2.95	.4984	.0032	.0051	01.29	.9984	.0016	−2.95
+2.96	.4985	.0031	.0050	01.25	.9985	.0015	−2.96
+2.97	.4985	.0030	.0048	01.21	.9985	.0015	−2.97
+2.98	.4986	.0029	.0047	01.18	.9986	.0014	−2.98
+2.99	.4986	.0028	.0046	01.14	.9986	.0014	−2.99
+3.00	.4987	.0027	.0044	01.11	.9987	.0013	−3.00
+3.01	.4987	.0026	.0043	01.08	.9987	.0013	−3.01
+3.02	.4987	.0025	.0042	01.05	.9987	.0013	−3.02
+3.03	.4988	.0024	.0040	01.01	.9988	.0012	−3.03
+3.04	.4988	.0024	.0039	00.98	.9988	.0012	−3.04
+3.05	.4989	.0023	.0038	00.95	.9989	.0011	−3.05

〈수표 3〉 표준정규분포와 세로좌표(계속)

Col. 1	Col. 2	Col. 3	Col. 4	Col. 5	Col. 6	Col. 7	Col. 8
+3.06	.4989	.0022	.0037	00.93	.9989	.0011	-3.06
+3.07	.4989	.0021	.0036	00.90	.9989	.0011	-3.07
+3.08	.4990	.0021	.0035	00.87	.9990	.0010	-3.08
+3.09	.4990	.0020	.0034	00.84	.9990	.0010	-3.09
+3.10	.4990	.0019	.0033	00.82	.9990	.0010	-3.10
+3.11	.4991	.0019	.0032	00.79	.9991	.0009	-3.11
+3.12	.4991	.0018	.0031	00.77	.9991	.0009	-3.12
+3.13	.4991	.0017	.0030	00.75	.9991	.0009	-3.13
+3.14	.4992	.0017	.0029	00.72	.9992	.0008	-3.14
+3.15	.4992	.0016	.0028	00.70	.9992	.0008	-3.15
+3.16	.4992	.0016	.0027	00.68	.9992	.0008	-3.16
+3.17	.4992	.0015	.0026	00.66	.9992	.0008	-3.17
+3.18	.4993	.0015	.0025	00.64	.9993	.0007	-3.18
+3.19	.4993	.0014	.0025	00.62	.9993	.0007	-3.19
+3.20	.4993	.0014	.0024	00.60	.9993	.0007	-3.20
+3.21	.4993	.0013	.0023	00.58	.9993	.0007	-3.21
+3.22	.4994	.0013	.0022	00.56	.9994	.0006	-3.22
+3.23	.4994	.0012	.0022	00.54	.9994	.0006	-3.23
+3.24	.4994	.0012	.0021	00.53	.9994	.0006	-3.24
+3.25	.4994	.0012	.0020	00.51	.9994	.0006	-3.25
+3.26	.4994	.0011	.0020	00.49	.9994	.0006	-3.26
+3.27	.4995	.0011	.0019	00.48	.9995	.0005	-3.27
+3.28	.4995	.0010	.0018	00.46	.9995	.0005	-3.28
+3.29	.4995	.0010	.0018	00.45	.9995	.0005	-3.29
+3.30	.4995	.0010	.0017	00.43	.9995	.0005	-3.30
+3.35	.4996	.0008	.0015	00.37	.9996	.0004	-3.35
+3.40	.4997	.0007	.0012	00.31	.9997	.0003	-3.40
+3.45	.4997	.0006	.0010	00.26	.9997	.0003	-3.45
+3.50	.4998	.0005	.0009	00.22	.9998	.0002	-3.50
+3.55	.4998	.0004	.0007	00.18	.9998	.0002	-3.55
+3.60	.4998	.0003	.0006	00.15	.9998	.0002	-3.60
+3.65	.4999	.0003	.0005	00.13	.9999	.0001	-3.65
+3.70	.4999	.0002	.0004	00.11	.9999	.0001	-3.70
+3.75	.4999	.0002	.0004	00.09	.9999	.0001	-3.75
+3.80	.4999	.0001	.0003	00.07	.9999	.0001	-3.80
+3.85	.4999	.0001	.0002	00.06	.9999	.0001	-3.85
+3.90	.49995	.0001	.0002	00.05	.99995	.0001	-3.90
+3.95	.49996	.0001	.0002	00.04	.99996	.00004	-3.95
+4.00	.49997	.0001	.0001	00.03	.99997	.00003	-4.00

〈수표 4〉 이항분포표

						P					
n	*x*	.25	.10	.15	.20	.25	.30	.35	.40	.45	.50
1	0	.9500	.9000	.8500	.8000	.7500	.7000	.6500	.6000	.5500	.5000
	1	.0500	.1000	.1500	.2000	.2500	.3000	.3500	.4000	.4500	.5000
2	0	.9025	.8100	.7225	.6400	.5625	.4900	.4225	.3600	.3025	.2500
	1	.0950	.1800	.2550	.3200	.3750	.4200	.4550	.4800	.4950	.5000
	2	.0025	.0100	.0225	.0400	.0625	.0900	.1225	.1600	.2025	.2500
3	0	.8574	.7290	.6141	.5120	.4219	.3430	.2746	.2160	.1664	.1250
	1	.1354	.2430	.3251	.3840	.4219	.4410	.4436	.4320	.4084	.3750
	2	.0071	.0270	.0574	.0960	.1406	.1890	.2389	.2880	.3341	.3750
	3	.0001	.0010	.0034	.0080	.0156	.0270	.0429	.0640	.0911	.1250
4	0	.8145	.6561	.5220	.4096	.3164	.2401	.1785	.1296	.0915	.0625
	1	.1715	.2916	.3685	.4096	.4215	.4116	.3845	.3456	.2995	.2500
	2	.0135	.0486	.0975	.1536	.2109	.2646	.3105	.3456	.3675	.3750
	3	.0005	.0036	.0115	.0256	.0469	.0756	.1115	.1536	.2005	.2500
	4	.0000	.0001	.0005	.0016	.0039	.0081	.0150	.0256	.0410	.0625
5	0	.7738	.5905	.4437	.3277	.2373	.1681	.1160	.0778	.0503	.0312
	1	.2036	.3280	.3915	.4096	.3955	.3602	.3214	.2592	.2059	.1562
	2	.0214	.0729	.1382	.2048	.2637	.3087	.3364	.3456	.3369	.3125
	3	.0011	.0081	.0244	.0512	.0879	.1323	.1811	.2304	.2757	.3125
	4	.0000	.0004	.0022	.0064	.0146	.0284	.0488	.0768	.1128	.1562
	5	.0000	.0000	.0001	.0003	.0010	.0024	.0053	.0102	.0185	.0132
6	0	.7351	.5314	.3771	.2621	.1780	.1176	.0754	.0467	.0277	.0156
	1	.2321	.3543	.3993	.3932	.3560	.3025	.2437	.1866	.1359	.0938
	2	.0305	.0984	.1762	.2458	.2966	.3241	.3280	.3110	.2780	.2344
	3	.0021	.0146	.0415	.0819	.1318	.1852	.2355	.2765	.3032	.3125
	4	.0001	.0012	.0055	.0154	.0330	.0595	.0951	.1382	.1861	.2344
	5	.0000	.0001	.0004	.0015	.0044	.0102	.0205	.0369	.0609	.0938
	6	.0000	.0000	.0000	.0001	.0002	.0007	.0018	.0041	.0083	.0156
7	0	.6983	.4783	.3206	.2097	.1335	.0824	.0490	.0280	.0152	.0078
	1	.2573	.3720	.3960	.3670	.3115	.2471	.1848	.1306	.0872	.0547
	2	.0406	.1240	.2097	.2753	.3115	.3177	.2985	.2613	.2140	.1641
	3	.0036	.0230	.0617	.1147	.1730	.2269	.2679	.2903	.2918	.2734
	4	.0002	.0026	.0109	.0287	.0577	.0972	.1442	.1935	.2388	.2734
	5	.0000	.0002	.0012	.0043	.0115	.0250	.0466	.0774	.1172	.1641
	6	.0000	.0000	.0001	.0004	.0013	.0036	.0084	.0172	.0320	.0547
	7	.0000	.0000	.0000	.0000	.0001	.0002	.0006	.0016	.0037	.0078
8	0	.6634	.4306	.2725	.1678	.1001	.0576	.0319	.0168	.0084	.0039
	1	.2793	.3826	.3847	.3355	.2670	.1977	.1373	.0896	.0548	.0312
	2	.0515	.1488	.2376	.2936	.3115	.2965	.2587	.2090	.1569	.1094
	3	.0054	.0331	.0839	.1468	.2076	.2541	.2786	.2787	.2568	.2188
	4	.0004	.0046	.0185	.0459	.0865	.1361	.1875	.2322	.2627	.2734
	5	.0000	.0004	.0026	.0092	.0231	.0467	.0808	.1239	.1719	.2188
	6	.0000	.0000	.0002	.0011	.0038	.0100	.0217	.0413	.0703	.1094
	7	.0000	.0000	.0000	.0001	.0004	.0012	.0033	.0079	.0164	.0312
	8	.0000	.0000	.0000	.0000	.0000	.0001	.0002	.0007	.0017	.0039

〈수표 4〉 이항분포표(계속)

		P									
n	x	.25	.10	.15	.20	.25	.30	.35	.40	.45	.50
9	0	.6302	.3874	.2316	.1342	.0751	.0404	.0207	.0101	.0046	.0020
	1	.2985	.3874	.3679	.3020	.2253	.1556	.1004	.0605	.0339	.0176
	2	.0629	.1722	.2597	.3020	.3003	.2668	.2162	.1612	.1110	.0703
	3	.0077	.0446	.1069	.1762	.2336	.2668	.2716	.2508	.2119	.1641
	4	.0006	.0074	.0283	.0661	.1168	.1715	.2194	.2508	.2600	.2461
	5	.0000	.0008	.0050	.0165	.0389	.0735	.1181	.1672	.2128	.2461
	6	.0000	.0001	.0006	.0028	.0087	.0210	.0424	.0743	.1160	.1641
	7	.0000	.0000	.0000	.0003	.0012	.0039	.0098	.0212	.0407	.0703
	8	.0000	.0000	.0000	.0000	.0001	.0004	.0013	.0035	.0083	.0176
	9	.0000	.0000	.0000	.0000	.0000	.0000	.0001	.0003	.0008	.0020
10	0	.5978	.3487	.1969	.1074	.0563	.0280	.0135	.0060	.0025	.0010
	1	.3151	.3874	.3474	.2684	.1877	.1211	.0725	.0403	.0207	.0098
	2	.0746	.1937	.2759	.3020	.2816	.2335	.1757	.1209	.0763	.0439
	3	.0105	.0574	.1298	.2013	.2503	.2668	.2522	.2150	.1665	.1172
	4	.0010	.0112	.1401	.0881	.1460	.2001	.2377	.2508	.2384	.2051
	5	.0001	.0015	.0085	.0264	.0584	.1029	.1536	.2007	.2340	.2461
	6	.0000	.0001	.0012	.0055	.0162	.0368	.0689	.1115	.1596	.2051
	7	.0000	.0000	.0001	.0008	.0031	.0090	.0212	.0425	.0746	.1172
	8	.0000	.0000	.0000	.0001	.0004	.0014	.0043	.0106	.0229	.0439
	9	.0000	.0000	.0000	.0000	.0000	.0001	.0005	.0016	.0042	.0098
	10	.0000	.0000	.0000	.0000	.0000	.0000	.0000	.0001	.0003	.0010
11	0	.5688	.3138	.1673	.0859	.0422	.0198	.0088	.0036	.0014	.0005
	1	.3293	.3835	.3248	.2362	.1549	.0932	.0518	.0266	.0125	.0054
	2	.0867	.2131	.2866	.2953	.2581	.1998	.1395	.0887	.0513	.0269
	3	.0137	.0710	.1517	.2215	.2581	.2568	.2254	.1774	.1259	.0806
	4	.0014	.0158	.0536	.1107	.1721	.2201	.2428	.2365	.2060	.1611
	5	.0001	.0025	.0132	.0388	.0803	.1321	.1830	.2207	.2360	.2256
	6	.0000	.0003	.0023	.0097	.0268	.0566	.0985	.1471	.1931	.2256
	7	.0000	.0000	.0003	.0017	.0064	.0173	.0379	.0701	.1128	.1611
	8	.0000	.0000	.0000	.0002	.0011	.0037	.0102	.0234	.0462	.0806
	9	.0000	.0000	.0000	.0000	.0001	.0005	.0018	.0052	.0126	.0269
	10	.0000	.0000	.0000	.0000	.0000	.0000	.0002	.0007	.0021	.0054
	11	.0000	.0000	.0000	.0000	.0000	.0000	.0000	.0000	.0002	.0005
12	0	.5404	.2824	.1422	.0687	.0317	.0138	.0057	.0022	.0008	.0002
	1	.3413	.3766	.3012	.2062	.1267	.0712	.0368	.0174	.0075	.0029
	2	.0988	.2301	.2924	.2835	.2323	.1678	.1088	.0639	.0339	.0161
	3	.0173	.0852	.1720	.2362	.2581	.2397	.1954	.1419	.0923	.0537
	4	.0021	.0213	.0683	.1329	.1936	.2311	.2367	.2128	.2225	.1934
	5	.0002	.0038	.0193	.0532	.1032	.1585	.2039	.2270	.2225	.1934
	6	.0000	.0005	.0040	.0155	.0401	.0792	.1281	.1766	.2124	.2256
	7	.0000	.0000	.0006	.0033	.0115	.0291	.0591	.1009	.1489	.1934
	8	.0000	.0000	.0001	.0005	.0024	.0078	.0199	.0420	.0762	.1208
	9	.0000	.0000	.0000	.0001	.0004	.0015	.0048	.0125	.0277	.0537
	10	.0000	.0000	.0000	.0000	.0000	.0002	.0008	.0025	.0068	.0161
	11	.0000	.0000	.0000	.0000	.0000	.0000	.0001	.0003	.0010	.0029
	12	.0000	.0000	.0000	.0000	.0000	.0000	.0000	.0000	.0001	.0002

〈수표 5〉 t분포의 누적확률표

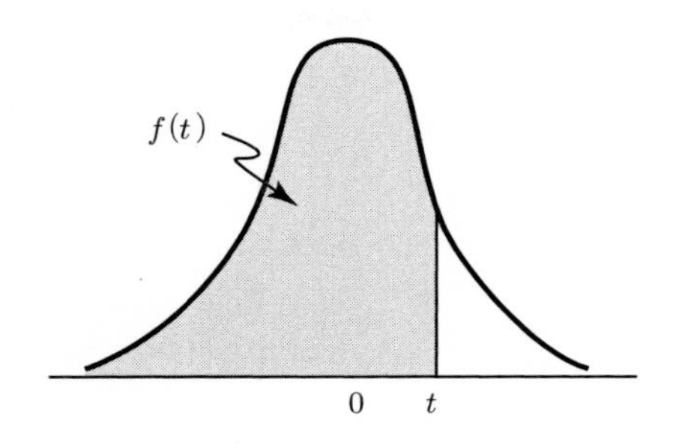

cum. prob	t.50	t.75	t.80	t.85	t.90	t.95	t.975	t.99	t.995	t.999	t.9995
one-tail	0.50	0.25	0.20	0.15	0.10	0.05	0.025	0.01	0.005	0.001	0.0005
two-tails	1.00	0.50	0.40	0.30	0.20	0.10	0.05	0.02	0.01	0.002	0.001
df											
1	0.000	1.000	1.376	1.963	3.078	6.314	12.71	31.82	63.66	318.31	636.62
2	0.000	0.816	1.061	1.386	1.886	2.920	4.303	6.965	9.925	22.327	31.599
3	0.000	0.765	0.978	1.250	1.638	2.353	3.182	4.541	5.841	10.215	12.924
4	0.000	0.741	0.941	1.190	1.533	2.132	2.776	3.747	4.604	7.173	8.610
5	0.000	0.727	0.920	1.156	1.476	2.015	2.571	3.365	4.032	5.893	6.869
6	0.000	0.718	0.906	1.134	1.440	1.943	2.447	3.143	3.707	5.208	5.959
7	0.000	0.711	0.896	1.119	1.415	1.895	2.365	2.998	3.499	4.785	5.408
8	0.000	0.706	0.889	1.108	1.397	1.860	2.306	2.896	3.355	4.501	5.041
9	0.000	0.703	0.883	1.100	1.383	1.833	2.262	2.821	3.250	4.297	4.781
10	0.000	0.700	0.879	1.093	1.372	1.812	2.228	2.764	3.169	4.144	4.587
11	0.000	0.697	0.876	1.088	1.363	1.796	2.201	2.718	3.106	4.025	4.437
12	0.000	0.695	0.873	1.083	1.356	1.782	2.179	2.681	3.055	3.930	4.318
13	0.000	0.694	0.870	1.079	1.350	1.771	2.160	2.650	3.012	3.852	4.221
14	0.000	0.692	0.868	1.076	1.345	1.761	2.145	2.624	2.977	3.787	4.140
15	0.000	0.691	0.866	1.074	1.341	1.753	2.131	2.602	2.947	3.733	4.073
16	0.000	0.690	0.865	1.071	1.337	1.746	2.120	2.583	2.921	3.686	4.015
17	0.000	0.689	0.863	1.069	1.333	1.740	2.110	2.567	2.898	3.646	3.965
18	0.000	0.688	0.862	1.067	1.330	1.734	2.101	2.552	2.878	3.610	3.922
19	0.000	0.688	0.861	1.066	1.328	1.729	2.093	2.539	2.861	3.579	3.883
20	0.000	0.687	0.860	1.064	1.325	1.725	2.086	2.528	2.845	3.552	3.850
21	0.000	0.686	0.859	1.063	1.323	1.721	2.080	2.518	2.831	3.527	3.819
22	0.000	0.686	0.858	1.061	1.321	1.717	2.074	2.508	2.819	3.505	3.792
23	0.000	0.685	0.858	1.060	1.319	1.714	2.069	2.500	2.807	3.485	3.768
24	0.000	0.685	0.857	1.059	1.318	1.711	2.064	2.492	2.797	3.467	3.745
25	0.000	0.684	0.856	1.058	1.316	1.708	2.060	2.485	2.787	3.450	3.725
26	0.000	0.684	0.856	1.058	1.315	1.706	2.056	2.479	2.779	3.435	3.707
27	0.000	0.684	0.855	1.057	1.314	1.703	2.052	2.473	2.771	3.421	3.690
28	0.000	0.683	0.855	1.056	1.313	1.701	2.048	2.467	2.763	3.408	3.674
29	0.000	0.683	0.854	1.055	1.311	1.699	2.045	2.462	2.756	3.396	3.659
30	0.000	0.683	0.854	1.055	1.310	1.697	2.042	2.457	2.750	3.385	3.646
40	0.000	0.681	0.851	1.050	1.303	1.684	2.021	2.423	2.704	3.307	3.551
60	0.000	0.679	0.848	1.045	1.296	1.671	2.000	2.390	2.660	3.232	3.460
80	0.000	0.678	0.846	1.043	1.292	1.664	1.990	2.374	2.639	3.195	3.416
100	0.000	0.677	0.845	1.042	1.290	1.660	1.984	2.364	2.626	3.174	3.390
1000	0.000	0.675	0.842	1.037	1.282	1.646	1.962	2.330	2.581	3.098	3.300

〈수표 6〉 χ^2분포의 누적확률표

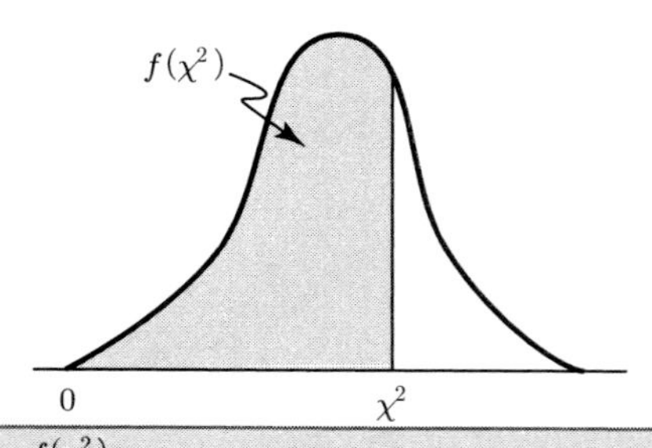

df	$f(\chi^2)$								
	0.200	0.100	0.075	0.050	0.025	0.010	0.005	0.001	0.0005
1	1.642	2.706	3.170	3.841	5.024	6.635	7.879	10.828	12.116
2	3.219	4.605	5.181	5.991	7.378	9.210	10.597	13.816	15.202
3	4.642	6.251	6.905	7.815	9.348	11.345	12.838	16.266	17.731
4	5.989	7.779	8.496	9.488	11.143	13.277	14.860	18.467	19.998
5	7.289	9.236	10.008	11.070	12.833	15.086	16.750	20.516	22.106
6	8.558	10.645	11.466	12.592	14.449	16.812	18.548	22.458	24.104
7	9.803	12.017	12.883	14.067	16.013	18.475	20.278	24.322	26.019
8	11.030	13.362	14.270	15.507	17.535	20.090	21.955	26.125	27.869
9	12.242	14.684	15.631	16.919	19.023	21.666	23.589	27.878	29.667
10	13.442	15.987	16.971	18.307	20.483	23.209	25.188	29.589	31.421
11	14.631	17.275	18.294	19.675	21.920	24.725	26.757	31.265	33.138
12	15.812	18.549	19.602	21.026	23.337	26.217	28.300	32.910	34.822
13	16.985	19.812	20.897	22.362	24.736	27.688	29.820	34.529	36.479
14	18.151	21.064	22.180	23.685	26.119	29.141	31.319	36.124	38.111
15	19.311	22.307	23.452	24.996	27.488	30.578	32.801	37.698	39.720
16	20.465	23.542	24.716	26.296	28.845	32.000	34.267	39.253	41.309
17	21.615	24.769	25.970	27.587	30.191	33.409	35.719	40.791	42.881
18	22.760	25.989	27.218	28.869	31.526	34.805	37.157	42.314	44.435
19	23.900	27.204	28.458	30.144	32.852	36.191	38.582	43.821	45.974
20	25.038	28.412	29.692	31.410	34.170	37.566	39.997	45.315	47.501
21	26.171	29.615	30.920	32.671	35.479	38.932	41.401	46.798	49.013
22	27.301	30.813	32.142	33.924	36.781	40.289	42.796	48.269	50.512
23	28.429	32.007	33.360	35.172	38.076	41.639	44.182	49.729	52.002
24	29.553	33.196	34.572	36.415	39.364	42.980	45.559	51.180	53.480
25	30.675	34.382	35.780	37.653	40.646	44.314	46.928	52.620	54.950
26	31.795	35.563	36.984	38.885	41.923	45.642	48.290	54.053	56.409
27	32.912	36.741	38.184	40.113	43.195	46.963	49.645	55.477	57.860
28	34.027	37.916	39.380	41.337	44.461	48.278	50.994	56.894	59.302
29	35.139	39.087	40.573	42.557	45.722	49.588	52.336	58.302	60.738
30	36.250	40.256	41.762	43.773	46.979	50.892	53.672	59.704	62.164
40	47.269	51.805	53.501	55.759	59.342	63.691	66.766	73.403	76.097
50	58.164	63.167	65.030	67.505	71.420	76.154	79.490	86.662	89.564
60	68.972	74.397	76.411	79.082	83.298	88.380	91.952	99.609	102.698
70	79.715	85.527	87.680	90.531	95.023	100.425	104.215	112.319	115.582
80	90.405	96.578	98.861	101.880	106.629	112.329	116.321	124.842	128.267
90	101.054	107.565	109.969	113.145	118.136	124.117	128.300	137.211	140.789
100	111.667	118.498	121.017	124.342	129.561	135.807	140.170	149.452	153.174

〈수표 7〉 F 분포의 누적확률표 $F_{.75}(v_1,\ v_2)$

v_2 \ v_1	1	2	3	4	5	6	7	8	9	10	12	15	20	24	30	40	60	120	∞
1	5.83	7.50	8.20	8.58	8.82	8.98	9.10	9.19	9.26	9.32	9.41	9.49	9.58	9.63	9.67	9.71	9.76	9.80	9.85
2	2.57	3.00	3.15	3.23	3.28	3.31	3.34	3.35	3.37	3.38	3.39	3.41	3.43	3.43	3.44	3.45	3.46	3.47	3.48
3	2.02	2.28	2.36	2.39	2.41	2.42	2.43	2.44	2.44	2.44	2.45	2.46	2.46	2.46	2.47	2.47	2.47	2.47	2.47
4	1.81	2.00	2.05	2.06	2.07	2.08	2.08	2.08	2.08	2.08	2.08	2.08	2.08	2.08	2.08	2.08	2.08	2.08	2.08
5	1.69	1.85	1.88	1.89	1.89	1.89	1.89	1.89	1.89	1.89	1.89	1.89	1.88	1.88	1.88	1.88	1.87	1.87	1.87
6	1.62	1.76	1.78	1.79	1.79	1.78	1.78	1.78	1.77	1.77	1.77	1.76	1.76	1.75	1.75	1.75	1.74	1.74	1.74
7	1.57	1.70	1.72	1.72	1.71	1.71	1.70	1.70	1.69	1.69	1.68	1.68	1.67	1.67	1.66	1.66	1.65	1.65	1.65
8	1.54	1.66	1.67	1.66	1.66	1.65	1.64	1.64	1.63	1.63	1.62	1.62	1.61	1.60	1.60	1.59	1.59	1.58	1.58
9	1.51	1.62	1.63	1.63	1.62	1.61	1.60	1.60	1.59	1.59	1.58	1.57	1.56	1.56	1.55	1.54	1.54	1.53	1.53
10	1.49	1.60	1.60	1.59	1.59	1.58	1.57	1.56	1.56	1.55	1.54	1.53	1.52	1.52	1.51	1.51	1.50	1.49	1.48
11	1.47	1.58	1.58	1.57	1.56	1.55	1.54	1.53	1.53	1.52	1.51	1.50	1.49	1.49	1.48	1.47	1.47	1.46	1.45
12	1.46	1.56	1.56	1.55	1.54	1.53	1.52	1.51	1.51	1.50	1.49	1.48	1.47	1.46	1.45	1.45	1.44	1.43	1.42
13	1.45	1.55	1.55	1.53	1.52	1.51	1.50	1.49	1.49	1.48	1.47	1.46	1.45	1.44	1.43	1.42	1.42	1.41	1.40
14	1.44	1.53	1.53	1.52	1.51	1.50	1.49	1.48	1.47	1.46	1.45	1.44	1.43	1.42	1.41	1.41	1.40	1.39	1.38
15	1.43	1.52	1.52	1.51	1.49	1.48	1.47	1.46	1.46	1.45	1.44	1.43	1.41	1.41	1.40	1.39	1.38	1.37	1.36
16	1.42	1.51	1.51	1.50	1.48	1.47	1.46	1.45	1.44	1.44	1.43	1.41	1.40	1.39	1.38	1.37	1.36	1.35	1.34
17	1.42	1.51	1.50	1.49	1.47	1.46	1.45	1.44	1.43	1.43	1.41	1.40	1.39	1.38	1.37	1.36	1.35	1.34	1.33
18	1.41	1.50	1.49	1.48	1.46	1.45	1.44	1.43	1.42	1.42	1.40	1.39	1.38	1.37	1.36	1.35	1.34	1.33	1.32
19	1.41	1.49	1.49	1.47	1.46	1.44	1.43	1.42	1.41	1.41	1.40	1.38	1.37	1.36	1.35	1.34	1.33	1.32	1.30
20	1.40	1.49	1.48	1.47	1.45	1.44	1.43	1.42	1.41	1.40	1.39	1.37	1.36	1.35	1.34	1.33	1.32	1.31	1.29
21	1.40	1.48	1.48	1.46	1.44	1.43	1.42	1.41	1.40	1.39	1.38	1.37	1.35	1.34	1.33	1.32	1.31	1.30	1.28
22	1.40	1.48	1.47	1.45	1.44	1.42	1.41	1.40	1.39	1.39	1.37	1.36	1.34	1.33	1.32	1.31	1.30	1.29	1.28
23	1.39	1.47	1.47	1.45	1.43	1.42	1.41	1.40	1.39	1.38	1.37	1.35	1.34	1.33	1.32	1.31	1.30	1.28	1.27
24	1.39	1.47	1.46	1.44	1.43	1.41	1.40	1.39	1.38	1.38	1.36	1.35	1.33	1.32	1.31	1.30	1.29	1.28	1.26
25	1.39	1.47	1.46	1.44	1.42	1.41	1.40	1.39	1.38	1.37	1.36	1.34	1.33	1.32	1.31	1.29	1.28	1.27	1.25
26	1.38	1.46	1.45	1.44	1.42	1.41	1.39	1.38	1.37	1.37	1.35	1.34	1.32	1.31	1.30	1.29	1.28	1.26	1.25
27	1.38	1.46	1.45	1.43	1.42	1.40	1.39	1.38	1.37	1.36	1.35	1.33	1.32	1.31	1.30	1.28	1.27	1.26	1.24
28	1.38	1.46	1.45	1.43	1.41	1.40	1.39	1.38	1.37	1.36	1.34	1.33	1.31	1.30	1.29	1.28	1.27	1.25	1.24
29	1.38	1.45	1.45	1.43	1.41	1.40	1.38	1.37	1.36	1.35	1.34	1.32	1.31	1.30	1.29	1.27	1.26	1.25	1.23
30	1.38	1.45	1.44	1.42	1.41	1.39	1.38	1.37	1.36	1.35	1.34	1.32	1.30	1.29	1.28	1.27	1.26	1.24	1.23
40	1.36	1.44	1.42	1.40	1.39	1.37	1.36	1.35	1.34	1.33	1.31	1.30	1.28	1.26	1.25	1.24	1.22	1.21	1.19
60	1.35	1.42	1.41	1.38	1.37	1.35	1.33	1.32	1.31	1.30	1.29	1.27	1.25	1.24	1.22	1.21	1.19	1.17	1.15
120	1.34	1.40	1.39	1.37	1.35	1.33	1.31	1.30	1.29	1.28	1.26	1.24	1.22	1.21	1.19	1.18	1.16	1.13	1.10
∞	1.32	1.39	1.37	1.35	1.33	1.31	1.29	1.28	1.27	1.25	1.24	1.22	1.19	1.18	1.16	1.14	1.12	1.08	1.00

〈수표 7〉 F 분포의 누적확률표(계속) $F_{.90}(v_1,\ v_2)$

v_2 \ v_1	1	2	3	4	5	6	7	8	9	10	12	15	20	24	30	40	60	120	∞
1	39.86	49.50	53.59	55.83	57.24	58.20	58.91	59.44	59.86	60.19	60.71	61.22	61.74	62.00	62.26	62.53	62.79	63.06	63.33
2	5.53	9.00	9.16	9.24	9.29	9.33	9.35	9.37	9.38	9.39	9.41	9.42	9.44	9.45	9.46	9.47	9.47	9.48	9.49
3	5.54	5.46	5.39	5.34	5.31	5.28	5.27	5.25	5.24	5.23	5.22	5.20	5.18	5.18	5.17	5.16	5.15	5.14	5.13
4	4.54	4.32	4.19	4.11	4.05	4.01	3.98	3.95	3.94	3.92	3.90	3.87	3.84	3.83	3.82	3.80	3.79	3.78	3.76
5	4.06	3.78	3.62	3.52	3.45	3.40	3.37	3.34	3.32	3.30	3.27	3.24	3.21	3.19	3.17	3.16	3.14	3.12	3.10
6	3.78	3.46	3.29	3.18	3.11	3.05	3.01	2.98	2.96	2.94	2.90	2.87	2.84	2.82	2.80	2.78	2.76	2.74	2.72
7	3.59	3.26	3.07	2.96	2.88	2.83	2.78	2.75	2.72	2.70	2.67	2.63	2.59	2.58	2.56	2.54	2.51	2.49	2.47
8	3.46	3.11	2.92	2.81	2.73	2.67	2.62	2.59	2.56	2.54	2.50	2.46	2.42	2.40	2.38	2.36	2.34	2.32	2.29
9	3.36	3.01	2.81	2.69	2.61	2.55	2.51	2.47	2.44	2.42	2.38	2.34	2.30	2.28	2.25	2.23	2.21	2.18	2.16
10	3.29	2.92	2.73	2.61	2.52	2.46	2.41	2.38	2.35	2.32	2.28	2.24	2.20	2.18	2.16	2.13	2.11	2.08	2.06
11	3.23	2.86	2.66	2.54	2.45	2.39	2.34	2.30	2.27	2.25	2.21	2.17	2.12	2.10	2.08	2.05	2.03	2.00	1.97
12	3.18	2.81	2.61	2.48	2.39	2.33	2.28	2.24	2.21	2.19	2.15	2.10	2.06	2.04	2.01	1.99	1.96	1.93	1.90
13	3.14	2.76	2.56	2.43	2.35	2.28	2.23	2.20	2.16	2.14	2.10	2.05	2.01	1.98	1.96	1.93	1.90	1.88	1.85
14	3.10	2.73	2.52	2.39	2.31	2.24	2.19	2.15	2.12	2.10	2.05	2.01	1.96	1.94	1.91	1.89	1.86	1.83	1.80
15	3.07	2.70	2.49	2.36	2.27	2.21	2.16	2.12	2.09	2.06	2.02	1.97	1.92	1.90	1.87	1.85	1.82	1.79	1.76
16	3.05	2.67	2.46	2.33	2.24	2.18	2.13	2.09	2.06	2.03	1.99	1.94	1.89	1.87	1.84	1.81	1.78	1.75	1.72
17	3.03	2.64	2.44	2.31	2.22	2.15	2.10	2.06	2.03	2.00	1.96	1.91	1.86	1.84	1.81	1.78	1.75	1.72	1.69
18	3.01	2.62	2.42	2.29	2.20	2.13	2.08	2.04	2.00	1.98	1.93	1.89	1.84	1.81	1.78	1.75	1.72	1.69	1.66
19	2.99	2.61	2.40	2.27	2.18	2.11	2.06	2.02	1.98	1.96	1.91	1.86	1.81	1.79	1.76	1.73	1.70	1.67	1.63
20	2.97	2.59	2.38	2.25	2.16	2.09	2.04	2.00	1.96	1.94	1.89	1.84	1.79	1.77	1.74	1.71	1.68	1.64	1.61
21	2.96	2.57	2.36	2.23	2.14	2.08	2.02	1.98	1.95	1.92	1.87	1.83	1.78	1.75	1.72	1.69	1.66	1.62	1.59
22	2.95	2.56	2.35	2.22	2.13	2.06	2.01	1.97	1.93	1.90	1.86	1.81	1.76	1.73	1.70	1.67	1.64	1.60	1.57
23	2.94	2.55	2.34	2.21	2.11	2.05	1.99	1.95	1.92	1.89	1.84	1.80	1.74	1.72	1.69	1.66	1.62	1.59	1.55
24	2.93	2.54	2.33	2.19	2.10	2.04	1.98	1.94	1.91	1.88	1.83	1.78	1.73	1.70	1.67	1.64	1.61	1.57	1.53
25	2.92	2.53	2.32	2.18	2.09	2.02	1.97	1.93	1.89	1.87	1.82	1.77	1.72	1.69	1.66	1.63	1.59	1.58	1.52
26	2.91	2.52	2.31	2.17	2.08	2.01	1.96	1.92	1.88	1.86	1.81	1.76	1.71	1.68	1.65	1.61	1.58	1.54	1.50
27	2.90	2.51	2.30	2.17	2.07	2.00	1.95	1.91	1.87	1.85	1.80	1.75	1.70	1.67	1.64	1.60	1.57	1.53	1.49
28	2.89	2.50	2.29	2.16	2.06	2.00	1.94	1.90	1.87	1.84	1.79	1.74	1.69	1.66	1.63	1.59	1.56	1.52	1.48
29	2.89	2.50	2.28	2.15	2.06	1.99	1.93	1.89	1.86	1.83	1.78	1.73	1.68	1.65	1.62	1.58	1.55	1.51	1.47
30	2.88	2.49	2.28	2.14	2.05	1.98	1.93	1.88	1.85	1.82	1.77	1.72	1.67	1.64	1.61	1.57	1.54	1.50	1.46
40	2.84	2.44	2.23	2.09	2.00	1.93	1.87	1.83	1.79	1.76	1.71	1.66	1.61	1.57	1.54	1.51	1.47	1.42	1.38
60	2.79	2.39	2.18	2.04	1.95	1.87	1.82	1.77	1.74	1.71	1.66	1.60	1.54	1.51	1.48	1.44	1.40	1.35	1.29
120	2.75	2.35	2.13	1.99	1.90	1.82	1.77	1.72	1.68	1.65	1.60	1.55	1.48	1.45	1.41	1.37	1.32	1.26	1.19
∞	2.71	2.30	2.08	1.94	1.85	1.77	1.72	1.67	1.63	1.60	1.55	1.49	1.42	1.38	1.34	1.30	1.24	1.17	1.00

〈수표 7〉 F 분포의 누적확률표(계속) $F_{.95}(v_1,\ v_2)$

v_2 \ v_1	1	2	3	4	5	6	7	8	9	10	12	15	20	24	30	40	60	120	∞
1	161.4	199.5	215.7	224.6	230.2	234.0	236.8	238.9	240.5	241.9	243.9	245.9	248.0	249.1	250.1	251.1	252.2	253.3	254.3
2	18.51	19.00	19.16	19.25	19.30	19.33	19.35	19.37	19.38	19.40	19.41	19.43	19.45	19.45	19.46	19.47	19.48	19.49	19.50
3	10.13	9.55	9.28	9.12	9.01	9.94	8.89	8.85	8.81	8.79	8.74	8.70	8.66	8.64	8.62	8.59	8.57	8.55	8.53
4	7.71	6.94	6.59	6.39	6.26	6.16	6.09	6.04	6.00	5.96	5.91	5.86	5.80	5.77	5.75	5.72	5.69	5.66	5.63
5	6.61	5.79	5.41	5.19	5.05	4.95	4.88	4.82	4.77	4.74	4.68	4.62	4.56	4.53	4.50	4.46	4.43	4.40	4.36
6	5.99	5.14	4.76	4.53	4.39	4.28	4.21	4.15	4.10	4.06	4.00	3.94	3.87	3.84	3.81	3.77	3.74	3.70	3.67
7	5.59	4.74	4.35	4.12	3.97	3.87	3.79	3.73	3.68	3.64	3.57	3.51	3.44	3.41	3.38	3.34	3.30	3.27	3.23
8	5.32	4.46	4.07	3.84	3.69	3.58	3.50	3.44	3.39	3.35	3.28	3.22	3.15	3.12	3.08	3.04	3.01	2.97	2.93
9	5.12	4.26	3.86	3.63	3.48	3.37	3.29	3.23	3.18	3.14	3.07	3.01	2.94	2.90	2.86	2.83	2.79	2.75	2.71
10	4.96	4.10	3.71	3.48	3.33	3.22	3.14	3.07	3.02	2.98	2.91	2.85	2.77	2.74	2.70	2.66	2.62	2.58	2.54
11	4.84	3.98	3.59	3.36	3.20	3.09	3.01	2.95	2.90	2.85	2.79	2.72	2.65	2.61	2.57	2.53	2.49	2.45	2.40
12	4.75	3.89	3.49	3.26	3.11	3.00	2.91	2.85	2.80	2.75	2.69	2.62	2.54	2.51	2.47	2.43	2.38	2.34	2.30
13	4.67	3.81	3.41	3.18	3.03	2.92	2.83	2.77	2.71	2.67	2.60	2.53	2.46	2.42	2.38	2.34	2.30	2.25	2.21
14	4.60	3.74	3.34	3.11	2.96	2.85	2.76	2.70	2.65	2.60	2.53	2.46	2.39	2.35	2.31	2.27	2.22	2.18	2.13
15	4.54	3.68	3.29	3.06	2.90	2.79	2.71	2.64	2.59	2.54	2.48	2.40	2.33	2.29	2.25	2.20	2.16	2.11	2.07
16	4.49	3.63	3.24	3.01	2.85	2.74	2.66	2.59	2.54	2.49	2.42	2.35	2.28	2.24	2.19	2.15	2.11	2.06	2.01
17	4.45	3.59	3.20	2.96	2.81	2.70	2.61	2.55	2.49	2.45	2.38	2.31	2.23	2.19	2.15	2.10	2.06	2.01	1.96
18	4.41	3.55	3.16	2.93	2.77	2.66	2.58	2.51	2.46	2.41	2.34	2.27	2.19	2.15	2.11	2.06	2.02	1.97	1.92
19	4.38	3.52	3.13	2.90	2.74	2.63	2.54	2.48	2.42	2.38	2.31	2.23	2.16	2.11	2.07	2.03	1.98	1.93	1.88
20	4.35	3.49	3.10	2.87	2.71	2.60	2.51	2.45	2.39	2.35	2.28	2.20	2.12	2.08	2.04	1.99	1.95	1.90	1.84
21	4.32	3.47	3.07	2.84	2.68	2.57	2.49	2.42	2.37	2.32	2.25	2.18	2.10	2.05	2.01	1.96	1.92	1.87	1.81
22	4.30	3.44	3.05	2.82	2.66	2.55	2.46	2.40	2.34	2.30	2.23	2.15	2.07	2.03	1.98	1.94	1.89	1.84	1.78
23	4.28	3.42	3.03	2.80	2.64	2.53	2.44	2.37	2.32	2.27	2.20	2.13	2.05	2.01	1.96	1.91	1.86	1.81	1.76
24	4.26	3.40	3.01	2.78	2.62	2.51	2.42	2.36	2.30	2.25	2.18	2.11	2.03	1.98	1.94	1.89	1.84	1.79	1.73
25	4.24	3.39	2.99	2.76	2.60	2.49	2.40	2.34	2.28	2.24	2.16	2.09	2.01	1.96	1.92	1.87	1.82	1.77	1.71
26	4.23	3.37	2.98	2.74	2.59	2.47	2.39	2.32	2.27	2.22	2.15	2.07	1.99	1.95	1.90	1.85	1.80	1.75	1.69
27	4.21	3.35	2.96	2.73	2.57	2.46	2.37	2.31	2.25	2.20	2.13	2.06	1.97	1.93	1.88	1.84	1.79	1.73	1.67
28	4.20	3.34	2.95	2.71	2.56	2.45	2.36	2.29	2.24	2.19	2.12	2.04	1.96	1.91	1.87	1.82	1.77	1.71	1.65
29	4.18	3.33	2.93	2.70	2.55	2.43	2.35	2.28	2.22	2.18	2.10	2.03	1.94	1.90	1.85	1.81	1.75	1.70	1.64
30	4.17	3.32	2.92	2.69	2.53	2.42	2.33	2.27	2.21	2.16	2.09	2.01	1.93	1.89	1.84	1.79	1.74	1.68	1.62
40	4.08	3.23	2.84	2.61	2.45	2.34	2.25	2.18	2.12	2.08	2.00	1.92	1.84	1.79	1.74	1.69	1.64	1.58	1.51
60	4.00	3.15	2.76	2.53	2.37	2.25	2.17	2.10	2.04	1.99	1.92	1.84	1.75	1.70	1.65	1.59	1.53	1.47	1.39
120	3.92	3.07	2.68	2.45	2.29	2.17	2.09	2.02	1.96	1.91	1.83	1.75	1.66	1.61	1.55	1.50	1.43	1.35	1.25
∞	3.84	3.00	2.60	2.37	2.21	2.10	2.01	1.94	1.88	1.83	1.75	1.67	1.57	1.52	1.46	1.39	1.32	1.22	1.00

〈수표 7〉 F 분포의 누적확률표(계속) $F_{.975}(v_1, v_2)$

v_2 \ v_1	1	2	3	4	5	6	7	8	9	10	12	15	20	24	30	40	60	120	∞
1	647.8	799.5	864.2	899.6	921.8	937.1	948.2	956.7	963.3	968.6	976.7	984.9	993.1	997.2	1001	1006	010	1014	1018
2	38.51	39.00	39.17	39.25	39.30	39.33	39.36	39.37	39.39	39.40	39.41	39.43	39.45	39.46	39.46	39.47	39.48	39.49	39.50
3	17.44	16.04	15.44	15.10	14.01	14.73	14.62	14.54	14.47	14.42	14.34	14.25	14.17	14.12	14.08	14.04	13.99	13.95	13.90
4	12.22	10.65	9.98	9.60	9.26	9.20	9.07	8.98	8.90	8.84	8.75	8.66	8.56	8.51	8.46	8.41	8.36	8.31	8.26
5	10.01	8.43	7.76	7.39	7.05	6.98	6.85	6.76	6.68	6.62	6.52	6.43	6.33	6.28	6.23	6.18	6.12	6.07	6.02
6	8.81	7.26	6.60	6.23	5.39	5.82	5.70	5.60	5.52	5.46	5.37	5.27	5.17	5.12	5.07	5.01	4.96	4.90	4.85
7	8.07	6.54	5.89	5.52	5.97	5.12	4.99	4.90	4.82	4.76	4.67	4.57	4.47	4.42	4.36	4.31	4.25	4.20	4.14
8	7.57	6.06	5.42	5.05	4.69	4.65	4.53	4.43	4.36	4.30	4.20	4.10	4.00	3.95	3.89	3.84	3.78	3.73	3.67
9	7.21	5.71	5.08	4.72	4.48	4.32	4.20	4.10	4.03	3.96	3.87	3.77	3.67	3.61	3.56	3.51	3.45	3.39	3.33
10	6.94	5.46	4.83	4.47	4.33	4.07	3.95	3.85	3.78	3.72	3.62	3.52	3.42	3.37	3.31	3.26	3.20	3.14	3.08
11	6.72	5.26	4.63	4.28	4.20	3.88	3.76	3.66	3.59	3.53	3.43	3.33	3.23	3.17	3.12	3.06	3.00	2.94	2.88
12	6.55	5.10	4.47	4.12	3.11	3.73	3.61	3.51	3.44	3.37	3.28	3.18	3.07	3.02	2.96	2.91	2.85	2.79	2.72
13	6.41	4.97	4.35	4.00	3.03	3.60	3.48	3.39	3.31	3.25	3.15	3.05	2.95	2.89	2.84	2.78	2.72	2.66	2.60
14	6.30	4.86	4.24	3.89	3.96	3.50	3.38	3.29	3.21	3.15	3.05	2.95	2.84	2.79	2.73	2.67	2.61	2.55	2.49
15	6.20	4.77	4.15	3.80	3.90	3.41	3.29	3.20	3.12	3.06	2.96	2.86	2.76	2.70	2.64	2.59	2.52	2.46	2.40
16	6.12	4.69	4.08	3.73	3.85	3.34	3.22	3.12	3.05	2.99	2.89	2.79	2.68	2.63	2.57	2.51	2.45	2.38	2.32
17	6.04	4.62	4.01	3.66	3.33	3.28	3.16	3.06	2.98	2.92	2.82	2.72	2.62	2.56	2.50	2.44	2.38	2.32	2.25
18	5.98	4.56	3.95	3.61	3.77	3.22	3.10	3.01	2.93	2.87	2.77	2.67	2.56	2.50	2.44	2.38	2.32	2.26	2.19
19	5.92	4.51	3.90	3.56	3.74	3.17	3.05	2.96	2.88	2.82	2.72	2.62	2.51	2.45	2.39	2.33	2.27	2.20	2.13
20	5.87	4.46	3.86	3.51	3.71	3.13	3.01	2.91	2.84	2.77	2.68	2.57	2.46	2.41	2.35	2.29	2.22	2.16	2.09
21	5.83	4.42	3.82	3.48	3.68	3.09	2.97	2.87	2.80	2.73	2.64	2.53	2.42	2.37	2.31	2.25	2.18	2.11	2.04
22	5.79	4.38	3.78	3.44	3.66	3.05	2.93	2.84	2.76	2.70	2.60	2.50	2.39	2.33	2.27	2.21	2.14	2.08	2.00
23	5.75	4.35	3.75	3.41	3.64	3.02	2.90	2.81	2.73	2.67	2.57	2.47	2.36	2.30	2.24	2.18	2.11	2.04	1.97
24	5.72	4.32	3.72	3.38	3.62	2.99	2.87	2.78	2.70	2.64	2.54	2.44	2.33	2.27	2.21	2.15	2.08	2.01	1.94
25	5.69	4.29	3.69	3.35	3.60	2.97	2.85	2.75	2.68	2.61	2.51	2.41	2.30	2.24	2.18	2.12	2.05	1.98	1.91
26	5.66	4.27	3.67	3.33	3.59	2.94	2.82	2.73	2.65	2.59	2.49	2.39	2.28	2.22	2.16	2.09	2.03	1.95	1.88
27	5.63	4.24	3.65	3.31	3.57	2.92	2.80	2.71	2.63	2.57	2.47	2.36	2.25	2.19	2.13	2.07	2.00	1.93	1.85
28	5.61	4.22	3.63	3.29	3.56	2.90	2.78	2.69	2.61	2.55	2.45	2.34	2.23	2.17	2.11	2.05	1.98	1.91	1.83
29	5.59	4.20	3.61	3.27	3.55	2.88	2.76	2.67	2.59	2.53	2.43	2.32	2.21	2.15	2.09	2.03	1.96	1.89	1.81
30	5.57	4.18	3.59	3.25	3.53	2.87	2.75	2.65	2.57	2.51	2.41	2.31	2.20	2.14	2.07	2.01	1.94	1.87	1.79
40	5.42	4.05	3.46	3.13	2.45	2.74	2.62	2.53	2.45	2.39	2.29	2.18	2.07	2.01	1.94	1.88	1.80	1.72	1.64
60	5.29	3.93	3.34	3.01	2.37	2.63	2.51	2.41	2.33	2.27	2.17	2.06	1.94	1.88	1.82	1.74	1.67	1.58	1.48
120	5.15	3.80	3.23	2.89	2.29	2.52	2.39	2.30	2.22	2.16	2.05	1.94	1.82	1.76	1.69	1.61	1.53	1.43	1.31
∞	5.02	3.69	3.12	2.79	2.21	2.41	2.29	2.19	2.11	2.05	1.94	1.83	1.71	1.64	1.57	1.48	1.39	1.27	1.00

〈수표 7〉 F 분포의 누적확률표(계속) $F_{.99}(v_1,\ v_2)$

v_2 \ v_1	1	2	3	4	5	6	7	8	9	10	12	15	20	24	30	40	60	120	∞
1	4052	4999.5	5403	5625	5764	5859	5928	5982	6022	6056	6106	6157	6209	6235	6261	6287	6313	6339	6366
2	98.50	99.00	99.17	99.25	99.30	99.33	99.36	99.37	99.39	99.40	99.42	99.43	99.45	99.46	99.47	99.47	99.48	99.49	99.50
3	34.12	30.82	29.46	28.71	28.24	27.91	27.67	27.49	27.35	27.23	27.05	26.87	26.69	26.60	26.50	26.41	26.32	26.22	26.13
4	21.20	18.00	16.69	15.98	15.52	15.21	14.98	14.80	14.66	14.55	14.37	14.20	14.02	13.93	13.84	13.75	13.65	13.56	13.46
5	16.26	13.27	12.06	11.39	10.97	10.67	10.46	10.29	10.16	10.05	9.89	9.72	9.55	9.47	9.38	9.29	9.20	9.11	9.02
6	13.75	10.92	9.78	9.15	8.75	8.47	8.26	8.10	7.98	7.87	7.72	7.56	7.40	7.31	7.23	7.14	7.06	6.97	6.88
7	12.25	9.55	8.45	7.85	7.46	7.19	6.99	6.84	6.72	6.62	6.47	6.31	6.16	6.07	5.99	5.91	5.82	5.74	5.65
8	11.26	8.65	7.59	7.01	6.63	6.37	6.18	6.03	5.91	5.81	5.67	5.52	5.36	5.28	5.20	5.12	5.03	4.95	4.86
9	10.56	8.02	6.99	6.42	6.06	5.80	5.61	5.47	5.35	5.26	5.11	4.96	4.81	4.73	4.65	4.57	4.48	4.40	4.31
10	10.04	7.56	6.55	5.99	5.64	5.39	5.20	5.06	4.94	4.85	4.71	4.56	4.41	4.33	4.25	4.17	4.08	4.00	3.91
11	9.65	7.21	6.22	5.67	5.32	5.07	4.89	4.74	4.63	4.54	4.40	4.25	4.10	4.02	3.94	3.86	3.78	3.69	3.60
12	9.33	6.93	5.95	5.41	5.06	4.82	4.64	4.50	4.39	4.30	4.16	4.01	3.86	3.78	3.70	3.62	3.54	3.45	3.36
13	9.07	6.70	5.74	5.21	4.86	4.62	4.44	4.30	4.19	4.10	3.96	3.82	3.66	3.59	3.51	3.43	3.34	3.25	3.17
14	8.86	6.51	5.56	5.04	4.69	4.46	4.28	4.14	4.03	3.94	3.80	3.66	3.51	3.43	3.35	3.27	3.18	3.09	3.00
15	8.68	6.36	5.42	4.89	4.56	4.32	4.14	4.00	3.89	3.80	3.67	3.52	3.37	3.29	3.21	3.13	3.05	2.96	2.87
16	8.53	6.23	5.29	4.77	4.44	4.20	4.03	3.89	3.78	3.69	3.55	3.41	3.26	3.18	3.10	3.02	2.93	2.84	2.75
17	8.40	6.11	5.18	4.67	4.34	4.10	3.93	3.79	3.68	3.59	3.46	3.31	3.16	3.08	3.00	2.92	2.83	2.75	2.65
18	8.29	6.01	5.09	4.58	4.25	4.01	3.84	3.71	3.60	3.51	3.37	3.23	3.08	3.00	2.92	2.84	2.75	2.66	2.57
19	8.18	5.93	5.01	4.50	4.17	3.94	3.77	3.63	3.52	3.43	3.30	3.15	3.00	2.92	2.84	2.76	2.67	2.58	2.49
20	8.10	5.85	4.94	4.43	4.10	3.87	3.70	3.56	3.46	3.37	3.23	3.09	2.94	2.86	2.78	2.69	2.61	2.52	2.42
21	8.02	5.78	4.87	4.37	4.04	3.81	3.64	3.51	3.40	3.31	3.17	3.03	2.88	2.80	2.72	2.64	2.55	2.46	2.36
22	7.95	5.72	4.82	4.31	3.99	3.76	3.59	3.45	3.35	3.26	3.12	2.98	2.83	2.75	2.67	2.58	2.50	2.40	2.31
23	7.88	5.66	4.76	4.26	3.94	3.71	3.54	3.41	3.30	3.21	3.07	2.93	2.78	2.70	2.62	2.54	2.45	2.35	2.26
24	7.82	5.61	4.72	4.22	3.90	3.67	3.50	3.36	3.26	3.17	3.03	2.89	2.74	2.66	2.58	2.49	2.40	2.31	2.21
25	7.77	5.57	4.68	4.18	3.85	3.63	3.46	3.32	3.22	3.13	2.99	2.85	2.70	2.62	2.54	2.45	2.36	2.27	2.17
26	7.72	5.53	4.64	4.14	3.82	3.59	3.42	3.29	3.18	3.09	2.96	2.81	2.66	2.58	2.50	2.42	2.33	2.23	2.13
27	7.68	5.49	4.60	4.11	3.78	3.56	3.39	3.26	3.15	3.06	2.93	2.78	2.63	2.55	2.47	2.38	2.29	2.20	2.10
28	7.64	5.45	4.57	4.07	3.75	3.53	3.36	3.23	3.12	3.03	2.90	2.75	2.60	2.52	2.44	2.35	2.26	2.17	2.06
29	7.60	5.42	4.54	4.04	3.73	3.50	3.33	3.20	3.09	3.00	2.87	2.73	2.57	2.49	2.41	2.33	2.23	2.14	2.03
30	7.56	5.39	4.51	4.02	3.70	3.47	3.30	3.17	3.07	2.98	2.84	2.70	2.55	2.47	2.39	2.30	2.21	2.11	2.01
40	7.31	5.18	4.31	3.83	3.51	3.29	3.12	2.99	2.89	2.80	2.66	2.52	2.37	2.29	2.20	2.11	2.02	1.92	1.80
60	7.08	4.98	4.13	3.65	3.34	3.12	2.95	2.82	2.72	2.63	2.50	2.35	2.20	2.12	2.03	1.94	1.84	1.73	1.60
120	6.85	4.79	3.95	3.48	3.17	2.96	2.79	2.66	2.56	2.47	2.34	2.19	2.03	1.95	1.86	1.76	1.66	1.53	1.38
∞	6.63	4.61	3.78	3.32	3.02	2.80	2.64	2.51	2.41	2.32	2.18	2.04	1.88	1.79	1.70	1.59	1.47	1.32	1.00

〈수표 8〉 Tukey의 q검정표

UPPER 1% POINT

v_2 \ k	2	3	4	5	6	7	8	9	10	11	12	13	14	15	16	17	18	19	20
1	90.0	135	164	186	202	216	227	237	246	253	260	266	272	277	282	286	290	294	298
2	14.0	19.0	22.3	24.7	26.6	28.2	29.5	30.7	31.7	32.6	33.4	34.1	34.8	35.4	36.0	36.5	37.0	37.5	37.9
3	8.26	10.6	12.2	13.3	14.2	15.0	15.6	16.2	16.7	17.1	17.5	17.9	18.2	18.5	18.8	19.1	19.3	19.5	19.8
4	6.51	8.12	9.17	9.96	10.6	11.1	11.5	11.9	12.3	12.6	12.8	13.1	13.3	13.5	13.7	13.9	14.1	14.2	14.4
5	5.70	6.97	7.80	8.42	8.91	9.32	9.67	9.97	10.24	10.48	10.70	10.89	11.08	11.24	11.40	11.55	11.68	11.81	11.93
6	5.24	6.33	7.03	7.56	7.97	8.32	8.61	8.87	9.10	9.30	9.49	9.65	9.81	9.95	10.08	10.21	10.32	10.43	10.54
7	4.95	5.92	6.54	7.01	7.37	7.68	7.94	8.17	8.37	8.55	8.71	8.86	9.00	9.12	9.24	9.35	9.46	9.55	9.65
8	4.74	53.63	6.20	6.63	6.96	7.24	7.47	7.68	7.87	8.03	8.18	8.31	8.44	8.55	8.66	8.76	8.85	8.94	9.03
9	4.60	5.43	5.96	6.35	6.66	6.91	7.13	7.32	7.49	7.65	7.78	7.91	8.03	8.13	8.23	8.32	8.41	8.49	8.57
10	4.48	5.27	5.77	6.14	6.43	6.67	6.87	7.05	7.21	7.36	7.48	7.60	7.71	7.81	7.91	7.99	8.07	8.15	8.22
11	4.39	5.14	5.62	5.97	6.25	6.48	6.67	6.84	6.99	7.13	7.25	7.36	7.46	7.56	7.65	7.73	7.81	7.88	7.95
12	4.32	5.04	5.50	5.84	6.10	6.32	6.51	6.67	6.81	6.94	7.06	7.17	7.26	7.36	7.44	7.52	7.59	7.66	7.73
13	4.26	4.96	5.40	5.73	5.98	6.19	6.37	6.53	6.67	6.79	6.90	7.01	7.10	7.19	7.27	7.34	7.42	7.48	7.55
14	4.21	4.89	5.32	5.63	5.88	6.08	6.26	6.41	6.54	6.66	6.77	6.87	6.96	7.05	7.12	7.20	7.27	7.33	7.39
15	4.17	4.83	5.25	5.56	5.80	5.99	6.16	6.31	6.44	6.55	6.66	6.76	6.84	6.93	7.00	7.07	7.14	7.20	7.26
16	4.13	4.78	5.19	5.49	5.72	5.92	6.08	6.22	6.35	6.46	6.56	6.66	6.74	6.82	6.90	6.97	7.03	7.09	7.15
17	4.10	4.74	5.14	5.43	5.66	5.85	6.01	6.15	6.27	6.38	6.48	6.57	6.66	6.73	6.80	6.87	6.94	7.00	7.05
18	4.07	4.70	5.09	5.38	5.60	5.79	5.94	6.08	6.20	6.31	6.41	6.50	6.58	6.65	6.72	6.79	6.85	6.91	6.96
19	4.05	4.67	5.05	5.33	5.55	5.73	5.89	6.02	6.14	6.25	6.34	6.43	6.51	6.58	6.65	6.72	6.78	6.84	6.89
20	4.02	4.64	5.02	5.29	5.51	5.69	5.84	5.97	6.09	6.19	6.29	6.37	6.45	6.52	6.59	6.65	6.71	6.76	6.82
24	3.96	4.54	4.91	5.17	5.37	5.54	5.69	5.81	5.92	6.02	6.11	6.19	6.26	6.33	6.39	6.45	6.51	6.56	6.61
30	3.89	4.45	4.80	5.05	5.24	5.40	5.54	5.65	5.76	5.85	5.93	6.01	6.08	6.14	6.20	6.26	6.31	6.36	6.41
40	3.82	4.37	4.70	4.93	5.11	5.27	5.39	5.50	5.60	5.69	5.77	5.84	5.90	5.96	6.02	6.07	6.12	6.17	6.21
60	3.76	4.28	4.60	4.82	4.99	5.13	5.25	5.36	5.45	5.53	5.60	5.67	5.73	5.79	5.84	5.89	5.93	5.98	6.02
120	3.70	4.20	4.50	4.71	4.87	5.01	5.12	5.21	5.30	5.38	5.44	5.51	5.56	5.61	5.66	5.71	5.75	5.79	5.83
∞	3.64	4.12	4.40	4.60	4.76	4.88	4.99	5.08	5.16	5.23	5.29	5.35	5.40	5.45	5.49	5.54	5.57	5.61	5.65

〈수표 8〉 Tukey의 q검정표(계속)

UPPER 5% POINT

v_2 \ k	2	3	4	5	6	7	8	9	10	11	12	13	14	15	16	17	18	19	20
1	18.0	27.0	32.8	37.1	40.4	43.1	45.4	47.4	49.1	50.61	52.0	53.2	54.3	55.4	56.3	57.2	58.0	58.8	59.6
2	6.09	8.3	9.8	10.9	11.7	12.4	13.0	13.5	14.0	4.4	14.7	15.1	15.4	15.7	15.9	16.1	16.4	16.6	16.8
3	4.50	5.91	6.82	7.50	8.04	8.48	8.85	9.18	9.46	9.72	9.95	10.15	10.35	10.52	10.69	10.84	10.98	11.11	11.24
4	3.93	5.04	5.76	6.29	6.71	7.05	7.35	7.60	7.83	8.03	8.21	8.37	8.52	8.66	8.79	8.91	9.03	9.13	9.23
5	3.64	4.60	5.22	5.67	6.03	6.33	6.58	6.80	6.99	7.17	7.32	7.47	7.60	7.72	7.83	7.93	8.03	8.12	8.21
6	3.46	4.34	4.90	5.31	5.63	5.89	6.12	6.32	6.49	6.65	6.79	6.92	7.03	7.14	7.24	7.34	7.43	7.51	7.59
7	3.34	4.06	4.68	5.06	5.36	5.61	5.82	6.00	6.16	6.30	6.43	6.55	6.66	6.76	6.85	6.94	7.02	7.09	7.17
8	3.26	4.04	4.53	4.89	5.17	5.40	5.60	5.77	5.92	6.05	6.18	6.29	6.39	6.48	6.57	6.65	6.73	6.80	6.87
9	3.20	3.95	4.42	4.76	5.02	5.24	5.43	5.60	5.74	5.87	5.98	6.09	6.19	6.28	6.36	6.44	6.51	6.58	6.64
10	3.15	3.88	4.33	4.65	4.91	5.12	5.30	5.46	5.60	5.72	5.83	5.93	6.03	6.11	6.20	6.27	6.34	6.40	6.47
11	3.11	3.82	4.26	4.57	4.82	5.03	5.20	5.35	5.49	5.61	5.71	5.81	5.90	5.99	6.06	6.14	6.20	6.26	6.33
12	3.08	3.77	4.20	4.51	4.75	4.95	5.12	5.27	5.40	5.51	5.62	5.71	5.80	5.88	5.95	6.03	6.09	6.15	6.21
13	3.06	3.73	4.15	4.45	4.69	4.88	5.05	5.19	5.32	5.43	5.53	5.63	5.71	5.79	5.86	5.93	6.00	6.05	6.11
14	3.03	3.70	4.11	4.41	4.64	4.83	4.99	5.13	5.25	5.36	5.46	5.55	5.64	5.72	5.79	5.85	5.92	5.97	6.03
15	3.01	3.67	4.08	4.37	4.60	4.78	4.94	5.08	5.20	5.31	5.40	5.49	5.58	5.65	5.72	5.79	5.85	5.90	5.96
16	3.00	3.65	4.05	4.33	4.56	4.74	4.90	5.03	5.15	5.26	5.35	5.44	5.52	5.59	5.66	5.72	5.79	5.84	5.90
17	2.98	3.63	4.02	4.30	4.52	4.71	4.86	4.99	5.11	5.21	5.31	5.39	5.47	5.55	5.61	5.68	5.74	5.79	5.84
18	2.97	3.61	4.00	4.28	4.49	4.67	4.82	4.96	5.07	5.17	5.27	5.35	5.43	5.50	5.57	5.63	5.69	5.74	5.79
19	2.96	3.59	3.98	4.25	4.47	4.65	4.79	4.92	5.04	5.14	5.23	5.32	5.39	5.46	5.53	5.59	5.65	5.70	5.75
20	2.95	3.58	3.96	4.23	4.45	4.62	4.77	4.90	5.01	5.11	5.20	5.28	5.36	5.43	5.49	5.55	5.61	5.66	5.71
24	2.92	3.53	3.90	4.17	4.37	4.54	4.68	4.81	4.92	5.01	5.10	5.18	5.25	5.32	5.38	5.44	5.50	5.54	5.59
30	2.89	3.49	3.84	4.10	4.30	4.46	4.60	4.72	4.83	4.92	5.00	5.08	5.15	5.21	5.27	5.33	5.38	5.43	5.48
40	2.86	3.44	3.79	4.04	4.23	4.39	4.52	4.63	4.74	4.82	4.91	4.98	5.05	5.11	5.16	5.22	5.27	5.31	5.36
60	2.83	3.40	3.74	3.98	4.16	4.31	4.44	4.55	4.65	4.73	4.81	4.88	4.94	5.00	5.06	5.11	5.16	5.20	5.24
120	2.80	3.36	3.69	3.92	4.10	4.24	4.36	4.48	4.56	4.64	4.72	4.78	4.84	4.90	4.95	5.00	5.05	5.09	5.13
∞	2.77	3.31	3.63	3.86	4.03	4.17	4.29	4.39	4.47	4.55	4.62	4.68	4.74	4.80	4.85	4.89	4.93	4.97	5.01

〈수표 9〉 K-S 수표 1

	a=0.10	0.05	0.025	0.01	0.005		a=0.10	0.05	0.025	0.01	0.005
n=1	.900	.950	.975	.990	.995	n=21	.226	.259	.287	.321	.344
2	.684	.776	.842	.900	.929	22	.221	.253	.281	.314	.337
3	.565	.636	.708	.785	.829	23	.216	.247	.275	.307	.330
4	.493	.565	.624	.689	.734	24	.212	.242	.269	.301	.323
5	.447	.509	.563	.627	.669	25	.208	.238	.264	.295	.317
6	.410	.468	.519	.577	.617	26	.204	.233	.259	.290	.311
7	.381	.436	.483	.538	.576	27	.200	.229	.254	.284	.305
8	.358	.410	.454	.507	.542	28	.197	.225	.250	.279	.300
9	.339	.387	.430	.480	.513	29	.193	.221	.246	.275	.295
10	.323	.369	.409	.457	.489	30	.190	.218	.242	.270	.290
11	.308	.352	.391	.437	.468	31	.187	.214	.238	.266	.285
12	.296	.338	.375	.419	.449	32	.184	.211	.234	.262	.281
13	.285	.325	.361	.404	.432	33	.182	.208	.231	.258	.277
14	.275	.314	.349	.390	.418	34	.179	.205	.227	.254	.273
15	.266	.304	.338	.377	.404	35	.177	.202	.224	.251	.269
16	.258	.295	.327	.366	.392	36	.174	.199	.221	.247	.265
17	.250	.286	.318	.355	.381	37	.172	.196	.218	.244	.262
18	.244	.279	.309	.346	.371	38	.170	.194	.215	.241	.258
19	.237	.271	.301	.337	.361	39	.168	.191	.213	.238	.255
20	.232	.265	.294	.329	.352	40	.165	.189	.210	.235	.252
			$n > 40$일 때 근사값				$\frac{1.07}{\sqrt{n}}$	$\frac{1.22}{\sqrt{n}}$	$\frac{1.36}{\sqrt{n}}$	$\frac{1.52}{\sqrt{n}}$	$\frac{1.63}{\sqrt{n}}$

〈수표 10〉 K–S 수표 2

(i) $m = n$일 때

	a=0.10	0.05	0.025	0.01	0.005		a=0.10	0.05	0.025	0.01	0.005
n=3	2/3	2/3				n=20	6/20	7/20	8/20	9/20	10/20
4	3/4	3/4	3/4			21	6/21	7/21	8/21	9/21	10/21
5	3/5	3/5	4/5	4/5	4/5	22	7/22	8/22	8/22	10/22	10/22
6	3/6	4/6	4/6	5/6	5/6	23	7/23	8/23	9/23	10/23	10/23
7	4/7	4/7	5/7	5/7	5/7	24	7/24	8/24	9/24	10/24	11/24
8	4/8	4/8	5/8	5/8	6/8	25	7/25	8/25	9/25	10/25	11/25
9	4/9	5/9	5/9	6/9	6/9	26	7/26	8/26	9/26	10/26	11/26
10	4/10	5/10	6/10	6/10	7/10	27	7/27	8/27	9/27	11/27	11/27
11	5/11	5/11	6/11	7/11	7/11	28	8/28	9/28	10/28	11/28	12/28
12	5/12	5/12	6/12	7/12	7/12	29	8/29	9/29	10/29	11/29	12/29
13	5/13	6/13	6/13	7/13	8/13	30	8/30	9/30	10/30	11/30	12/30
14	5/14	6/14	7/14	7/14	8/14	31	8/31	9/31	10/31	11/31	12/31
15	5/15	6/15	7/15	8/15	8/15	32	8/32	9/32	10/32	12/32	12/32
16	6/16	6/16	7/16	8/16	9/16	34	8/34	10/34	11/34	12/34	13/34
17	6/17	7/17	7/17	8/17	9/17	36	9/36	10/36	11/36	12/36	13/36
18	6/18	7/18	8/18	9/18	9/18	38	9/38	10/38	11/38	13/38	14/38
19	6/19	7/19	8/19	9/19	9/19	40	9/40	10/40	12/40	13/40	14/40
$n > 40$일 때 근사값							$\frac{1.52}{\sqrt{n}}$	$\frac{1.73}{\sqrt{n}}$	$\frac{1.92}{\sqrt{n}}$	$\frac{2.15}{\sqrt{n}}$	$\frac{2.30}{\sqrt{n}}$

(ii) $m < n$일 때

		$\alpha=0.10$	0.05	0.025	0.01	0.005
$m=1$	$n=9$	17/18				
	10	9/10				
$m=2$	$n=3$	5/6				
	4	3/4				
	5	4/5	4/5			
	6	5/6	5/6			
	7	5/7	6/7			
	8	3/4	7/8	7/8		
	9	7/9	8/9	8/9		
	10	7/10	4/5	9/10		
$m=3$	$n=4$	3/4	3/4			
	5	2/3	4/5	4/5		
	6	2/3	2/3	5/6		
	7	2/3	5/7	6/7	6/7	
	8	5/8	3/4	3/4	7/8	
	9	2/3	2/3	7/9	8/9	8/9
	10	3/5	7/10	4/5	9/10	9/10
	12	7/12	2/3	3/4	5/6	11/12
$m=4$	$n=5$	3/5	3/4	4/5	4/5	
	6	7/12	2/3	3/4	5/6	5/6
	7	17/28	5/7	3/4	6/7	6/7
	8	5/8	5/8	3/4	7/8	7/8
	9	5/9	2/3	3/4	7/9	8/9
	10	11/20	13/20	7/10	4/5	4/5
	12	7/12	2/3	2/3	3/4	5/6
	16	9/16	5/8	11/16	3/4	13/16
$m=5$	$n=6$	3/5	2/3	2/3	5/6	5/6
	7	4/7	23/35	5/7	29/35	6/7
	8	11/20	5/8	27/40	4/5	4/5
	9	5/9	3/5	31/45	7/9	4/5
	10	1/2	3/5	7/10	7/10	4/5
	15	8/15	3/5	2/3	11/15	11/15
	20	1/2	11/20	3/5	7/10	3/4
$m=6$	$n=7$	23/42	4/7	29/42	5/7	5/6
	8	1/2	7/12	2/3	3/4	3/4
	9	1/2	5/9	2/3	13/18	7/9
	10	1/2	17/30	19/30	7/10	11/15
	12	1/2	7/12	7/12	2/3	3/4
	18	4/9	5/9	11/18	2/3	13/18
	24	11/24	1/2	7/12	5/8	2/3

(계속)

	$\alpha=0.10$	0.05	0.025	0.01	0.005
$m=7$ $n=8$	27/56	33/56	5/8	41/56	3/4
9	31/63	5/9	40/63	5/7	47/63
10	33/70	39/70	43/70	7/10	5/7
14	3/7	1/2	4/7	9/14	5/7
28	3/7	13/28	15/28	17/28	9/14
$m=8$ $n=9$	4/9	13/24	5/8	2/3	3/4
10	19/40	21/40	23/40	27/40	7/10
12	11/24	1/2	7/12	5/8	2/3
16	7/16	1/2	9/16	5/8	5/8
32	13/32	7/16	1/2	9/16	19/32
$m=9$ $n=10$	7/15	1/2	26/45	2/3	31/45
12	4/9	1/2	5/9	11/18	2/3
15	19/45	22/45	8/15	3/5	29/45
18	7/18	4/9	1/2	5/9	11/18
36	13/36	5/12	17/36	19/36	5/9
$m=10$ $n=15$	2/5	7/15	1/2	17/30	19/60
20	2/5	9/20	1/2	11/20	3/5
40	7/20	2/5	9/20	1/2	
$m=12$ $n=15$	23/60	9/20	1/2	11/20	7/12
16	3/8	7/16	23/48	13/24	7/12
18	13/36	5/12	17/36	19/36	5/9
20	11/30	5/12	7/15	31/60	17/30
$m=15$ $n=20$	7/20	2/5	13/30	29/60	31/60
$m=16$ $n=20$	27/80	31/80	17/40	19/40	41/80
대표본 근사	$1.07\sqrt{\frac{m+n}{mn}}$	$1.22\sqrt{\frac{m+n}{mn}}$	$1.36\sqrt{\frac{m+n}{mn}}$	$1.52\sqrt{\frac{m+n}{mn}}$	$1.63\sqrt{\frac{m+n}{mn}}$

참고문헌

김병수, 안윤기, 윤기중(1987). 통계의 오용과 효율적 이용에 관한 연구. 산업과 경영, 24권 2호, 3-37.

김석우(1998). 회귀분석의 이론과 적용. 교육측정 · 평가의 새지평. 서울: 교육과학사.

김석우, 김정섭, 김명선, 정혜영, 조영기, 박경미, 정성아, 백영옥, 박동성(2007). 사회과학 연구를 위한 SPSS WIN 12.0 활용의 실제. 경기: 교육과학사.

김석우, 최태진(2007). 교육연구방법론. 서울: 학지사.

김영채(1989). 현대통계학. 서울: 박영사.

김정환(1999). 교육연구 및 통계방법. 서울: 원미사.

박정식(1985). 현대통계학. 서울: 다산출판사.

변창진, 문수백(1999). 사회과학 연구를 위한 실험설계 · 분석의 이해와 활용. 서울: 학지사.

서울대학교 교육연구소 편(1998). 교육학 대백과사전. 서울: 하우동설.

성태제(2007). 현대 기초통계학의 이해와 적용. 경기: 교육과학사.

송인섭(1997). 통계학의 이해. 서울: 학지사.

이종성 외(2000). 사회과학연구를 위한 통계방법. 서울: 박영사.

이준옥(2000). 행동과학을 위한 통계적 방법. 서울: 원미사.

임인재(1976). 교육 · 심리 · 사회연구를 위한 통계방법. 서울: 박영사.

임인재, 김신영, 박현정(2003). 교육 · 심리 · 사회연구를 위한 통계방법. 서울: 학연사.

채서일(1993). 사회과학조사방법론. 경기: 법문사.

최종후, 이재창(1990). 학술논문과 통계적 기법. 경기: 자유아카데미.

한국교육평가학회 편(1995). 교육측정 · 평가 · 연구 · 통계 용어사전. 서울: 중앙교육진흥연구소.

Bloomers, P. J., & Forsyth, R. A. (1997). *Elementary statistical methods in psychology and education*(2nd ed.). N.Y.: University Press of America.

Folks, J. L. (1981). *Ideas of Statistics*. N.Y.: John Wiley & Sons, Inc.

Good, C. V. (1959). *Dictionary of education*. New York: McGraw-Hill, Inc.

Good, C. V., & Scates, D. E. (1954). *Methods of research*. New York: Appleton Century Crafts, Inc.

Gronlund, N. E., & Linn, R. L. (1990). *Measurement and Evaluation in Teaching* (6th ed.). New York: Macmillan Publishing Company.

Hays, W. L. (1988). *Statistics*(4th ed.). N.Y.: Holt, Rinehart, & Winston.

Kerlinger, F. N. (1967). *Foundation of behavioral research*. New York: Rinehart and Winston, Inc.

Pedhazur, E. J. (1982). *Multiple Regression in Behavioral Research: Explanation and Prediction*(2nd ed.). N.Y.: Holt, Rinehart, & Winston.

Pedhazur, E. J., & Schmelkin, L. P. (1991). *Measurement, Design, and Analysis: An Integrated Approach*. N.J.: Lawrence Erlbaum Associates.

Prem, S. M. (2001). *Introductory Statistics*. N.Y.: John Wiley & Son, Inc.

Stevens, S. S. (1951). *Handbook of experimental psychology*. New York: Wiley.

찾아보기

[인 명]

[내 용]

저자 소개

■ **김석우**(Kim Sukwoo)

고려대학교 사범대학 교육학과 졸업

미국 UCLA대학원 교육학 석사 및 철학박사

미국 조지아 대학교 연구교수

현 부산대학교 사범대학 교육학과 교수

〈저서〉

사회과학 연구를 위한 SPSS/AMOS 활용의 실제(2판, 학지사, 2015)

교육평가의 이해(2판, 학지사, 2015)

교육연구방법론(2판, 공저, 학지사, 2015)

교육과정 및 교육평가(4판, 공저, 학지사, 2011)

사회과학 연구를 위한 SPSSWIN 12.0 활용의 실제(공저, 교육과학사, 2007)

교사를 위한 현장연구의 이론과 실제(공저, 학지사, 2007)

다변량분석(공저, 교육과학사, 2005)

인과모형의 이해와 응용(공저, 학지사, 2001)

사회과학 연구를 위한 통계방법의 이해(공저, 원미사, 2001)

포트폴리오 평가의 이론과 실제(공저, 학지사, 2000) 외 다수

2판
기초통계학

Fundamentals of Statistics (2nd ed.)

2007년 9월 5일 1판 1쇄 발행
2015년 1월 20일 1판 6쇄 발행
2016년 2월 25일 2판 1쇄 발행
2023년 10월 20일 2판 6쇄 발행

지은이 • 김 석 우
펴낸이 • 김 진 환
펴낸곳 • (주) 학지사
04031 서울특별시 마포구 양화로 15길 20 마인드월드빌딩 5층
대표전화 • 02) 330-5114 팩스 • 02) 324-2345
등록번호 • 제313-2006-000265호
홈페이지 • http://www.hakjisa.co.kr
인스타그램 • https://www.instagram.com/hakjisabook

ISBN 978-89-997-0770-4 93310

정가 18,000원

저자와의 협약으로 인지는 생략합니다.
파본은 구입처에서 교환하여 드립니다.

이 책을 무단 전재 또는 복제 행위 시 저작권법에 따라 처벌을 받게 됩니다.

출판미디어기업 **학지사**

간호보건의학출판 **학지사메디컬** www.hakjisamd.co.kr
심리검사연구소 **인싸이트** www.inpsyt.co.kr
학술논문서비스 **뉴논문** www.newnonmun.com
원격교육연수원 **카운피아** www.counpia.com